信息物理系统建模仿真通用平台 (Syslab+Sysplorer) | **各装备行业数字化工程支撑平台 (Sysbuilder+Sysplorer+Syslink)** | **开放、标准、先进的计算仿真云平台 (MoHub)**

Toolbox 工具箱

AI 与数据科学	信号处理与通信	控制系统	设计优化	机械多体	代码生成	模型集成与联合仿真	接口工具
统计、机器学习、深度学习、强化学习	基础信号处理、DSP、基础通信、小波	控制系统设计工具、基于模型的控制器设计、系统辨识、鲁棒控制	模型试验、敏感度分析、参数估计、响应优化与置信度评估	多体导入工具、3D 视景工具	实时代码生成、嵌入式代码生成、定点设计、计算器	CAE 模型降阶工具箱、分布式联合仿真工具箱	FMI 导入导出、SysML 转 Modelica、MATLAB 语言兼容导入、Simulink 兼容导入

基于标准的函数+模型+API 拓展系统

Sysbuilder 系统架构设计环境

需求导入 | 架构建模 | 逻辑仿真 | 分析评估

Syslab 科学计算环境

Functions 函数库: 曲线拟合 | 符号数学 | 优化与全局优化

编程 | 数学 | 图形

Julia 科学计算语言

Sysplorer 系统建模仿真环境

工作空间共享 | 并行计算

物理建模 | 框图建模 | 状态图建模

Modelica 系统建模语言

Models 模型库

标准库	同元专业库	同元行业库
机、电、液、控、热	液压、传动、机电…	车辆、能源…

Syslink 协同设计仿真环境

多人协同建模 | 模型技术状态管理 | 云端建模仿真 | 安全保密管理

 工业知识模型互联平台 MoHub

科学计算与系统建模仿真平台 MWORKS 架构图

U0287672

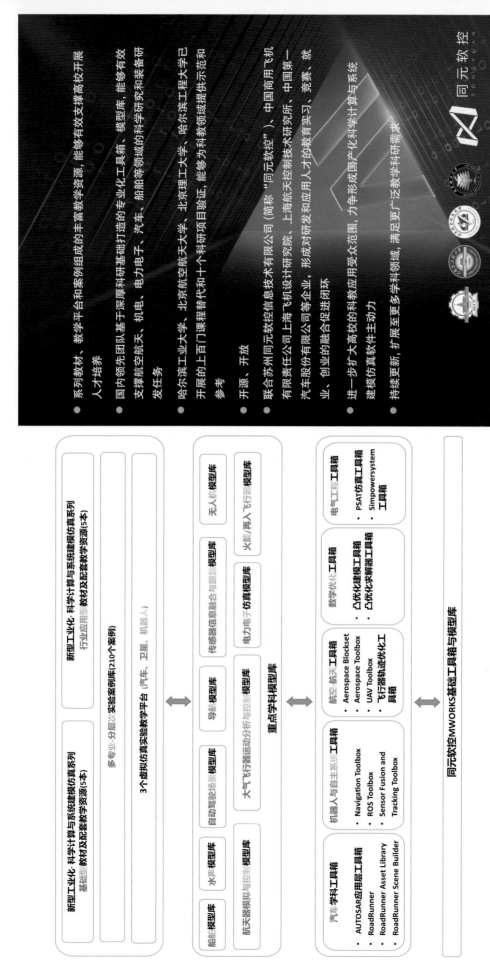

科教版平台（SE-MWORKS）总体情况

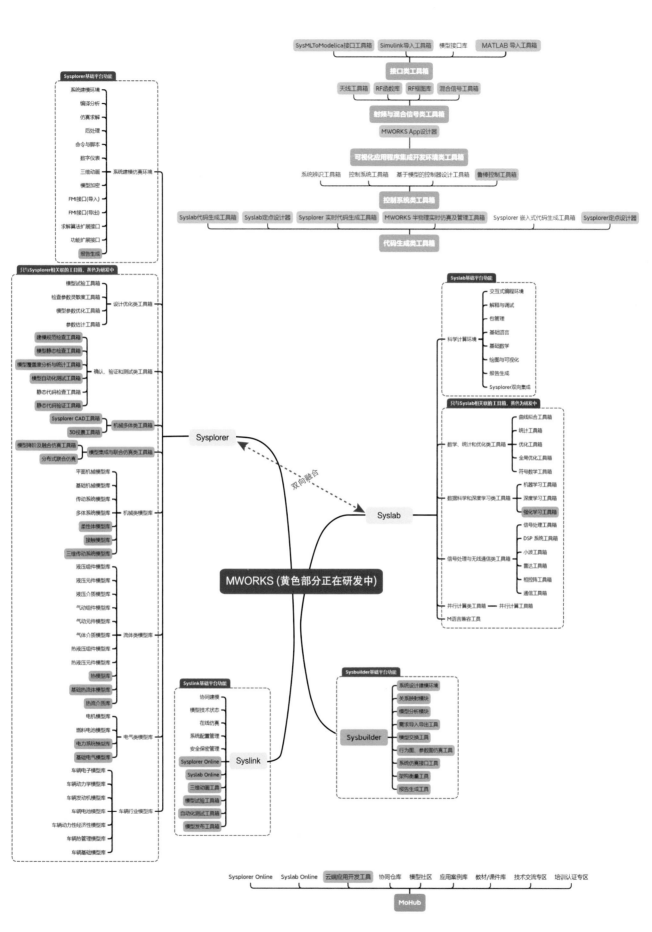

MWORKS 2023b 功能概览思维导图

本书思维导图

机器人控制系统建模与仿真（基于 MWORKS）

仿人机器人的系统建模与仿真
- 仿人机器人步行和运动规划研究
- 仿人机器人运动学和动力学模型
  - 步行周期的运动学模型
  - 步行周期的动力学模型
- 仿人机器人的机械建模仿真
- 基于 Cart-table 模型的步行稳定步态规划方法
  - 双足与地面的约束
  - 基于 ZMP 的稳定性分析
  - 仿人机器人上身姿态的控制
  - 基于线性倒立摆的双足步态生成
  - 线性倒立摆模型构建
  - 仿人机器人系统模型构建
- 仿人机器人质心轨迹规则

轮式机器人的运动学模型
- 轮式移动机器人
  - 车轮类型
  - 转向方式
- 轮式移动机器人的运动学模型
  - 两轮差速模型
  - 四轮差速模型
  - 四轮阿克曼模型
  - 全向移动机器人（SSMR）机器人运动学模型
  - 基于 TADynamics 模型库的阿克曼模型搭建
  - 基于 Modelica 模型库的三轮全向机器人模型构建
- 基于 Sysplorer 的机器人仿真实例

轮式移动机器人的 SLAM 导航
- ROS 入门必备知识
  - ROS 简介
  - ROS 系统架构
  - ROS 调试工具
  - ROS 节点通信
- 激光 SLAM 算法
  - Gmapping 算法
  - Cartographer 算法
- 视觉 SLAM 算法
  - ORBSLAM3 算法概述
  - SVO2 算法概述
  - DynaSLAM 算法概述

机器人 SLAM 导航综合实战平台
- 运行机器人平台上的传感器
  - 运行机器人运动的 ROS 驱动
  - 运行 2D 激光雷达的 ROS 驱动
  - 运行 3D16 线激光雷达的 ROS 驱动
  - 运行 IMU 的 ROS 驱动
  - 运行 RGB-D 相机的 ROS 驱动
- 运行激光 SLAM 的建图功能
- 运行视觉 SLAM 的建图功能

认识 MWORKS
- 走进 MWORKS 世界
  - MWORKS 软件概述
  - MWORKS 产品体系架构
  - Sysplorer 介绍
- 熟悉 Sysplorer 建模
  - Modelica 语言基础
  - Modelica 数组
  - 创建数组
  - 合并数组
  - 遍历数组信息
- Sysplorer 仿真
  - 初识 Sysplorer 仿真
  - 仿真模型的建立
  - 文本建模与系统

机器人的基础知识
- 走进机器人世界
  - 机器人发展历史
  - 机器人分类
  - 人工智能与智能机器人
  - 机械结构与设计
- 熟悉机器人的结构与组成
  - 电动执行系统的设计与实现
  - 环境感知

关节机器人的系统建模与仿真
- 机器人的结构
  - 机械部件
  - 模型构件
- 基于 Sysplorer 的机器人机械仿真模型
  - 三次多项式插值
- 关节机器人运动轨迹的设计
  - 基于 Modelica 的函数模型
  - 二连杆末端执行器的几何解法
- 基于 Sysplorer 的二连杆移动轨迹构建
  - 二连杆路径规划
- 关节机器人运动学基础
  - D-H 表示法与连杆坐标系建立
  - 利用坐标前旋日法求出末节机器人的机械结构模型
  - 直角坐标和关节插值的数字建模
  - 关节机器人的驱动系统建模及仿真
  - 关节机器人电气辅助软件建模及仿真
- 机器人的控制
  - 如何控制机器人
  - 机器人的运动控制
  - PID 控制
- 基于 Sysplorer 的二连杆机器人仿真实例
  - 控制台线模块
  - 机器人的链模型
  - 运动规划模型
  - 二连杆机器人仿真实例

新型工业化·科学计算与系统建模仿真系列

Robot Control System Modeling and
Simulation Based on MWORKS

机器人控制系统建模与仿真

（基于MWORKS）

编　　著◎朴松昊　王险峰　蔡则苏

丛书主编◎王忠杰　周凡利

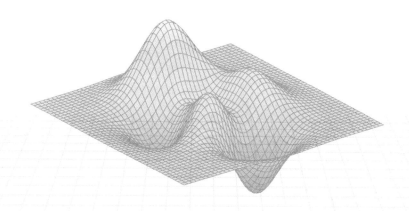

电子工业出版社·

Publishing House of Electronics Industry

北京·BEIJING

内 容 简 介

本书主要对机器人的分析、设计、控制、同时定位与创建（SLAM）等技术进行讲解，并采用 MWORKS 软件对其相关模型进行设计与仿真。首先，介绍 MWORKS 和 Sysplorer 软件及机器人相关基础知识；其次，对关节机器人和仿人机器人的运动学、静力学和动力学理论基础进行介绍，并采用 MWORKS 的相关模块进行仿真分析；再次，讨论轮式机器人的运动学模型及在 MWORKS 软件下相关控制算法的设计与实现；最后介绍 SLAM 技术及其在实际机器人平台中的应用。

本书适合作为高等院校相关专业本科生、研究生教材，也可供相关领域的工程技术人员参考。

图书在版编目（CIP）数据

机器人控制系统建模与仿真 ：基于 MWORKS／朴松昊，
王险峰，蔡则苏编著. -- 北京 ：电子工业出版社，
2024. 8. -- ISBN 978-7-121-49362-1

Ⅰ. TP24

中国国家版本馆 CIP 数据核字第 2024FS7262 号

责任编辑：刘　瑀
印　　刷：北京天宇星印刷厂
装　　订：北京天宇星印刷厂
出版发行：电子工业出版社
　　　　　北京市海淀区万寿路 173 信箱　　邮编：100036
开　　本：787×1 092　1/16　印张：15.75　字数：403.2 千字　彩插：2
版　　次：2024 年 8 月第 1 版
印　　次：2024 年 8 月第 1 次印刷
定　　价：69.00 元

凡所购买电子工业出版社图书有缺损问题，请向购买书店调换。若书店售缺，请与本社发行部联系，联系及邮购电话：(010) 88254888，88258888。

质量投诉请发邮件至 zlts@phei.com.cn，盗版侵权举报请发邮件至 dbqq@phei.com.cn。

本书咨询联系方式：liuy01@phei.com.cn。

编　委　会

李　晋（哈尔滨工程大学）

李　雪（哈尔滨工业大学）

李　超（哈尔滨工程大学）

张永飞（北京航空航天大学）

张宝坤（苏州同元软控信息技术有限公司）

张　超（北京航空航天大学）

陈　娟（北京航空航天大学）

郑文祺（哈尔滨工程大学）

贺媛媛（北京理工大学）

聂兰顺（哈尔滨工业大学）

徐远志（北京航空航天大学）

崔智全（哈尔滨工业大学（威海））

惠立新（苏州同元软控信息技术有限公司）

舒燕君（哈尔滨工业大学）

鲍丙瑞（苏州同元软控信息技术有限公司）

蔡则苏（哈尔滨工业大学）

丛 书 序

2023年2月21日，习近平总书记在中共中央政治局就加强基础研究进行第三次集体学习时强调："要打好科技仪器设备、操作系统和基础软件国产化攻坚战，鼓励科研机构、高校同企业开展联合攻关，提升国产化替代水平和应用规模，争取早日实现用我国自主的研究平台、仪器设备来解决重大基础研究问题。"科学计算与系统建模仿真平台是科学研究、教学实践和工程应用领域不可或缺的工业软件系统，是各学科领域基础研究和仿真验证的平台系统。实现科学计算与系统建模仿真平台软件的国产化是解决科学计算与工程仿真验证基础平台和生态软件"卡脖子"问题的重要抓手。

基于此，苏州同元软控信息技术有限公司作为国产工业软件的领先企业，以新一轮数字化技术变革和创新为发展契机，历经团队二十多年技术积累与公司十多年持续研发，全面掌握了新一代数字化核心技术"系统多领域统一建模仿真技术"，结合新一代科学计算技术，研制了国际先进、完全自主的科学计算与系统建模仿真平台 MWORKS。

MWORKS 是各行业装备数字化工程支撑平台，支持基于模型的需求分析、架构设计、仿真验证、虚拟试验、运行维护及全流程模型管理；通过多领域物理融合、信息与物理融合、系统与专业融合、体系与系统融合、机理与数据融合及虚实融合，支持数字化交付、全系统仿真验证及全流程模型贯通。MWORKS 提供了算法、模型、工具箱、App 等资源的扩展开发手段，支持专业工具箱及行业数字化工程平台的扩展开发。

MWORKS 是开放、标准、先进的计算仿真云平台。基于规范的开放架构提供了包括科学计算环境、系统建模仿真环境以及工具箱的云原生平台，面向教育、工业和开发者提供了开放、标准、先进的在线计算仿真云环境，支持构建基于国际开放规范的工业知识模型互联平台及开放社区。

MWORKS 是全面提供 MATLAB/Simulink 同类功能并力求创新的新一代科学计算与系统建模仿真平台；采用新一代高性能计算语言 Julia，提供科学计算环境 Syslab，支持基于 Julia 的集成开发调试并兼容 Python、C/C++、M 等语言；采用多领域物理统一建模规范 Modelica，全面自主开发了系统建模仿真环境 Sysplorer，支持框图、状态机、物理建模等多种开发范式，并且提供了丰富的数学、AI、图形、信号、通信、控制等工具箱，以及机械、电气、流体、热等物理模型库，实现从基础平台到工具箱的整体功能覆盖与创新发展。

为改变我国在科学计算与系统建模仿真教学及人才培养中相关支撑软件被国外"卡脖子"的局面，加速在人才培养中推广国产优秀科学计算和系统建模仿真软件 MWORKS，提供产业界亟需的数字化教育与数字化人才,推动国产工业软件教育、应用和开发是必不可少的因素。进一步讲,我们要在数字化时代占领制高点,必须打造数字化时代的新一代信息物理融合的系统建模仿真平台,并且以平台为枢纽,连接产业界与教育界,形成一个完整生态。为此,哈尔滨工业大学、北京航空航天大学、北京理工大学、哈尔滨工程大学与苏州同元软控信息技术有限公司携手合作,2022 年 8 月 18 日在哈尔滨工业大学正式启动"新型工业化·科学计算与系统建模仿真系列"教材的编写工作,2023 年 3 月 11 日在扬州正式成立"新型工业化·科学计算与系统建模仿真系列"教材编委会。

首批共出版 10 本教材,包括 5 本基础型教材和 5 本行业应用型教材,其中基础型教材包括《科学计算语言 Julia 及 MWORKS 实践》《多领域物理统一建模语言与 MWORKS 实践》《MWORKS 开发平台架构及二次开发》《基于模型的系统工程(MBSE)及 MWORKS 实践》《MWORKS API 与工业应用开发》;行业应用型教材包括《控制系统建模仿真(基于 MWORKS)》《通信系统建模仿真(基于 MWORKS)》《飞行器制导控制系统建模仿真(基于 MWORKS)》《智能汽车建模仿真(基于 MWORKS)》《机器人控制系统建模仿真(基于 MWORKS)》。

本系列教材可作为普通高等学校航空航天、自动化、电子信息工程、机械、电气工程、计算机科学与技术等专业的本科生及研究生教材,也适合作为从事装备制造业的科研人员和技术人员的参考用书。

感谢哈尔滨工业大学、北京航空航天大学、北京理工大学、哈尔滨工程大学的诸位教师对教材撰写工作做出的极大贡献,他们在教材大纲制定、教材内容编写、实验案例确定、资料整理与文字编排上注入了极大精力,促进了系列教材的顺利完成。

感谢苏州同元软控信息技术有限公司、中国商用飞机有限责任公司上海飞机设计研究院、上海航天控制技术研究所、中国第一汽车股份有限公司、工业和信息化部人才交流中心等单位在教材写作过程中提供的技术支持和无私帮助。

感谢电子工业出版社有限公司各位领导、编辑的大力支持,他们认真细致的工作保证了教材的质量。

书中难免有疏漏和不足之处,恳请读者批评指正!

编委会
2023 年 11 月

前　言

仿真已经与理论和实验一起成为人类认识世界的三种主要方式。在现代科技的推动下，机器人技术在各个领域的应用日益广泛，从生产制造到医疗保健，从服务行业到军事防务，机器人控制系统的建模与仿真显得尤为重要。本书的目的是介绍如何利用 MWORKS 平台实现机器人控制系统的建模与仿真。

MWORKS 是由苏州同元软控信息技术有限公司（简称"同元软控"）基于国际知识统一表达和互联标准打造的科学计算与系统建模仿真平台。其中的产品 Sysplorer 是面向多领域工业产品的系统建模与仿真验证环境，完全支持多领域统一建模语言 Modelica。它按照产品实际物理拓扑结构的层次化组织，支持物理建模、框图建模和状态机建模等多种可视化建模方式，提供嵌入式代码生成功能，支持设计、仿真和优化的一体化，是国际先进的系统建模与仿真通用软件。

本书主要内容如下：

第 1 章介绍了 Sysplorer 和 Modelica 语言的基础，包括界面、语法和数组应用，以及如何利用 Sysplorer 进行系统仿真。第 2 章讨论了机器人的基本构成，包括机械结构、电气控制系统和计算机控制系统，以及人工智能技术在机器人智能化中的应用和社会影响。第 3 章全面探讨了关节机器人的系统建模与仿真，包括运动学、运动轨迹设计和电气模型等，并以实例展示了 Sysplorer 的应用方法。第 4 章概述了仿人机器人的步行和跑步运动规划，包括动力学模型、步态规划和稳定性分析方法。第 5 章深入分析了轮式移动机器人的运动学模型，并展示了基于 Sysplorer 构建的机器人仿真实例，包括基于 TADynamics 模型库的四轮阿克曼运动模型和基于 Modeliea 模型库的三轮全向机器人模型。第 6 章简单介绍了 ROS 的入门知识和 SLAM 经典算法，并对激光 SLAM 的典型算法 Gmapping 和 Cartographer，以及视觉 SLAM 的典型算法 ORB-SLAM3 进行了详细的介绍。第 7 章介绍了实际机器人平台的 ROS 驱动的结构和安装过程，着重介绍了移动机器人硬件构成中较为重要的传感器系统的驱动方法，以及在实际机器人平台上运行激光 SLAM 和视觉 SLAM 建图算法的过程。由于表述惯例，本书中将组件和组件实例统称为组件，组件图例和模型拓扑结构原理图中的都是组件实例，故其名称按编程规范首字母小写。

本书由哈尔滨工业大学朴松昊、蔡则苏和东北石油大学王险峰编著。具体分工为：第 1～5 章由王险峰编写；第 6 章、第 7 章由蔡则苏编写；全书由朴松昊统稿。

在本书的编写过程中，张宝坤等老师给予了大力支持。他们在编制本书大纲、设计课程教学案例、提供文献和参考资料等方面提供了许多具有建设性的意见，极大地促进了本书的完成。

感谢哈尔滨工业大学张哲泓、朴光宇、王明明、王佳阳等同学和东北石油大学史易航、冯春阳、赵通、孔祥伟等同学在本书实验、图像和文字处理等过程中给与的帮助。感谢本书所有参考文献的编著者。

鉴于作者学习和使用 Modelica 编程的时间不长，程序开发水平有限，查阅资料和文献受到限制，以及课程教学案例的验算不充分等因素，本书难免存在错误和不当之处，敬请读者批评指正。

作　者

目　录

第 1 章

认识 MWORKS

MWORKS 是完全自主研发的国际先进的科学计算与系统建模仿真平台。经过团队二十多年技术积累和公司十多年持续研发，同元软控已全面掌握新一代数字化核心技术——系统多领域统一建模与仿真，从而以新一轮数字化技术变革为创新发展契机推出了 MWORKS。MWORKS 支持基于模型的系统设计、仿真验证、模型集成、虚拟试验、运行维护及协同研发。

依托于 MWORKS，可以实现对一系列工业软件的替代和超越，包括系统设计、系统仿真、协同建模与模型管理等基础软件，科学工程计算与建模仿真平台，机械多体分析、一维流体分析等专业仿真软件，以及航天、航空、核能、船舶、汽车等行业设计仿真软件。

通过本章学习，读者可以了解（或掌握）：

❖ MWORKS 的结构。

❖ Sysplorer 主界面。

❖ Modelica 语言基础。

❖ Modelica 数组。

❖ Sysplorer 仿真。

1.1 走进 MWORKS 世界

1.1.1 MWORKS 软件概述

当前，新一轮科技革命正在迅速发展，系统建模仿真、基于模型的系统工程（MBSE）、信息物理融合系统（CPS）、数字孪生、数字化工程等新型技术不断涌现，以美国和中国装备数字化工程的发布为标志，装备研制从信息化时代步入数字化时代，并且呈现数字化与智能化相融合的新时代特点。一切装备都是信息物理融合系统，由信号、通信、控制、计算等信息域与机械、流体、电气、热等物理域组成，信息物理融合系统的建模仿真是装备数字化的核心。MWORKS 正是面向数字化与智能化融合推出的新一代、自主可控的科学计算与系统建模仿真平台，可全面支持信息物理融合系统的设计、仿真、验证及运维。

随着智能化、物联化程度的不断提升，现代工业产品已发展为以机械系统为主体，集电子、控制、液压等多个领域子系统于一体的复杂多领域系统。传统的系统工程研制模式以文档作为研发要素的载体，设计方案的验证依赖实物试验，存在设计数据同源、信息可追溯性差、早期仿真验证困难及知识复用性不足等问题，与当前复杂多领域系统工程研制的高要求不相适应，难以满足日益复杂的研制任务需求。

基于模型的系统工程（MBSE）以数字化模型作为研发要素的载体，实现系统架构、功能、性能、规格需求等各个研发要素的数字化模型表达，依托模型可追溯、可验证的特点，实现基于模型的仿真闭环，为方案的早期仿真验证和知识复用创造了条件。

MWORKS 是同元软控基于国际知识模型统一表达与互联标准打造的系统智能设计与验证平台，是 MBSE 方法落地的使能工具。MWORKS 自主可控，为复杂多领域系统工程研制提供全生命周期支持，并已经过大量工程验证。

MWORKS 采用基于模型的方法全面支撑系统工程研制，通过不同层次、不同类型的仿真实现系统设计的验证。围绕系统工程研制的方案论证、系统设计验证和测试运维阶段，MWORKS 分别提供小回路、大回路和数字孪生虚实融合三个设计验证闭环，如图 1-1 所示。

1）小回路设计验证闭环

在传统的研制流程中，70%的设计错误在系统设计阶段被引入。在方案论证阶段引入小回路设计验证闭环，可以实现系统方案的早期仿真验证，提前暴露系统设计缺陷与错误。

基于模型的系统设计以用户需求为输入，能够快速构建系统初步方案，进行计算和多方案比较，进而得到验证结果，在设计早期实现多领域系统的综合仿真验证，可确保系统架构设计和系统指标分解的合理性。

2）大回路设计验证闭环

在传统的研制流程中，80%的问题在实物集成测试阶段被发现。引入大回路设计验证闭环，通过多学科统一建模和联合仿真，可以实现设计方案的数字化验证，利用虚拟试验对实物试验进行补充和拓展。

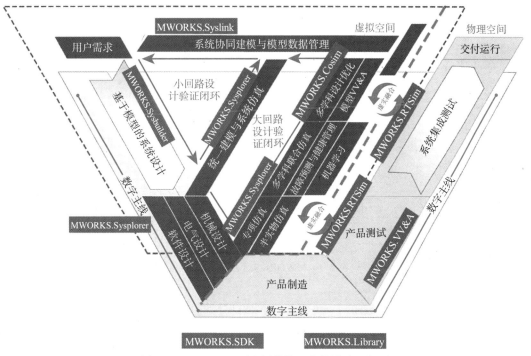

图 1-1　MWORKS 平台提供的三个设计验证闭环

在系统初步方案的基础上细化设计，以系统架构为设计约束，分专业进行专业设计和仿真，最后回归到总体，开展多学科联合仿真，可验证详细设计方案的有效性与合理性，并开展多学科设计优化，实现设计即正确。

3）数字孪生虚实融合设计验证闭环

在测试和运维阶段，构建基于 Modelica 语言的数字孪生模型，可实现对系统的模拟、监控、评估、预测、优化和控制，对传统的基于实物试验的测试验证与基于测量数据的运行维护进行补充和拓展。

利用系统仿真工具建立产品数字功能样机，通过半物理工具实现与物理产品的同步映射与交互，可形成数字孪生虚实融合设计验证闭环，为产品测试和运维提供虚实融合的研制分析支持。

1.1.2　MWORKS 产品体系结构

科学计算与系统建模仿真平台 MWORKS 由四大系统级产品及系统扩展部分组成，如图 1-2 所示。

1. 四大系统级产品

1）系统架构设计环境 Sysbuilder（全称为 MWORKS.Sysbuilder）

Sysbuilder 提供了需求导入、逻辑仿真、架构建模、专业设计、系统集成、分析评估功能，支持用户开展方案论证并实现基于模型的系统设计与验证闭环。

图 1-2　MWORKS 产品体系结构

2）系统建模仿真环境 Sysplorer（全称为 MWORKS.Sysplorer）

Sysplorer 是面向多领域工业产品的系统级综合设计与仿真验证平台，完全支持多领域统一建模语言 Modelica，遵循现实中拓扑结构的层次化建模方式，支持基于模型的系统工程应用。Sysplorer 提供了方便易用的系统仿真建模、完备的编译分析、强大的仿真求解、实用的后处理功能及丰富的扩展接口，支持用户开展产品的多领域模型开发、虚拟集成、多层级方案仿真验证、方案分析优化，并进一步为产品数字孪生模型的构建与应用提供关键支撑。

3）科学计算环境 Syslab（全称为 MWORKS.Syslab）

Syslab 是 MWORKS 全新推出的新一代科学计算环境，基于科学计算高性能动态高级程序设计语言提供交互式编程环境的完备功能。Syslab 提供了科学计算编程、编译、调试和绘图功能，内置支持矩阵等的数学运算、符号计算、信号处理、通信和绘图工具箱，支持用户开展科学计算、数据分析和算法设计，并进一步支持信息物理融合系统的设计、建模与仿真分析。

4）协同设计仿真环境 Syslink（全称为 MWORKS.Syslink）

Syslink 提供多人协同建模、模型技术状态管理、云端建模仿真和安全保密管理功能，为系统研制提供基于模型的协同环境，可打破单位与地域障碍，支持团队用户开展协同建模和产品模型的技术状态控制，开展跨层级的协同仿真，为各行业的数字化转型全面赋能。

2. 系统扩展部分

MWORKS 系统扩展部分包含函数库 Functions、模型库 Models 和工具箱 Toolbox 三类，其中工具箱 Toolbox 依赖函数库 Functions 和模型库 Models。

1）函数库 Functions

Functions 提供了基础数学和绘图等功能函数，内置曲线拟合、符号数学、优化与全局优化等高质量优选函数库，支持用户自行扩展。支持教育、科研、通信、芯片、控制、数据科学等行业用户开展教学科研、数据分析、算法设计和产品设计。

2）模型库 Models

Models 涵盖机械、液压、控制、机电、热流等多个典型专业，覆盖航空、航天、核能、船舶、汽车等多个重点行业，支持用户自行扩展。它提供的基础模型可大幅降低复杂产品的模型开发门槛与模型开发人员的学习成本。

3）工具箱 Toolbox（全称为 MWORKS.Toolbox）

Toolbox 提供了 AI 与数据科学、信号处理与通信、控制系统、机械多体、代码生成、校核&验证与确认（VV&A）、模型集成与联合仿真及接口工具等多个类别的应用工具，满足多样化的数字化设计、分析、仿真及优化需求。

3. MWORKS 的特点与优势

1）MWORKS 的特点

MWORKS 是各行业装备数字化工程支撑平台。MWORKS 支持基于模型的需求分析、架构设计、仿真验证、虚拟试验、运行维护及全流程模型管理；通过多领域物理融合、信息与物理融合、系统与专业融合、体系与系统融合、机理与数据融合及虚实融合，支持数字化交付、全系统仿真验证及全流程模型贯通。MWORKS 提供了算法、模型、工具箱和 App 等规范的扩展开发手段，支持专业工具箱及行业数字化工程平台的扩展开发。

MWORKS 是开放、标准、先进的计算仿真云平台。MWORKS 基于规范的开放架构提供了包括科学计算环境、系统建模仿真环境及系列工具箱的云原生平台，面向教育、工业和开发者提供了开放、标准、先进的在线计算仿真云环境，支持构建基于国际开放规范的工业知识模型互联平台及开放社区。

MWORKS 是全面替代 MATLAB/Simulink 的新一代科学计算与系统建模仿真平台。MWORKS 采用新一代高性能科学计算语言 Julia，提供科学计算环境 Syslab 来替代 MATLAB；MWORKS 采用多领域统一建模语言 Modelica，全面自主开发了系统建模仿真环境 Sysplorer 来替代 Simulink，并且提供了丰富的工具箱及模型库。MWORKS 可以实现对 MATLAB/Simulink 从基础平台到工具箱的整体替代与创新超越。

2）MWORKS 的优势

开放标准：采用多领域统一建模语言 Modelica、新一代高性能科学计算语言 Julia 等开放语言，定义新一代科学计算与系统建模仿真平台开放架构与接口规范，构建信息物理融合系统建模仿真开放平台。

融合创新：融合国际装备数字化工程发展趋势与中国重大创新工程数字化实践经验，MWORKS 提供多领域物理融合、信息与物理融合、系统与专业融合、机理与数据融合、物理与数字融合等创新特性。

数字支撑：通过系列融合创新，MWORKS 支持系统设计、计算分析、仿真验证、虚拟试验、运行维护及协同研发，全面支撑复杂装备的数字化研制、数字化交付及数字孪生应用。

端云一体：平台基于统一架构和内核同时提供单机版和云端版，单机版和云端版可以独立运行也可以协同运行，实现了架构、内核、算法、模型及数据的端云一体化。

开放生态：基于开放架构、接口规范及开放语言，MWORKS 提供算法、模型、工具、应用等多层次扩展开发能力，支持企业、高校、院所等合作伙伴构建自主可控的模型、工具或应用，共建工业软件开放生态。

国际先进：依托中国航天、航空、核能、船舶、汽车等行业重大工程数字化实践，持续迭代打磨平台，逐步实现对国际同类工业软件的替代与超越，在越来越多的功能和性能指标上超越了国际同类产品。

自主可控：平台表达采用国际开放规范和语言，建模仿真引擎国际先进、亚洲唯一、完全自主，首次实现了内核引擎出口欧美，全面支持国产操作系统、国产数据库及国产硬件环境。

1.1.3　Sysplorer 介绍

Sysplorer 支持物理建模、框图建模和状态机建模等多种建模方式，提供嵌入代码生成功能，支持设计仿真和实现的一体化，是数字化时代国际领先的建模仿真通用软件。

Sysplorer 内置机械、液压、气动、燃料电池、电机等高保真专业库，支持用户扩展和积累个人专业库，支持工业设计知识的模型化表达和模块化封装，以知识可重用、系统可重构方式，为工业企业的设计知识积累与产品创新设计提供了有效的技术支撑，对快速验证设计方案、及早发现产品设计缺陷、全面优化产品性能、有效减少物理验证次数等具有重要价值，为数字孪生、基于模型的系统工程及数字工程等应用提供全面支撑。

1. Sysplorer 的特点

1）支持物理系统建模

- 支持多领域统一建模；
- 支持面向对象的物理建模；
- 支持图形和文本混合式建模。

2）支持大规模复杂系统高效仿真求解

- 提供高性能的编译与求解内核；
- 内置变步长和定步长多种求解算法，适应不同应用场景，并支持用户扩展。

3）提供丰富易用的可视化后处理环境

- 支持查看任意变量结果曲线，提供丰富的曲线交互功能；
- 支持模型 2D 与 3D 动画，直观查看仿真过程；
- 支持使用实时推进、数据回放两种模式查看仿真过程；
- 支持 CSV、MAT 等格式数据的导入/导出。

4）提供开放的软件集成与平台扩展接口

- 支持 FMI 标准，提供模型交换与联合仿真两种形式的导入/导出，能够与支持 FMI 的其他系统进行联合仿真；
- 支持 C/C++/Fortran/Python 等外部语言集成；
- 提供 SDK，支持将外部应用以插件形式集成到 Sysplorer，插件可以调用建模、仿真和后处理等功能，进行界面定制与功能扩展。

2. Sysplorer 的操作界面

图 1-3 展示了 Sysplorer 的主界面：左上方是快速访问栏，其下方是功能区；右上方是窗口菜单栏；左侧是模型浏览器、组件浏览器和仿真浏览器，右侧是文档浏览器；中间上方是建模视图区域，通过切换可以分别显示图标视图、图形视图和文本视图，中间下方是组件参数、输出、命令窗口和组件变量区域。

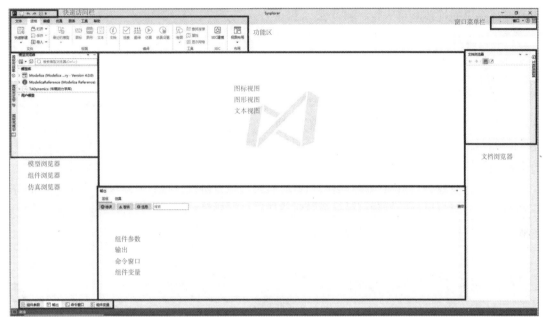

图 1-3　Sysplorer 的主界面

快速访问栏包含一些常用的操作按钮，如保存、撤销、翻译等。功能区提供各个功能模块的具体功能。在窗口菜单栏中，可以设置用户需要显示的窗口。在模型浏览器中，可以直接查看构建的模型，模型分为两类，分别是 Modelica 标准模型库提供的模型和用户自定义的用户模型；在组件浏览器中，可以查看模型中所有的组件；在仿真浏览器中，可以查看模型中所有组件的参数和变量等在仿真中的信息和结果。在图标视图中，可以构建模型相关的图标；在图形视图中，可以基于物理拓扑结构通过拖曳的形式来完成整个模型；在文本视图中，可以查看或编辑模型的底层代码。在组件参数区域中，可以查看或设定模型中需要的参数；在组件变量区域中，可以查看对应组件包含的变量及变量对应的描述；在命令窗口中，可以通过 cmd 命令或 Python 命令控制整个软件的运行；在输出区域，可以查看模型在运行过程中产生的一系列信息，包括报错信息等。在文档浏览器中，可以查看模型的具体说明和关于原理的一些解释。

3. Sysplorer 的应用

利用现有的大量可重用的 Modelica 专业库，Sysplorer 可以广泛地满足机械、液压、控制、机电、热流、电磁等专业及航空、航天、核能、船舶、汽车等行业的知识积累、仿真验证与设计优化需求。

（1）多领域系统仿真。支持开发多领域统一表达的复杂产品系统模型，开展基于模型的设计方案仿真验证，对产品的功能和性能指标的符合性、产品各组成部分之间工作的协调与匹配性进行量化评估，建立起方案评估结果与设计需求的闭环，并驱动设计方案的迭代优化。

（2）信息物理融合系统（CPS）一体化仿真。针对信息域与物理域融合的场景（例如，对于雷达模型中热和电子的耦合，需分析散热系统故障时对效能耦合的影响），可使用Sysplorer 与 Syslab 融合方案，实现信息物理融合系统的仿真，对复杂系统进行分析和优化，从而提高系统的性能和可靠性，减少成本和风险。

（3）基于模型的系统工程（MBSE）。在基于模型的系统工程中，用户可使用 Sysplorer与 SysMLToModelica 工具集成基于模型的设计方案，从而完成从设计模型到仿真模型的构建，系统模型的仿真验证，以及模型的校核、验证与确认等操作。

（4）数字孪生。构建机理数据融合模型需要一个多领域统一表达的系统模型作为基础，这个系统模型可以对不同领域的数据和信息进行归纳、分类和标准化，从而实现统一表达。在此基础上，可以采用虚实融合的方法，形成数字孪生模型。用户可以利用数字孪生模型来提高系统的效率，降低成本和风险，并为未来的创新提供有力支持。

（5）数字化工程。用户在产品研制出来之后，在交付实体的同时，可以利用 Sysplorer开发和交付数字化模型，利用其开展数字化运用、鉴定、运维。数字化模型可用于数字化装备资产持续维护，为实际装备的运维提供参考。

1.2　熟悉 Sysplorer 建模

Sysplorer 是完全支持多领域统一建模语言 Modelica 的系统建模仿真通用软件。统一建模语言具有领域无关的通用模型描述能力。由于采用统一的模型描述形式，因此基于统一建模语言的方法能够实现复杂系统的不同领域子系统模型间的无缝集成。Modelica 语言基于非因果建模思想，采用数学方程组和面向对象结构来促进模型知识的重用，是一种面向对象的结构化数学建模语言。它采用基于广义基尔霍夫原理的连接机制进行统一建模，可以满足多领域需求。

1.2.1　Modelica 语言基础

Modelica 语言是一种用于建模和仿真复杂系统的物理建模语言。它是一种声明性的、基于方程的、面向对象的建模语言，广泛用于描述动态系统的行为，包括机械、电气、热流、控制等多个领域。

1. 数据类型

Modelica 语言提供了 5 种数据类型，分别是 Real（实型）、Integer（整型）、Boolean（布尔型）、String（字符串型）和 enumeration（枚举型）。即使对于预定义的变量类型和枚举型，它们的属性也可采用 Modelica 的语法来描述。对这些类型中的任何一个进行重声明都是错误的，它们的类型名字是保留字，声明与其同名的元素名字是非法的。

1）Real 类型

Real 类型表示实型，Real 类型变量的属性包括 11 种。我们在描述位移、速度、圆的周长、面积、温度、功率、能量等物理量时，均会使用 Real 类型。Real 类型变量的初始值均为 0。

使用方式：Real name[array-subscripts](optional modifier) "description";

2）Integer 类型

Integer 类型表示整型，Integer 类型变量的属性包括 6 种。我们在描述某个物体数量、数组或矩阵下标、指定循环次数等时，均会使用 Integer 类型。Integer 类型变量的初始值均为 0。Integer 类型变量不能使用科学记数法来表示。

使用方式：Integer name[array-subscripts](optional modifier) "description";

3）Boolean 类型

Boolean 类型表示布尔型，Boolean 类型变量的属性包括 4 种。我们在描述某个条件是否成立、某件事情是否发生、某系统的开关机状态等时，均可使用 Boolean 类型。Boolean 类型变量的值只能是 true 或 false，初始值为 false。Boolean 类型变量的值在仿真结果窗口中，true 对应 1，false 对应 0。

使用方式：Boolean name[array-subscripts](optional modifier) "description";

4）String 类型

String 类型表示字符串型，String 类型变量的属性包括 4 种。String 类型变量的默认初始值为空字符串。

使用方式：String name[array-subscripts](optional modifier) "description";

5）enumeration 类型

enumeration 类型表示枚举型，enumeration 类型变量的属性包括 5 种。enumeration 类型和 Integer 类型类似。enumeration 类型通常用于定义一组有限的特定值。

使用方式：type E = enumeration(e1 , e2 , ... , en);

2. 数据类型前缀

在 Modelica 语言中，数据类型的前缀可分为 4 类：可变性前缀、因果前缀、访问限制前缀和禁止变化前缀。

可变性前缀——parameter、constant、discrete，用于定义组件值在分析过程中的可变性。parameter 用于参数定义，不会增加方程数量；定义的参数在参数面板中可见、可修改。constant 用于常数定义，不会增加方程数量；定义的常数在参数面板中不可见、不可修改。使用 parameter、constant 定义的变量只能赋定值。使用 discrete 定义的变量为离散变量，只能在 when 语句中赋值；即使没有前缀 discrete 声明，在 when 语句中的 Real 类型变量也是离散时间变量。

因果前缀——input、output，用于定义变量的输入、输出类型。input、output 用于声明 function 中的输入、输出变量和因果式输入、输出接口。

访问限制前缀——public、protected，用于限制类中元素的调用范围。声明为 public 的类中元素在类的内外部均可访问。一般情况下，public 可以省略不写，默认为内外部均可访问。声明为 protected 的类中元素仅在类的内部可访问，在类的外部不可访问。

禁止变化前缀——final，用于禁止类中元素被修改或重声明。final 定义的参数在参数面板中不可见、不可修改。

3. 注释方式

Modelica 语言中有 3 种注释方式，其中 2 种注释方式与 C++一致，因其不是 Modelica 语言的词法单元，所以会被 Modelica 翻译器忽略。这 2 种注释方式如下：

// comment　　忽略从//到行尾的字符

/* comment */ 忽略/*与*/之间的字符，包括行终结符

第 3 种注释方式被称为"文档注释"，实际为注释字符串（documentation string），是 Modelica 语言的一部分，因而不会被 Modelica 翻译器忽略。这样的"注释"可出现在声明、方程或语句的结尾，或者在类定义的开头。例如：

```
model TempResistor "Temperature dependent resistor";
    parameter Real R "Resistance for reference temp.";
end TempResistor;
```

4. 命名规则

在 Modelica 语言中，命名规则包含 2 种形式：第 1 种形式总是以字母或下划线开头，后面是任意个数的字母、数字或下划线，它是大小写敏感的，即 Inductor 和 inductor 是不同的名字；第 2 种形式以单引号开头并以单引号结尾，中间是任意字符序列，其中如果有单引号，则前面必须加反斜杠，如'12H'、'13\'H'、'+foo'。

5. 运算符

1）算术运算符

Modelica 语言支持 5 种二元运算符，可对任意数值型操作数进行运算，分别是 ^（求幂）、*（乘法）、/（除法）、+（加法）和−（减法），其中某些运算符可用于标量操作数和数组操作数混合的运算。

2）关系运算符和逻辑运算符

Modelica 语言支持标准的关系运算符和逻辑运算符，分别是 >（大于）、>=（大于或等于）、<（小于）、<=（小于或等于）、==（等于）、<>（不等于）、not（否定）、一元运算符、and（逻辑与）和 or（逻辑或）。这些运算符的运算结果是标准的 Boolean 类型值 true 或者 false。

"v1 rel_op v2"形式的关系被称为基本关系，其中 v1 和 v2 为变量，rel_op 为关系运算符。如果 v1 和 v2 的其中之一或者两者都为 Real 类型的子类型，则其称为实型基本关系。

关系运算符<、<=、>、>=、==、<>只是针对简单类型的标量操作数定义的，运算结果为 Boolean 类型的，根据关系是否满足相应地取 true 或 false。对于 String 类型的操作数，对每个关系运算符 op，str1 op str2 使用 C 函数 strcmp 定义为 strcmp(str1, str2) op 0。对于 Boolean 类型的操作数，false < true。对于 enumeration 类型的操作数，其顺序按照枚举项声明的顺序确定。在形如 v1 == v2 或 v1 <> v2 的关系中，除非在函数中使用，否则

v1 和 v2 不能为 Real 类型的子类型。

6. 类定义

在 Modelica 语言中，文本建模的基本结构单位是类（class），类提供了对象（object，也称为实例 instance）的结构。类可包含方程（equation），它是 Modelica 语言中用于计算的可执行代码的基础。传统的算法代码（algorithmic code）也可以是类的一部分。模型库中的所有事物都是类，从预定义的 Real、Integer，到庞大的 package，都是类。class 在 Modelica 语言中是表示类的关键字，其是通用类，所有模型均可用 class 进行定义。

为更加精确地表达类的作用，使 Modelica 代码更易理解和维护，引入了特化类（specialized classes）。特化类是针对类的内容的特殊限制，除受到某些限制外，还提供了某些相较于通用类额外增强的属性。Modelica 语言定义了 10 种特化类：model（模型）、block（框图）、connector（连接器）、type（类型）、function（函数）、record（记录）、package（包）、operator（运算符）、operator record（运算符记录）和 operator function（运算符函数）。

model 用于定义组件或系统模型，具有完备的机理。model 与 class 完全相同，没有限制也没有增强。

block 用于定义框图模型，具有完备的机理，接口变量具有明确数据流向。block 与 model 不同，另外增加的限制为 block 定义的每个组件必须有前缀 input 或 output。

connector 用于定义组件之间的连接关系，进行信息传递或交互。在其定义的任何组件中不允许有方程。

type 用于扩展预定义类型，如单位、枚举型等。

function 用于描述输入变量和输出变量之间的关系。

record 用于数据打包，可以存放不同类型、不同维度的数据信息。在 record 及其任何组件中，只允许有 public 部分（在方程、算法的初始化环节中，不允许有 protected 部分）。不能在连接（connection）中使用 record。record 中的元素不能有前缀 input、output、inner、outer 和 flow。另外，record 组件能作为引用组件用在赋值表达式的左边，服从一般类型的兼容规则。

package 可类比为文件夹，用来分类存放模型，进行模型库架构设计。package 只能包含类的声明和常量定义。

operator 用于定义运算符。operator record 用于定义运算符记录类，常用于运算符重载。operator function 用于定义仅一个功能的运算符。

在 Modelica 语言中，通过 equation（方程）或 algorithm（算法）定义模型的行为。equation 与 algorithm 的区别在于：equation 采用陈述式建模，即不指定数据流向和控制流，等式赋值没有顺序；algorithm 则采用过程式建模，即语句按其出现的顺序执行，且等号左边是未知量，右边是已知量。同时，我们应尽量减少使用 algorithm，能用 equation 尽量用 equation。算法区域通常作为一个整体，被封装在 function 中。一般结构如下：

```
model name
   //声明区域
equation
   //方程区域
algorithm
```

```
//算法区域
end name;
```

在 Modelica 语言中，条件语句和循环语句通常在方程区域或算法区域书写。条件语句包括 if 语句和 when 语句：if 语句根据不同的判断条件选择计算方式；when 语句表示在事件时刻有效的瞬态方程，条件变为 true 时触发一次。循环语句包括 for 循环和 while 循环：for 循环使循环变量在一定范围内变化，对结构形式相同的方程进行迭代计算；while 循环用于约束条件的迭代计算。

1）条件语句

if 语句各分支方程数量必须一致，各分支的条件均为布尔变量或布尔表达式；elseif 可以出现 0 到多次，else 最多出现一次；如果 if 和 elseif 分支的条件为参数或常量，则可以没有 else 分支。if 语句有以下两种形式。

形式 1：

```
if <条件> then
   <方程>
elseif <条件> then
   <方程>
else
   <方程>
end if;
```

例如：

```
model If
   Real u = sin(10 * time);
   Real y;
equation
   if u > 0.5 then
      y = 0.5;
   elseif u < -0.5 then
      y = -0.5;
   else
      y = u;
   end if;
end If;
```

形式 2：

```
<variable> = if <条件 1> then <value1> else if <条件 2> then <value2> else <value3>
```

例如：

```
model If
   Real u = sin(10 * time);
   Real y;
equation
   y = if u > 0.5 then 0.5 else if u < -0.5 then -0.5 else u;
end If;
```

在 when 语句中，左边变量为离散变量，elsewhen 可以出现 0 到多次；when 语句不能嵌套在 when、if、for 语句中，且算法区域的 when 语句不能用于 function 中，只能用于 model 或 block 中。when 语句的形式如下：

```
when <条件> then
    <方程>
elsewhen <条件> then
    <方程>
end when;
```

例如：

```
model When
    Real x = time;
    Real y;
algorithm
    when x > 2 then
        y := x;
    elsewhen x > 3 then
        y := 0;
    end when;
end When;
```

2）循环语句

for 语句用于已知迭代次数的算法，而 while 语句用于已知需满足的条件但不限迭代次数的算法。for 语句的形式如下（其中 range 为向量）：

```
for <var> in <range> loop
    <方程>
end for;
```

例如：

```
model For
    Real x[5];
equation
    for i in 1:5 loop //1:5 与{1,2,3,4,5}等价
        x[i] = i;
    end for;
end For;
```

双重 for 循环是指两个嵌套的 for 循环，有以下两种形式。

形式 1：

```
for <var1> in <range1> loop
for <var2> in <range2> loop
    <方程>
end for;
```

形式 2（使用 "," 隔开多个迭代器）：

```
for <var1> in <range1>, <var2> in <range2> loop
```

```
    <方程>
  end for;
```

例如：

```
model For
    Real x[2,4];
algorithm
    for i in 1:2, j in 1:4 loop
      x[i,j] := i + j;
    end for;
end For;
```

while 循环的形式如下：

```
while <条件> loop
    <语句>
end while
```

例如：

```
model While
    Real x = 5;
    Real sum;
    Integer i;
algorithm
    i := 0;
    sum := 0;
    while i <= x loop
      i := i + 1;
      sum := sum + i;
    end while;
end While;
```

1.2.2　Modelica 数组

数组可视为相同类型的值的集合。每一个数组有确定的维数。数组退化为标量，不是真正的数组，但是可以视为维数为零的数组。数组也可以是多维的矩阵，当为矩阵时，矩阵中所有行的长度相等，所有列的长度相等。向量有一维，矩阵有二维，等等。在 Modelica 语言中不能区分所谓的行向量和列向量，因为向量只有一维。如果真想做出区分，可以区分行矩阵和列矩阵，因为它是二维的。

Modelica 语言是一种强类型语言，也包括数组类型。数组的维数是固定的，在运行期间不能更改，这是为了执行强类型检查和提供高效实现，但是数组的每一维的长度可在运行期间计算。

1.2.2.1　创建数组

Modelica 语言的类型包括标量、向量、矩阵（维数 ndim=2）和维数大于 2 的数组。其中行向量和列向量没有区别。

1. 数组声明

定义数组时，首先要声明数组的维数。数组 V[3]={ 1, 2, 3 }，其中[3]表示 V 为一维数组，其第一维长度为 3。数组 A[2,3]={{1, 2, 3}, {2, 1, 2}}，其中[2,3]表示 A 为二维数组，其第一维长度为 2，第二维长度为 3。应保证赋值的维度和长度与定义的维度和长度相同。

数组声明方式 1：数据类型 [第一维长度,第二维长度] 数组名称（数组赋值），其中括起来的数组赋值部分可省略。例如：

```
model Array
    Real a = 1;
    Integer[3] b = {1, 2, 3};
    Real[3,3] c = {{1, 2, 3}, {2, 1, 2}, {3, 2, 1}};
end Array;
```

数组声明方式 2：数据类型 数组名称[第一维长度,第二维长度]（数组赋值），其中括起来的数组赋值部分可省略。例如：

```
model Array
    Real a = 1;
    Integer b[3] = {1, 2, 3};
    Real c[3,3] = {{1, 2, 3}, {2, 1, 2}, {3, 2, 1}};
end Array;
```

同时，在数组的声明中，数组下标不仅可以声明为整型，还可以声明为布尔型和枚举型，例如：

```
model Array
    parameter Integer a = 3;
    Real b[a] = {2, 4, 6};                      //下标值 a 是整型参数
    Real c[Boolean,Boolean] = {{1, 2}, {3, 4}}; //下标为布尔型，数组长度为 2
    type colors = enumeration(red, green, blue);
    Real e[colors] = {1, 3, 5};                 //下标为枚举型，数组长度为枚举数量
end Array;
```

数组声明时应注意：下标为整型时下标必须为参数或常数，不支持动态数组；下标不能为实型参数；下标为枚举型时赋值顺序按照枚举顺序。

以整数、布尔值或枚举值索引的数组维数，其上下界规定如下：

- 以整数索引的数组维数，其下界为 1，上界是维数的长度。
- 以布尔值索引的数组维数，其下界为 false，上界为 true。
- 以枚举型 E=enumeration(e1, e2, ..., en)的值索引的数组维数，其下界是 E.e1，上界是 E.en。

Modelica 语言虽然不支持数组长度动态变化，但可以声明长度不确定的数组。数组长度和维数一旦确定，在运行期间便不能再更改。不过只有参数类型的变量支持不确定长度，应尽量避免使用不确定长度的数组。例如：

```
model Array
```

```
//数组的长度可以根据赋值或其他参数、常数推导确定
parameter Real a[:,:] = {{2, 3}, {6, 0}, {1, 5}};
end Array;
```

范围向量是指元素取值于一个数值区间内的固定间距的向量。范围向量声明方式：范围起点:（步长:）范围终点，其中步长可省略，默认为1。例如：

```
model Array
    Real a[3] = 1.2:3.5;        //其中 a[1]=1.2, a[2]=2.2, a[3]=3.2
    Real b[3] = 1.2:1.1:3.5;    //其中 b[1]=1.2, b[2]=2.3, b[3]=3.4
end Array;
```

2. 矩阵的声明

标量形成向量，向量形成矩阵。构建向量使用{}，构建矩阵则推荐使用[]。使用{}可以构造多维度数组，每多一层嵌套则维数加一，每一层多一个参数则对应维的长度加一。使用[]只可以构造二维数组（矩阵），使用";"切换到下一行。例如：

```
model Array
    Real a[1,3] = [1, 2, 3];        //1 行 3 列矩阵
    Real b[2,3] = [4, 5, 6; 7, 8, 9];    //2 行 3 列矩阵
end Array;
```

如表 1-1 所示，数组有两种声明形式。C 是任何类型的占位符，包括内置类型 Real、Integer、Boolean、String 和 enumeration。表中某一维的上界表达式的类型，应为 Integer 的子类型（如 n、m、nk 等）或 enumeration 类型（如 E），又或 Boolean 类型，冒号（:）表示维的上界未知且为 Integer 的子类型。

表 1-1　数组声明的一般形式

形式 1	形式 2	维数	性质	解释
C x;	C x;	0	标量	标量
C[n] x;	C x[n];	1	向量	维数为 n 的向量
C[E] x;	C x[E];	1	向量	枚举型 E 索引的向量
C[n,m] x;	C x[n,m];	2	矩阵	n×m 矩阵
C[n1,n2, ..., nk] x;	C x[n1, n2, ..., nk];	k	数组	k 维数组(k>=0)

1.2.2.2　合并数组

向量连接可以形成向量，也可以形成矩阵。向量连接只能使用 cat() 函数一种方式，函数 cat(k, A, B, C, ...) 按照以下规则沿着指定维 k 串接数组 A, B, C, ...：首先，数组 A, B, C, ... 的维数必须相同；其次，数组 A, B, C, ... 必须是类型相容的表达式，其类型决定了结果数组的类型，实型和整型子类型可以混用，结果会产生实型数组（这里整型被转换为实型）。

cat() 函数不能将向量连接为矩阵，可以直接使用{}的形式将多个同长度的向量组合成对应矩阵。cat() 函数可以将矩阵连接为矩阵，也可以使用[]的形式将多个矩阵组合成新的矩

阵，但需注意：沿列方向连接时，行数必须相等；沿行方向连接时，列数必须相等；","的优先级比";"高。

1. 向量或矩阵的连接

将向量连接形成矩阵，例如：

```
model Array
    Integer a[3] = {1, 2, 3};
    Real b[3] = {4, 5, 6};
    Real c[6] = cat(1, a, b);              //向量连接形成向量
    Real d1[2,3] = {{2, 3, 4}, {5, 6, 7}}; //向量连接形成矩阵
    Real d2[2,3] = {a, b};
end Array;
```

将矩阵连接形成矩阵，例如：

```
model Array
    Real a[1,3] = [1, 2, 3];
    Real b[1,3] = [4, 5, 6];
    Real c1[1,6] = cat(2, a, b);   //沿 2 维方向连接，即列方向
    Real c2[2,3] = cat(1, a, b);   //沿 1 维方向连接，即行方向
    Real d1[1,6] = [a, b];         //沿列方向连接
    Real d2[2,3] = [a; b];         //沿行方向连接
    Real e1[2,6] = [[a, b]; [a, b]];
    Real e2[2,6] = [[a, b]; [a, b]];
    Real e3[2,6] = [a, b; a, b];   //默认先沿列方向连接，后沿行方向连接
    Real e4[4,3] = [a; b; a; b];
    Real e5[4,3] = [[a; b]; [a; b]];
end Array;
```

2. 数组和矩阵的基础运算

数组和矩阵的基础运算包括基本的四则运算（加、减、乘、除）和乘方运算。

1）数组或矩阵的加减

假定有两个数组或矩阵 A 和 B，其维数及各维度上的长度均相等，则可以由 A+B 和 A–B 实现数组或矩阵的加减运算。运算规则是：各维度上的各个量一一对应相加或相减。例如：

```
model Array
    parameter Real a1[3] = {1, 2, 3};
    parameter Real a2[3] = {4, 5, 6};
    parameter Real b1[2,3] = [1, 2, 3; 4, 5, 6];
    parameter Real b2[2,3] = [2, 3, 4; 6, 7, 8];
    Real c1[3];
    Real c2[2,3];
equation
    c1 = a1 + a2;
    c2 = b1 - b2;
end Array;
```

2）数组或矩阵的乘法

标量与数组或矩阵相乘：假定 a 为标量，B 为数组或矩阵，则可以由 a*B 或 B*a 实现标量与数组或矩阵相乘，结果为数组或矩阵。例如：

```
model Array
    parameter Real a = 2;
    parameter Real b1[3] = {1, 2, 3};
    parameter Real b2[2,3] = [3, 4, 5; 6, 7, 8];
    Real c1[3];
    Real c2[2,3];
equation
    c1 = a * b1;
    c2 = b2 * a;
end Array;
```

向量与矩阵相乘：假定 a 为向量，B 为矩阵，则可以由 a*B 或 B*a 实现向量与矩阵相乘，结果为向量。其中 a*B 要求 a 的长度与 B 的行数相等；B*a 则要求 B 的列数与 a 的长度相等。例如：

```
model Array
    parameter Real a[2] = {1, 2};
    parameter Real b[2,2] = {{3, 4}, {5, 6}};
    Real c1[2];
    Real c2[2];
equation
    c1 = a * b;
    c2 = b * a;
end Array;
```

矩阵与矩阵相乘：假定 A 和 B 均为矩阵，则可以由 A*B 或 B*A 实现矩阵与矩阵相乘，结果为矩阵。其中 A*B 要求 A 的列数与 B 的行数相等。例如：

```
model Array
    parameter Real a1[1,2] = [1, 2];
    parameter Real a2[2,2] = [3, 4; 5, 6];
    Real b[1,2];
equation
    b = a1 * a2;
end Array;
```

向量.*向量和矩阵.*矩阵：假定 A 和 B 均为向量或矩阵，A 与 B 的维数及各维度上的长度均相等，则可以由 A.*B 或 B.*A 实现向量.*向量或矩阵.*矩阵。".*"表示点乘，其运算规则是：对应位置元素进行乘法运算。例如：

```
model Array
    parameter Real a1[2] = {1, 2};
    parameter Real a2[2] = {3, 4};
    parameter Real b1[2,3] = [1, 2, 3; 4, 5, 6];
```

```
  parameter Real b2[2,3] = [3, 4, 5; 6, 7, 8];
  Real c1[2];
  Real c2[2,3];
equation
  c1 = a1 .* a2;
  c2 = b1 .* b2;
end Array;
```

3）数组或矩阵的除法

数组或矩阵与标量的除法：假定 a 为标量，B 为数组或矩阵，则可以由 B/a 实现数组或矩阵与标量的除法。除法规则是：各维度上的各个量一一与标量相除。例如：

```
model Array
  parameter Real a = 2;
  parameter Real b1[3] = {1, 2, 3};
  parameter Real b2[2,3] = [2, 3, 4; 5, 6, 7];
  Real c1[3];
  Real c2[2,3];
equation
  c1 = b1 / a;
  c2 = b2 / a;
end Array;
```

向量./向量和矩阵./矩阵：假定 A 和 B 均为向量或矩阵，A 与 B 的维数及各维度上的长度均相等，则可以由 A./B 或 B./A 实现向量./向量或矩阵./矩阵。"./"表示点除，其运算规则是：对应位置元素进行除法运算。例如：

```
model Array
  parameter Real a1[2] = {1, 2};
  parameter Real a2[2] = {3, 4};
  parameter Real b1[2,3] = [1, 2, 3; 4, 5, 6];
  parameter Real b2[2,3] = [3, 4, 5; 6, 7, 8];
  Real c1[2];
  Real c2[2,3];
equation
  c1 = a1 ./ a2;
  c2 = b1 ./ b2;
end Array;
```

4）数组或矩阵的乘方

假定 A 为数组或矩阵，则可以由 A .^2 实现数组或矩阵的乘方。注意，A .^2 与 2 .^A 的结果是不同的。例如：

```
model Array
  parameter Real a[3] = {1, 2, 3};
  parameter Real b[2,3] = [1, 2, 3; 4, 5, 6];
  Real c1[3];
  Real c2[3];
```

```
    Real c3[2,3];
    Real c4[2,3];
equation
    c1 = 2 .^ a;
    c2 = a .^ 2;
    c3 = 2 .^ b;
    c4 = b .^ 2;
end Array;
```

1.2.2.3 查询数组信息

数组或矩阵的索引：操作符 name[...]用于访问数组元素，读取或改变元素的值。索引操作不能越界。向量索引 a[k]表示向量 a 中第 k 个量的值；矩阵索引 a[j,k]表示矩阵 a 中的第 j 行、第 k 列的值。例如：

```
model Array
    type colors = enumeration(red, green, blue);
    parameter Real a[3] = {1, 4, 7};
    parameter Real b[2,3] = [3, 5, 8; 4, 0, 1];
    parameter Real c[Boolean] = {3, 7};
    parameter Real d[colors] = {3, 0, 9};
    Real e1;
    Real e2;
    Real e3;
    Real e4;
equation
    e1 = a[3];             // 7
    e2 = b[1,2];           // 5
    e3 = c[true];          // 7
    e4 = d[colors.green];  // 0
end Array;
```

数组或矩阵的切片：a[:, j] 是 a 的第 j 列形成的向量；a[j:k] 是 [a[j], a[j+1], ... , a[k]]；a[:,j : k] 是 [a[:,j], a[:,j+1], ... , a[:,k]]；a[end]是 a 的最后一个量。注意，当取出矩阵中某一行或某一列中的某一个或某几个值时，取出的值为对应个数的向量。例如：

```
model Array
    parameter Real a[6] = {1, 2, 3, 4, 5, 6};
    parameter Real b[3,3] = [1, 2, 3; 4, 5, 6; 7, 8, 9];
    Real c[4];
    Real d[4];
    Real e[3];
    Real f[3];
    Real g[2,3];
    Real h[3,2];
equation
    c = a[1:4];            //取 a 中第 1 个到第 4 个量
    d = a[end - 3:end];    //取 a 中最后 4 个量
```

```
    e = b[1,:];          //取 b 中第 1 行的所有量
    f = b[:,end];        //取 b 中最后 1 列的所有量
    g = b[1:2,:];        //取 b 中第 1 行到第 2 行组成的矩阵
    h = b[:,{1, 3}];     //取 b 中第 1 列和第 3 列组成的矩阵
end Array;
```

为了方便读者理解和比较数组和矩阵的索引及切片操作，我们对数组和矩阵的索引及切片进行了总结和归纳，如表 1-2 所示，其中分别定义了数组或矩阵，如 Real v[j]、Real x[n,m] 和 Real z[i,n,m]。

表 1-2　数组和矩阵的索引及切片

功能	表达式	结果维数	结果类型
索引	v[1]	0	标量
	x[1,1]	0	标量
切片	v[1:p]	1	长度为 p 的向量
	x[:,1]	1	长度为 n 的向量
	x[1,:]	1	长度为 m 的向量
	x[1:p,:]	2	p×m 矩阵
	x[1:1,:]	2	1×m 矩阵
	x[{1,2,5},:]	2	3×m 矩阵
	x[:,v]	2	n×j 矩阵
	z[:,3,:]	2	i×m 矩阵
	x[{1},:]	2	1×m 矩阵

Modelica 语言中内置了许多关于数组和矩阵的运算函数，有数组维度和各维长度的操作函数、维转换函数、归约函数等，如表 1-3 所示。

表 1-3　数组和矩阵的常用运算函数

函数分类	函数名称	说明
数组维度和各维长度的操作函数	ndims(A)	返回数组 A 的维度
	size(A,i)	返回数组 A 的第 i 维的长度
	size(A)	返回数组 A 的各维长度的向量
维转换函数	scalar(A)	返回数组的单个元素，结果数组各维长度均为 1
	vector(A)	返回包含数组所有元素的向量
	matrix(A)	返回数组前两维的元素组成的矩阵
特殊的数组构造函数	identity(n)	返回 n×n 的单位阵
	diagonal(v)	返回向量 v 作为对角元素的对角阵
	zeros(n1,n2,n3,...)	返回所有元素为 0 的 n1×n2×n3×...的整型数组
	ones(n1,n2,n3,...)	返回所有元素为 1 的 n1×n2×n3×...的整型数组
	fill(s,n1,n2,n3,...)	返回所有元素为 s 的 n1×n2×n3×...的数组
	linspace(x1,x2,n)	返回具有 n 个等距元素的实型向量
归约函数	min(A)	返回所有元素中的最小值
	max(A)	返回所有元素中的最大值
	sum(A)	返回所有元素的和
	product(A)	返回所有元素的积

函数分类	函数名称	说明
矩阵和向量的代数函数	transpose(A)	返回 A 的转置矩阵
	outerProduct(v1,v2)	返回向量 v1 和 v2 的外积
	cross(v1,v2)	返回向量 v1 和 v2 的叉积
	symmetric(A)	返回 A 的对称阵
	skew(v)	返回与 v 关联的斜对称矩阵
	cat(n,A,B,...)	返回几个数组连接后的数组

1.3　Sysplorer 仿真

1.3.1　初识 Sysplorer 仿真

Sysplorer 提供了一个动态系统建模、仿真和综合分析的集成环境。在该环境下，用户无须编写大量程序，只需要通过简单直观的鼠标操作、图形化建模，就可构造出复杂的系统。

利用 Sysplorer 进行系统仿真的具体步骤如下。

1. 模型分析

（1）需求分析：对物理对象进行分析，确定需求，明确需要构建的模型。

（2）机理查找：基于需求查找相关的机理。

（3）系统分解：对整个模型的系统进行分解，分析系统的组成。

（4）组件分析：了解模型所需的组件。

2. 模型构建

（1）新建模型：单击【文件】菜单→【新建】选项→【model...】选项，弹出【新建模型】对话框，如图 1-4 所示；在【新建模型】对话框中填写模型名并选择存储位置，为模型添加描述信息（可选），单击【确定】按钮，即可完成模型的创建。

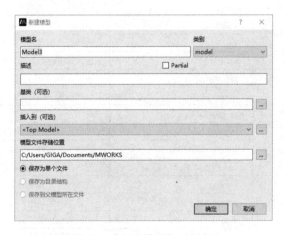

图 1-4　【新建模型】对话框

（2）拖曳组件：在左侧的模型浏览器中，进入 Modelica 标准模型库，选择模型所需的组件；将选中的组件拖曳至右侧的图形视图中，并根据物理拓扑关系适当排布组件。

（3）连接组件：选中组件的接口，拖曳连接组件。注意，接口的类型（样式）有很多种，不同类型的接口不能进行连接，只有相同类型的接口才能进行连接。

（4）设置参数：根据物理对象的系统属性，设置模型参数（需注意参数单位）。

（5）绘制图标：模型构建完成之后，通过绘制图标可以让模型更加直观。单击【图标】按钮，打开图标视图，单击【绘图】按钮，选择相应的图形进行图标绘制，如图 1-5 所示，还可为图形添加填充颜色及样式。

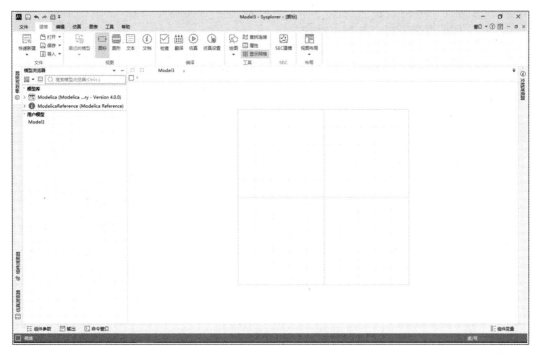

图 1-5　绘制图标界面

（6）编辑文档：模型构建完成之后，通过编辑模型文档可以让模型更加易用。单击【文档浏览器】按钮打开【文档浏览器】窗口，在【文档浏览器】窗口中单击【编辑】按钮 进入编辑模式，如图 1-6 所示，可在编辑模式下插入文字、图片或链接等来说明模型的相关信息。

图 1-6　【文档浏览器】窗口编辑模式

3. 模型仿真

（1）模型检查：通过模型检查可分析模型是否存在错误。单击【建模】菜单→【检查】按钮进行模型检查，检查结果将显示在下方的输出区域中，通过输出信息可以判断模型中是否存在语法或其他错误。检查结果中列出的错误必须修改，警告仅起提示作用，可不修改。通过模型检查也可检查模型是否完备（变量数和方程数相等），只有模型完备才可以进行仿真。

（2）模型翻译：通过模型翻译，可分析模型是否运行成功并转化为可执行文件。单击【建模】菜单→【翻译】按钮或单击【仿真】菜单→【翻译】按钮可查看翻译信息。

（3）仿真设置：根据需求分析结果选择仿真区间、积分算法等。单击【建模】菜单→【仿真设置】按钮或单击【仿真】菜单→【仿真设置】按钮，可弹出【仿真设置】对话框，如图1-7所示，在对话框中可对仿真参数进行设置。

图 1-7 【仿真设置】对话框

在【仿真区间】区域可设置仿真的开始时间和终止时间。在【输出区间】区域可设置步长和步数，步长是指仿真输出点之间的间隔长度；步数是指仿真生成的输出间隔的数目。在【积分算法】区域可设置算法、精度和初始积分步长，MWORKS 提供了 24 种不同的仿真算法，并且支持自定义算法；精度可以指定每个仿真步长的局部精度；初始积分步长用于设定变步长算法的初始积分步长或定步长算法的固定积分步长。对于可修改的模型，通过单击【确定并保存到模型】按钮可以将仿真设置中的常规设置保存到模型中。

（4）运行仿真：系统根据仿真设置调用模型翻译生成的求解器，计算模型中所有变量随时间变化的数据。单击【建模】菜单→【仿真】按钮或单击【仿真】菜单→【仿真】按钮可运行仿真。在仿真浏览器中可查看模型仿真进度，仿真结束后还可查看模型输出信息。

4. 结果查看

（1）曲线查看：通过模型的图形视图，可快速定位目标变量，便于变量查找。在图形视图下，单击相应的组件，左侧的仿真浏览器会自动定位该组件变量。

y(t)曲线窗口以时间(time)作为横坐标，可查看模型中变量与仿真时间的关系。单击【图表】菜单打开图表菜单功能区，单击【新建 y(t)曲线窗口】按钮打开 y(t)曲线窗口，如图 1-8 所示。拖曳相关变量至 y(t)曲线窗口中或勾选相关变量复选框，可生成相应的曲线。

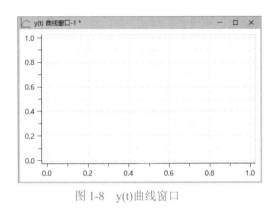

图 1-8　y(t)曲线窗口

y(x)曲线窗口以第一次拖入的变量作为横坐标，可查看模型中变量与变量之间的关系。在图表窗口下拖曳相关变量至 y(x)曲线窗口中或勾选相关变量复选框，可生成相应的曲线。

曲线绘制模式（仅当重复仿真时生效）中，【保持】选项是指保持当前变量曲线不变，【重绘】选项是指基于新实例重新绘制变量曲线，【对比】选项则是指保留当前变量曲线，并基于新实例再次绘制变量曲线（y(x)曲线不支持对比）。

在图表菜单功能区，视图区域空白时，无子窗口操作面板，新建曲线后方可生成子窗口操作面板。新建曲线后可通过曲线游标进行曲线查看操作：单击【图表】菜单→【曲线游标】按钮，框选曲线的局部区域后将其放大，可辅助查看值。

（2）曲线后处理：新建曲线后可进行曲线运算操作。按住 Ctrl 键，选中同一个曲线窗口中的多条曲线，可进行曲线的相加、相减、相乘操作；选择一条曲线，可进行积分、微分、对齐到曲线、对齐到零点、曲线采样操作；选中多条曲线可分别进行运算绝对值、取反、取比例、偏移操作。右击曲线，可对曲线的相关属性进行修改。单击【图表】菜单→【导出图片】按钮可进行图片的导出。

（3）三维动画显示：Sysplorer 提供仿真后三维动画创建、播放功能（只有机械多体才可以查看）。单击【图表】菜单→【动画】按钮便可进入动画窗口，如图 1-9 所示，通过【仿真】菜单下的【播放】、【暂停】、【重置】按钮可以控制动画的播放、暂停、停止及播放速度等。【图表】菜单还提供了视图切换及显示模式改变的工具：利用视图切换工具可切换前视图、后视图、左视图、右视图、俯视图、仰视图或轴测图；利用显示模式改变工具可将显示模式改变为实体渲染模式、线框渲染模式、消隐渲染模式或透视图显示阴影。在动画窗口区域右击，弹出三维动画设置窗口，可以设置动画窗口外观、相机跟随、背景、窗口快捷键等。

图 1-9　动画窗口

5. 实例应用

下面通过一个简单实例说明使用 Sysplorer 建立仿真模型并进行系统仿真的方法。

使用 Sysplorer 仿真曲线 $y(x)=\sin x+\sin(9x)$，正弦信号由 Blocks 库中的 Sources 子库中的 Sine 组件提供，求和由 Blocks 库中的 Math 子库中的数学函数 Add 组件产生，操作过程如下。

（1）新建模型：在 Sysplorer 主菜单中，单击【文件】菜单→【新建】选项→【model...】选项，弹出【新建模型】对话框，编辑模型名称和相关描述，单击【确定】按钮即可创建一个新的模型。

（2）拖曳组件：在模型浏览器中，单击【Modelica】选项，将看到 Modelica 标准模型库中包含的子模型库，单击【Blocks】选项→【Sources】选项，选择 Sine 组件，然后将其拖曳到图形视图区域（注意，将组件拖曳到图形视图区域后，组件名称首字母将变为小写）；同样，找到 Add 组件并将其拖曳到图形视图区域下，Add 组件的位置是 Modelica.Blocks.Math.Add。

（3）连接组件：用连线将各个组件连接起来组成系统仿真模型，如图 1-10 所示。

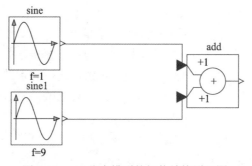

图 1-10　$y(x)$仿真模型的拓扑结构原理图

（4）设置参数：单击 sine 组件，在 Sysplorer 主界面左下角单击【组件参数】选项，打开【组件参数】窗口，如图 1-11 所示，设置参数 f（频率）为 1，amplitude（幅值）为 1，其余参数不变；同样，设置 sine1 组件的参数，设置参数 f 为 9，其他的参数与 sine 组件相同；对于 add 组件，其参数不改变。

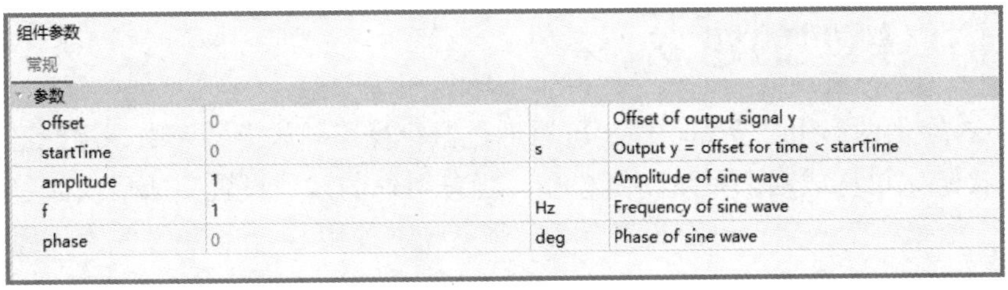

组件参数
常规
参数
offset 0 Offset of output signal y
startTime 0 s Output y = offset for time < startTime
amplitude 1 Amplitude of sine wave
f 1 Hz Frequency of sine wave
phase 0 deg Phase of sine wave

图 1-11　组件参数设置

（5）仿真设置：单击【仿真设置】按钮，打开【仿真设置】对话框，分别设置开始时间为 0s，终止时间为 3s；在输出区间中选中【步长】选项，并设置其值为 0.001；在积分算法区域选择算法 Dopri5，其余不变，如图 1-12 所示。

仿真设置
常规
输出
模型翻译
编译
调试
模式
模型信息
模型 example.demo01
结果 demo01
仿真区间
开始时间 0
终止时间 3
输出区间
步长 0.001
步数 3000
积分算法
算法 Dopri5
精度 0.0001
初始积分步长 Default
分段固定积分步长
确定并保存到模型
确定
取消

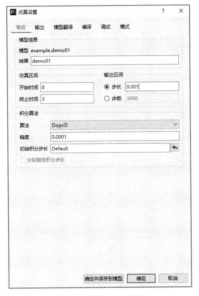

图 1-12　仿真设置

（6）运行仿真：单击【仿真】按钮，就会弹出 y(t)曲线窗口，在左侧的仿真浏览器中选中 add 组件中的 y，就可看到仿真结果，这时的曲线如图 1-13 所示。

add.y
3
2
1
0
−1
−2
−3
0
0.5
1.0
1.5
2.0
2.5
3.0

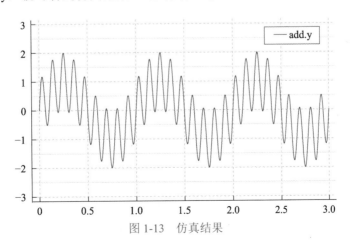

图 1-13　仿真结果

1.3.2 仿真模型的建立

Sysplorer 提供图形用户界面，用户可以通过鼠标操作，从模型库中调用标准组件，将它们适当地连接起来以构成动态系统仿真模型。当各组件的参数设置完成后，即建立了该系统的仿真模型。如果对某一组件没有设置参数，则意味着使用 Sysplorer 预先为该组件设置的默认参数值。

组件是构成系统仿真模型的基本单元，用适当的方式把各种组件连接在一起就能够建立动态系统的仿真模型，所以构建系统仿真模型主要涉及 Sysplorer 组件的操作。Sysplorer 的模型库提供了大量的模型，模型库大体分为两类：Modelica 标准模型库和自定义模型库。在模型浏览器中单击 Modelica 标准库，将看到 Modelica 标准模型库中包含的子模型库；单击所需子模型库，在下方就会展开子模型库中包含的模型；单击所需模型，在下方就会展开相应的组件；选择所需组件，可将其拖曳到图形视图区域。同样，如果需要其他类型的模型库，可以单击功能区中的【工具】菜单→【选项】按钮，打开【选项】对话框，在【选项】对话框中单击环境目录下的【模型库】选项，选择需要的模型库，如图 1-14 所示。

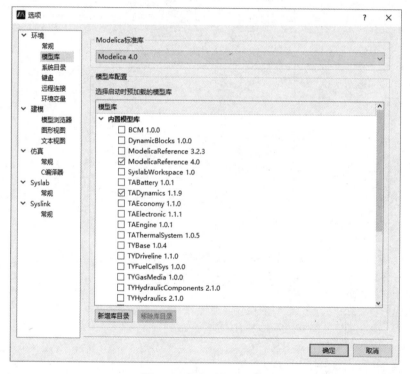

图 1-14 【选项】对话框

以连续（Continuous）系统模型为例，在模型浏览器中，单击【Modelica】选项，展开 Modelica 标准模型库中包含的子模型库；单击【Blocks】选项，展开 Blocks 子模型库包含的模型；单击【Continuous】选项，即可选择对应的组件。在连续系统模型中，包含积分（Integrator）环节、微分（Derivative）环节、状态（StateSpace）方程、传递函数（Transfer Function）等许多组件，可供连续系统建模使用。Sysplorer 模型库内容十分丰富，其他模型的操作方法与连续系统模型相同。此外，用户可以自己定制和创建模型。

1. 组件操作

1）添加与删除组件

添加组件，首先要在 Sysplorer 模型库中找到所需组件，然后将该组件拖曳到图形视图区域即可。删除组件，首先要在图形视图区域选中要删除的组件，然后按 Delete 键或单击【编辑】菜单→【删除】按钮即可；或者在要删除的组件上右击，打开快捷菜单，单击【删除】选项即可。

2）选取组件

要在图形视图区域选取单个组件，只需在组件上单击即可，这时组件的背景上会有阴影。要选取多个组件，可以按住鼠标左键将鼠标指针从所有组件所占区域的一角拖动至该角的对角，在此过程中会出现虚框，当虚框包住了要选的所有组件后，松开鼠标左键，这时所有被选中组件的背景上都会有阴影。

3）复制组件

在建立系统仿真模型时，可能需要多个相同的组件，这时可采用组件复制的方法。在同一模型编辑窗口中复制组件的方法有两种：一是移动鼠标指针到要复制的组件上，先按下 Ctrl 键，然后按住鼠标左键，拖动鼠标指针到适当位置后松开；二是选中组件，右击后，单击快捷菜单中的【复制】、【粘贴】选项，或者直接单击快捷菜单中的【克隆】选项即可。复制出的组件的名称在原名称的基础上加上了编号，这是 Sysplorer 的约定，每个模型中组件和名称是一一对应的，每一个组件都有不同的名称。

在不同的模型编辑窗口之间复制组件的方法是：首先打开源组件和目标组件所在的窗口，然后右击要复制的组件，单击【复制】选项，再进入另一窗口右击，并单击【粘贴】选项即可。复制、粘贴操作还可以用快捷键 Ctrl + C 和 Ctrl + V 实现。

4）组件外形的调整

要改变单个组件的大小，首先需选中该组件，然后单击其周围的 4 个黑方块中的任何一个并拖动鼠标指针，组件就随之变大变小，到需要的位置后松开即可。

要调整组件的方向，首先需选中组件，然后单击【编辑】菜单→【排列】选项可选择让组件旋转 90°、旋转–90°、水平翻转或垂直翻转；或者选中组件后右击，在快捷菜单中也可调整组件的方向。

2. 组件的连接

当设置好了各个组件后，需要将它们按照一定的顺序连接起来，构成一个完整的系统模型。

1）连接两个组件

从一个组件的输出端连到另一个组件的输入端，这是 Sysplorer 仿真模型最基本的连接方式。移动鼠标指针到其中一个组件的对应端口，当鼠标指针变成十字形光标且端口周围出现一个正方形时，拖动其到另一个组件的端口处，当十字形光标出现重影且该端口周围也出现一个正方形时，释放鼠标左键，就完成了两个组件的连接。如果两个组件不在同一水平线上，连线则是一条折线。

2）组件间连线的调整

组件间连线的调整可采用鼠标拖放操作来实现：将鼠标指针移动到需要移动的线段的位置，拖动其到目标位置，释放鼠标左键即可。

3）连线的属性

选中连线后双击，会弹出连线属性对话框，可以修改连线的颜色、线型、线宽等，也可以对连线进行描述。

3. 组件的参数和属性设置

1）组件参数的设置

Sysplorer 中几乎所有组件的参数都允许用户进行设置。选中对应的组件，在 Sysplorer 主界面左下角单击【组件参数】按钮，即可显示该组件对应的组件参数。每个组件参数都有参数名称、参数值、参数描述等，可以直接修改。

2）组件属性的设置

选中要设置属性的组件，然后右击组件，单击【属性】选项，打开【组件属性】对话框。该对话框包括三个选项卡，分别是【常规】、【属性】和【图层】。

在【常规】选项卡下，可以修改组件的名字，添加描述，查看组件的类型层次；还可以查看组件的具体类型。

在【属性】选项卡下，可以查看组件的属性、因果性、可变性、动态类型和连接器成员。

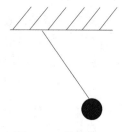

在【图层】选项卡下，可以查看组件在图形视图下的具体坐标。

4. 实例应用

下面我们通过一个物理实例来进一步熟悉图形化建模的流程。

图 1-15　单摆模型

单摆模型如图 1-15 所示，摆杆受重力的影响，绕固定点进行左右摆动，由于受摩擦力影响，摆杆逐渐在竖直方向停止。

（1）对物理对象进行分析，根据单摆的物理结构和原理，自顶向下进行系统分解，分析系统的组成。该系统包括固定副、转动副和杆件，边界条件是重力和摩擦力。

（2）新建单摆模型，拖动模型需要的组件到中间的图形视图区域，根据物理拓扑关系适当排布，如图 1-16 所示。组件路径如下：

世界组件 Modelica.Mechanics.MultiBody.World

固定副组件 Modelica.Mechanics.MultiBody.Parts.Fixed

转动副组件 Modelica.Mechanics.MultiBody.Joints.Revolute

刚体组件 Modelica.Mechanics.MultiBody.Parts.Body

摩擦力组件 Modelica.Mechanics.Rotational.Components.Damper

（3）连接组件并设置各个组件的参数。我们发现，转动副没有合适的端口与摩擦力组件连接，选中转动副显示其组件参数，其中有一个参数 useAxisFlange，选中此参数（在对应的参数处打√）即可打开一个外置接口。

根据单摆的系统属性，设置模型参数。转动副具有摩擦系数为 0.1N·m/(rad/s)的摩擦力：选中组件 damper，在组件参数面板中选中参数 d 的值，将其修改为 0.1，需注意单位。转动副的 phi.start（初始角度）为 20 deg；刚体的 m（质量）为 1kg，r_cm（质心位置）为{0.5,0,0}。

（4）绘制图标，编辑文档。为了让模型更加直观，利于辨识，可以为模型设计一个合适的图标。在图标视图下，使用一些基本的图元来绘制图标，并添加颜色及样式。图标绘制完成后，即可在左侧的模型浏览器中看到，该模型前面出现了一个对应的图标。

同时，为了让他人能更清晰地了解模型的原理，可以通过编辑帮助文档的方式来展示模型的具体信息和相关含义。

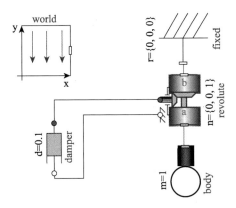

图 1-16　单摆模型的拓扑结构原理图

（5）检查模型及其翻译信息。检查模型是否完备，查看模型的翻译信息。

（6）设置仿真参数。将仿真开始时间设置为 0s，终止时间设置为 5s，步长设置为 0.01，算法使用 Dassl 算法，其余为默认值。

（7）运行仿真，选择 damper.flange_a.phi，可以查看仿真结果，如图 1-17 所示。

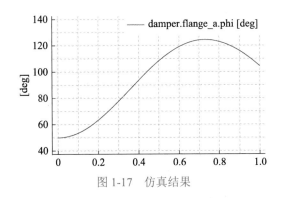

图 1-17　仿真结果

（8）三维动画显示。单击【动画】按钮，进行模型的动画展示，结果如图 1-18 所示。

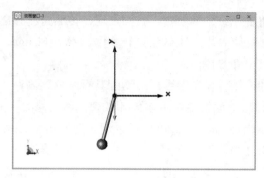

图 1-18　三维动画结果

1.3.3　文本建模与子系统

1. 文本建模

之前建立的模型都是基于已有的组件和模型库来构建的，但如果对于系统中的某个组件，标准模型库并不能满足我们的需求时，可以直接使用 Modelica 语言来进行文本建模，自定义组件模型。

例如，想构建一个电阻组件，应该怎么做？

首先进行理论分析。Modelica 语言是一种面向对象的语言，有类和对象，通过对对象进行抽象可形成类。构建一个模型，需要定义对象的属性和行为，故分析电阻的属性和行为如下。

属性分析：电阻是导体本身的一种属性，因此导体的电阻与导体是否接入电路、导体中有无电流、电流的大小等因素无关；电阻是描述导体导电性能的物理量，用 R 表示；电阻的单位是欧姆，简称欧，用希腊字母 Ω 表示。

行为分析：电阻由导体两端的电压 U 与通过导体的电流 I 的比值来定义，欧姆定律为 $R=U/I$；进入电阻的电流为正值，离开电阻的电流为负值，电阻的电流的代数和等于零；电阻的电压为电阻两端所加的电压。

将电阻抽象为类，类中有两个电学接口，属性为电阻值，行为是欧姆定律 $U=I×R$。

Modelica 代码的一般结构如下：

```
model  模型名称 "备注"
    //===参数定义===
parameter  数据类型  参数名=参数值 "备注";
    //===变量定义===
数据类型  变量 "备注";
    //===接口实例化===
接口路径  接口 1 名称 "接口 1";
接口路径  接口 2 名称 "接口 1";
    //===行为描述===
equation
    //定义方程
algorithm
```

```
    //定义算法
end  模型名称;
```

然后按模型开发的流程进行建模。模型开发的流程分别是接口定义、接口实例化、参数定义、变量定义、行为描述、模型检查、图标绘制和模型测试。

1）接口定义

在 Modelica 语言中，接口的原理源于广义基尔霍夫定律：端口所有势变量相等；端口所有流变量和为零。在电学中，根据广义基尔霍夫定律可知，两个元器件之间的线路上所有势变量相等，所有流变量和为零。

新建 package 类，将其命名为 R。在 R 中新建两个 connector（接口）类，分别命名为 PositivePin 和 NegativePin，即电阻的正极和负极；在 PositivePin 和 NegativePin 中均定义势变量 v 和流变量 i，如下所示，其中 Modelica.Units.SI.Voltage 是路径，是 Modelica 中声明的物理量类型。

```
connector PositivePin "正极"
    Modelica.Units.SI.Voltage v "电势";        // 势变量
    flow Modelica.Units.SI.Current i "电流";    // 流变量
end PositivePin;
connector NegativePin "负极"
    Modelica.Units.SI.Voltage v "电势";        // 势变量
    flow Modelica.Units.SI.Current i "电流";    // 流变量
end NegativePin;
```

为两个接口分别绘制图标，在 Modelica 中，实心图标默认为输入接口，空心图标默认为输出接口，如图 1-19 所示。

图 1-19 电阻正极和负极的图标

2）接口实例化

接口实例化就是将自定义的接口模型拖曳到电阻模型中。新建电阻模型，将其命名为 Resistance；在图形视图下，将 PositivePin 模型和 NegativePin 模型拖曳进去，如图 1-20 所示。

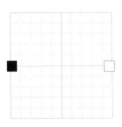

图 1-20 图形视图下的 Resistance 模型

电阻模型文本视图中会自动生成代码，如下所示。

```
model Resistance "电阻"
   // 接口实例化
   // 形式：接口路径+接口名称
   PositivePin positivePin
      annotation (Placement(transformation(origin = {-97.15662650602411, -0.6746987951807228},
         extent = {{-10.0, -10.0}, {10.0, 10.0}})));
   NegativePin negativePin
      annotation (Placement(transformation(origin = {94.45783132530123, -1.6867469879518069},
         extent = {{-10.0, -10.0}, {10.0, 10.0}})));
end Resistance;
```

3）参数定义、变量定义

参数定义方式：前缀（参数、常数）数据类型 参数名 = 参数值 "参数注解"；
变量定义方式：数据类型 变量名（初值）"变量注解"。
电阻的参数和变量定义代码如下。

```
// 参数和变量定义
parameter Modelica.Units.SI.Resistance R = 10;
Modelica.Units.SI.Voltage v;
Modelica.Units.SI.Current i;
```

4）行为描述

用陈述式方程表达模型的行为，模型行为即模型的数学方程或物理方程。在此之前，我们已经分析了电阻的行为，代码如下。

```
equation
   v = R * i;
   i = positivePin.i;
   positivePin.i + negativePin.i = 0;
   v = positivePin.v - negativePin.v;
```

5）模型检查

检查语法错误、检查方程数和变量数。

6）图标绘制

在检查无误后，可以给模型绘制一个合适的图标，便于使用和理解，如图1-21所示。

图1-21　电阻模型图标

7）模型测试

连接一个简单的测试电路，来测试电阻模型是否可用，如图1-22所示。
接地组件：Modelica.Electrical.Analog.Basic.Ground

恒压电源组件：Modelica.Electrical.Analog.Sources.ConstantVoltage

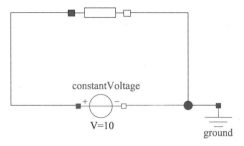

图 1-22　测试电路

设置电源组件电压值参数为 10，电阻组件电阻值参数为 10，单击【仿真】按钮进行模型仿真，查看结果。如图 1-23 所示，仿真结果中，电阻恒为 10Ω，电流恒为 1A，电压恒为 10V，满足设计要求。

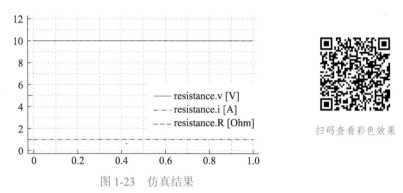

图 1-23　仿真结果

至此，一个自定义的电阻模型就开发完成了，可以在其他模型中使用。

2. 子系统

使用 Sysplorer 建立动态系统模型进行仿真分析时，对于简单的系统可以直接建立模型，但随着所需建立的模型的规模和复杂性的增加，组件的个数也会增多，各组件之间的关系也变得非常复杂，不利于分析。当模型的规模较大或较复杂时，用户可以把几个组件组合成一个新的模块，这样的模块称为子系统。子系统把功能上有关的一些组件集中到一起保存，能够完成几个组件的功能。建立子系统的优点是减少了系统中的组件数目，使系统易于调试。可以将一些常用的子系统封装成模块，这些模块可以在其他模型中直接作为标准的组件使用。使用子系统，用户可以搭建具有层次性结构的模型，使模型层次清晰，调试方便，运行可靠。

建立子系统的方法：单击【文件】菜单→【新建】选项→【package...】选项，打开【新建模型】对话框，编辑 package 名称，单击【确定】按钮，即可创建一个 package 类；在左侧的模型浏览器中右击该 package 类，新建一个子系统的模型。

例如，设计一个简单的模型，有输入和输出：两个输入分别与两个参数相乘，取最小值，具体函数为 $y = \min(k_1 \times x_1, k_2 \times x_2)$。

首先新建一个 package 类 Demo1。然后在 Demo1 中新建一个如图 1-24 所示的子系统模型 Model1，并为 gain 和 gain1 两个组件分别设置参数值。

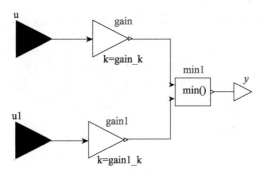

图 1-24 子系统模型 Model1 的拓扑结构原理图

接着在 Demol 中新建 Input（输入）模型，代码如下。

```
model Input "输入"
  parameter Real i = 0 "输入值";
  Modelica.Blocks.Interfaces.RealInput j
    annotation (Placement(transformation(origin = {93.04975361627724, 0.48662109892439176},
      extent = {{-20.0, -20.0}, {20.0, 20.0}})));
equation
  j = i;
end Input;
```

最后在 Demol 中新建一个如图 1-25 所示的模型 Model2，其中组件 input1 和 input2 由 Input 模型生成，组件 model1 由子系统模型 Model1 生成。双击 model1 组件，即可进入子系统中。

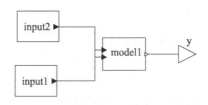

图 1-25 模型 Model2 的拓扑结构原理图

为了能够在模型 Model2 中直接操作子系统的参数，需要对子系统模型 Model1 中的代码进行一定的修改。在文本视图下，修改如下（只显示需要修改和添加的部分）。

```
parameter Real gain_k = 0 "参数一";
parameter Real gain1_k = 0 "参数二";
Modelica.Blocks.Math.Gain gain(k = gain_k)
  annotation (Placement(transformation(origin = {-19.719061964675962, 19.885403745052884},
    extent = {{-10.0, -10.0}, {10.0, 10.0}})));
Modelica.Blocks.Math.Gain gain1(k = gain1_k)
  annotation (Placement(transformation(origin = {-19.794081162502195, -20.270423533581436},
    extent = {{-10.0, -10.0}, {10.0, 10.0}})));
```

之后就可以在模型 Model2 的图形视图下，单击 model1 组件，设置参数 gain_k 和 gain1_k 的值分别为 3 和 1；单击 input1 和 input2 组件，设置参数 i 的值分别为 4 和 3。

单击【仿真】按钮进行模型仿真，选择 y，显示最终结果，如图 1-26 所示。

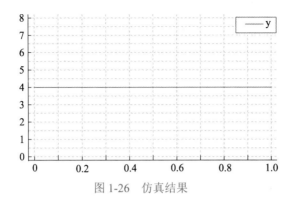

图 1-26　仿真结果

本 章 小 结

Sysplorer 是完全支持多领域统一建模 Modelica 的系统建模仿真通用软件。统一建模语言具有领域无关的通用模型描述能力，由于采用统一的模型描述形式，因此基于统一建模语言的方法能够实现复杂系统的不同领域子系统模型间的无缝集成。本章介绍了 Sysplorer 主界面、Modelica 语言基础、Modelica 数组和 Sysplorer 仿真，通过本章的学习，读者可以掌握 Sysplorer 的基本操作，开展机器人的理论学习和建模仿真工作。

习 题

1. MWORKS 的结构是什么？

2. 编写一个程序，通过当前年份和年龄来计算出生年份。

3. a={{1,2,3},{4,5,6},{7,8,9}}，在 Sysplorer 中编写求解其第二维长度、转置矩阵和 a 中最大值的模型。

4. a={{1,2,3},{4,5,6}}，b={{2,3,4},{6,7,8}}，在 Sysplorer 中编写按照第二维进行连接的模型。

5. Sysplorer 的主要功能是什么？应用 Sysplorer 进行系统仿真的主要步骤有哪些？

第 2 章
机器人的基础知识

机器人是一种能够感知环境、进行决策和执行任务的自动化设备或系统。机器人可以通过各种传感器获取信息，然后根据编程或内置算法做出相应的反应和行动。机器人可以根据其功能和用途分为很多不同的类型，包括工业机器人、服务机器人、医疗机器人、军事机器人等。机器人通常由机械结构、电气控制系统等组成：机械结构用于实现机器人的行动和操作；电气控制系统用于感知环境、执行任务、进行决策和控制机器人的行动。机器人的智能化程度越来越高，其中涉及人工智能技术的应用。通过机器学习、深度学习和自然语言处理等技术，机器人可以学习和适应不断变化的环境，实现更加智能化的功能和交互。机器人在许多领域都有广泛的应用，如制造业、医疗保健、农业、物流、教育等，可以提高生产效率、解放人力、提供辅助医疗服务、执行危险任务等。

通过本章学习，读者可以了解（或掌握）：

❖ 机器人的类别。
❖ 机器人的机械结构。
❖ 机器人的电气控制系统。
❖ 机器人的感知技术。

2.1 走进机器人世界 ///////////////////////////

2.1.1 机器人发展简史

1920 年，捷克斯洛伐克作家卡雷尔·恰佩克在科幻小说《罗萨姆的机器人万能公司》中，根据 Robota（捷克文，原意为"劳役、苦工"）和 Robotnik（波兰文，原意为"工人"）创造了"机器人"这个词。

1939 年，美国纽约世博会上展出了西屋电气公司制造的家用机器人 Elektro，它由电缆控制，会说 77 个字，不过离真正干家务活还差得很远。

1942 年，美国科幻巨匠阿西莫夫提出了"机器人三定律"，该定律后来成了学术界默认的研发原则。1948 年，诺伯特·维纳出版了《控制论》，率先提出以计算机为核心的自动化工厂。1954 年，美国人乔治·德沃尔制造出世界上第一台可编程的机器人，并注册了专利。

1956 年，在达特茅斯会议上，马文·明斯基提出了他对智能机器的看法："智能机器能够创建周围环境的抽象模型，如果遇到问题，能够从抽象模型中寻找解决方法。"这个定义影响了以后 30 年智能机器人的研究方向。

1959 年，德沃尔与美国发明家约瑟夫·英格伯格联手制造出第一台工业机器人，随后成立了世界上第一家机器人制造工厂——Unimation 公司。英格伯格也被称为"工业机器人之父"。

1962 年，美国 AMF 公司生产的 VERSTRAN（意思是万能搬运）成为真正商业化的工业机器人，掀起了全世界对机器人研究的热潮。1962—1963 年，传感器的应用提高了机器人的可操作性。1965 年，约翰·霍普金斯大学应用物理实验室研制出机器人 Beast，Beast 能通过声呐系统、光电管等装置，根据环境校正自己的位置。

从 20 世纪 60 年代中期开始，美国兴起研究第二代传感器、"有感觉"的机器人，并向人工智能进发。1968 年，美国斯坦福研究所研发成功世界上第一台智能机器人 Shakey。Shakey 带有视觉传感器，能根据人的指令发现并抓取积木，不过控制它的计算机有一个房间那么大。Shakey 的出现拉开了第三代机器人研发的序幕。

1969 年，由"仿人机器人之父"加藤一郎领导的日本早稻田大学的一个实验室研发出第一台以双脚走路的机器人。1973 年，美国 Cincinnati Milacron 公司生产的机器人 T3 实现了世界上第一次机器人和小型计算机的携手合作。

1978 年，美国 Unimation 公司推出了通用工业机器人 PUMA，标志着工业机器人技术已经完全成熟。1984 年，英格伯格推出了机器人 Helpmate，这种机器人能在医院里为病人送饭、送药、送邮件。

1998 年，丹麦乐高公司推出了机器人（Mind-storms）套件，让机器人制造变得跟搭积木一样，相对简单又能任意拼装。1999 年，日本索尼公司推出了娱乐犬型机器人 AIBO（爱宝），当即销售一空。2002 年，丹麦 iRobot 公司推出了吸尘器机器人 Roomba，Roomba 能避开障碍，自动设计行进路线。

2006 年，微软公司推出了 Microsoft Robotics Studio，机器人模块化、平台统一化的趋势越来越明显，比尔·盖茨预言：“家用机器人很快将席卷全球。”

随着机器人技术及人工智能的发展，人们对机器人的期待已经不仅仅停留在替代人类在工厂中进行重复劳动，而是希望其能在农业、救援、医疗、安防、家庭服务甚至是商业活动中发挥更重要的作用。然而，机器人的能力与人们的期待还相差甚远，人类的智能感知、灵巧操作、协作分工等能力目前在机器人上都无法得到体现。

作为机器人的诞生地，美国是最早开始机器人研发的国家，由于当时的美国社会状况（需要大量工作岗位）不允许其大力发展机器人产业，所以未把工业机器人列为重点发展产业，导致了后来在工业机器人的研发上美国落后于日本和瑞士等一些国家。直到 20 世纪 80 年代，美国看到了与世界前列的差距，重新审视了机器人行业的发展趋势与前景，把机器人列为了重点发展产业，如今，美国是世界上机器人发展较好的国家。

2015 年 1 月 23 日，日本政府发布了《机器人新战略》，其中列举了欧美和中国在机器人技术上对日本的赶超，以及由于互联网企业的接入而引发的传统机器人行业的巨变，明确指出：由于海量数据的应用及机器人之间的联网化，物联网时代已经到来，必将引领新一轮工业变革。作为当前的机器人强国，日本政府意识到，如果不推出政策、计划对机器人技术加以积极推进，日本作为机器人强国的地位将会不保。

欧洲和日本同为全球工业机器人市场的两大主角，已经实现了传感器、控制器、精密减速机的自主量产，并在全球占据主要份额。而在智能服务机器人的研究上，欧洲也位列前茅，得益于工业机器人已经获得的成就，欧洲已经出现了大量优秀的智能机器人，如 DLR（德国宇航局）的 Justin 机器人及欧盟资助的 CENTAURO 人头马机器人。欧洲各国也在继续推进智能机器人技术的发展，以巩固其领先地位。

在经济发展这场没有硝烟的战争中，世界各国纷纷加入机器人市场这一新战场，我们国家也不甘人后。2021 年，工业和信息化部等八部门印发的《“十四五”智能制造发展规划》明确提出大力发展智能制造装备；研发智能焊接机器人、智能移动机器人、半导体（洁净）机器人等工业机器人；研发融合数字孪生、大数据、人工智能、边缘计算、虚拟现实/增强现实（VR/A）5G、北斗、卫星互联网等新技术的智能工控系统、智能工作母机、协作机器人、自适应机器人等新型装备。

2.1.2　机器人分类

机器人是先进制造技术及自动化装备的典型代表，是人类制造机器的终极形式。机器人设计和制造需要的理论及实践知识包罗万象，涉及机械、液压、电气、自动控制、计算机、人工智能、传感器及其应用、通信技术、网络技术等多个学科及领域，是多种高科技技术理论的集成成果。机器人的应用领域主要分为两大类：制造业领域和非制造业领域。

1. 机器人在制造业领域的应用

“工业机器人”一词由《美国金属市场报》于 1960 年提出，经美国机器人协会定义为“用来搬运机械部件或工件的、可编程的多功能操作器，或通过改变程序可以完成各种工作的特殊机械装置"，这一定义现已被国际标准化组织所采纳。

工业机器人，随着其发展深度和广度的延伸及智能水平的提高，已在众多领域得到了应用。目前，工业机器人已广泛应用于汽车及汽车零部件制造业、机械加工行业、电子电气行业、橡胶及塑料工业、食品工业、木材与家具制造业等领域中。在工业生产中，有各种不同的机器人，如弧焊机器人、点焊机器人、分配机器人、装配机器人、喷漆机器人及搬运机器人等。

工业机器人已被大量采用，并从传统的制造业领域向非制造业领域延伸，如采矿机器人、建筑业机器人及水电系统维护维修机器人等。工业机器人的典型应用举例如下。

1）机器人自动化装配线

由于机器人的智能化、精度高、效率高等特点，其在发动机、变速箱等车辆核心部件装配生产线上的应用日益广泛。马丁路德公司的摩托车发动机机器人装配线如图2-1所示，装配工作台由2台FANUC机器人组成，实现了连杆、曲轴、活塞、缸盖及缸体的自动化传送和装配，采用视觉系统与力控软件，以适当的力度不断轻推零件，使其以很小的接触力滑入并就位，保证工件不损坏。

图2-1　摩托车发动机机器人装配线

2）搬运机器人

为了提高自动化程度和生产效率，制造企业通常需要快速高效的物流线来贯穿产品生产及包装的整个过程，搬运机器人在物流线中发挥着举足轻重的作用。搬运机器人，一方面具有人难以达到的精度和效率，另一方面可以承担大重量和高频率的搬运作业，因此被广泛应用在搬运、码垛、装箱、包装和分拣作业中。

3）打磨抛光机器人

机械零件的形状不断向复杂化、多样化发展，实现打磨抛光工艺的机器人少有统一的方案。在打磨抛光加工工作中，机器人的工作方式有两种：一种是机器人夹持被加工工件贴近加工工具，如砂轮、砂带等，进行打磨抛光加工；另一种是机器人夹持打磨抛光加工工具贴近工件进行加工。

4）移动式工业机器人

对于大尺寸工件的制造，如航空航天产品，传统的工业机器人无法胜任。原因如下：首先，大尺寸工件由于重量和尺寸巨大，不易移动；其次，工业机器人相对工件而言尺寸不足，如果单纯地按比例放大，机器人的制造和控制成本将十分高昂。因此，移动式工业机器人是一个很好的解决方案。

5）码垛机器人

较早将工业机器人技术用于物体的码放和搬运的国家是日本和瑞典。20世纪70年代末，日本第一次将机器人技术用于码垛作业。1974年，瑞典 ABB 公司研发了全球第一台全电控式工业机器人 IRB6，主要用于工件的取放和物料的搬运。

2. 机器人在非制造业领域的应用

由于技术进步和制造成本下降，机器人正悄无声息地进入平常人的生活、学习和工作中。它们可以做家务，在战场上侦察，甚至还可以自主进行精细的手术。在教育、医疗、军事和服务行业中，小型非工业机器人正发挥着重要作用。

1）教育机器人

教育机器人是以激发学生学习兴趣、培养学生综合能力为目标的机器人成品、套装或散件，除机器人机体本身外，还有相应的控制软件和教学课本等。近年来，教育机器人逐步成为中小学技术课程和综合实践课程的良好载体。目前常见的教育机器人既有人形的机器人，也有非人形的机器人。青少年可以与机器人实现基本的互动交流，并可以对机器人的结构功能进行改装扩展。如图2-2所示，通过了解机器人的结构部件和所需知识等，操控者可较为便捷地掌握机器人的基本功能，并开拓思维进行创新。

图 2-2　教育机器人

2）医疗机器人

随着机器人产业的快速发展，医疗机器人的发展得到了全球高度关注。随着人口老龄化的加剧和科技的发展，人们对生活各个方面的要求也在提高。医疗机器人蕴藏着极大的发展空间，未来的市场规模很可能会超过工业机器人。美国已经把手术机器人（见图2-3）、假肢机器人、康复机器人、心理康复辅助机器人、个人护理机器人及智能健康监控系统定为未来发展的六大研究方向。

图 2-3　手术机器人

3）军事机器人

在国防军事领域中，机器人也已经在悄然地发挥作用。军事机器人具有常规作战人员不具备的优点：灵敏度高、载重能力强、续航能力强、可在特殊场合完成特种作战任务等，最重要的是可以减少人员的伤亡。军事机器人在战场上可进行电子干扰、信息采集、侦察、突击、排雷、爆破、运输等任务。

4）服务机器人

以炒菜机器人为例，炒菜机器人不仅实现了煎、炒、炸等中式烹饪技术的智能化，还可以轻松做出意大利、希腊、法国等世界各地风味菜肴。炒菜机器人实现了炒菜过程的自动化，只需轻轻一按，用户就可以享受到世界各地的地道美食，烹饪过程不粘不糊不溢，而且安全、节能、无油烟。

2.1.3　人工智能与智能机器人

大多数人会将人工智能与机器人联系在一起，认为它们就是一回事。事实上，"人工智能"一词在研究实验室中很少使用，更贴切的术语则是针对某些特定类型的智能技术。

20 世纪 50 年代，麦卡锡和明斯基等科学家首次使用了"人工智能"这个术语，此后几十年它经常出现在科幻小说或电影中。如今，人工智能也已经用于智能手机的虚拟助手和自动驾驶汽车的算法中。由此可见，长时间以来，人工智能都涵盖许多不同的内容，而这些内容总会造成混淆。人们往往会有一种成见，认为人工智能是人类智能的人工实现形式，而这种成见可能来自我们作为人类的认知偏见。

不要用人类标准看待机器人或人工智能的任务，如果你在 2017 年看到 DeepMind 开发的人工智能 AlphaGo 击败九段围棋选手李世石（Lee Sedol），你会有什么感受？你可能会感到惊讶或害怕，认为人工智能的能力已经超越了人类。可尽管如此，赢得像围棋这样具有指数级走法的游戏只意味着人工智能已经超越了人类智力的一个非常有限的部分。

很多人都对麻省理工学院仿生机器人实验室开发的 Mini Cheetah 表演的后空翻印象深刻。虽然向后跳跃并降落在地面上对人类来说也很困难，但与需要更复杂的反馈环才能实现稳定行走的算法相比，实现特定动作的算法已经非常简单了。由此可见，完成对我们来说看似容易的机器人任务，往往极其困难和复杂。而之所以出现这样的情况，是因为我们总是倾向于根据人类的标准来考虑任务的难度。

我们往往在观看一个机器人演示后就急于概括出人工智能的所有功能，例如，当我们在街上看到有人在做后空翻时，往往会认为这个人擅长走路和跑步，而且还具有足够的灵活性和运动能力，肯定也擅长其他运动。一般来说，我们对这个人的判断并不会出错，然而，我们是否也可以将这种判断方法应用到机器人上呢？通过观看人工智能研究实验室 OpenAI 的机器人手解魔方的视频，我们认为，既然人工智能可以执行如此复杂的任务，那么它一定可以完成一切比这更简单的任务。但是，我们忽略了这样一个事实：人工智能的神经网络仅针对有限类型的任务（比如手解魔方）进行过训练，如果情况发生变化，例如，在操作魔方时将其倒置，那么算法的效果就无法像预期那样好了。与人工智能不同，人类可以将单个技能结合起来，并将其应用于多项复杂的任务中。人类一旦学会了如何手解魔方，即使将其倒置，尽管一开始可能会觉得很奇怪，但仍然可以快速手解魔方。而对于大多数机器人算法来说，它们需要新的数据或重新编程才能做到这点。此外，自动驾驶汽车需要每种路况的真实数据来应对各种路况，而人类司机可以根据预先学习的概念做出理性决定，以应对无数种路况。这些例子让人类智能和机器人算法形成了鲜明的对比：机器人算法无法在数据不足的情况下执行任务。

如今，我们即将进入一个人工智能的新时代，它可以高效地为我们提供物理服务，也就是说，复杂物理任务的自动化时代即将到来。尤其值得关注的是，日益老龄化的社会给我们带来了巨大的挑战，劳动力短缺变成了明显的社会问题。因此，我们迫切需要讨论如何开发增强人类能力的技术，从而让我们能够专注于更有价值的工作，追求人类特有的生活。这就是为什么，无论是工程师还是来自各个领域的社会成员，都应该提高他们对人工智能的理解。人工智能很容易被误解，因为它在本质上就不同于人类智能。人类对人工智能和机器人存在认知偏见是一件很自然的事，但是如果我们不清楚地了解这个认知偏见，我们就无法为这项技术的研究、应用和政策制定确立合适的方向。为了使科学的发展富有成效，我们需要在促进技术适当开发和应用的过程中密切关注我们的认知。

2.2 熟悉机器人的结构与组成

2.2.1 机械结构与设计

目前移动机器人的移动方式有履带式、腿式、轮式。履带式，通过性和越障性好，但是尺寸大，结构复杂，成本过高；腿式，能用在复杂困难的地形中，但是结构自由度太高且很复杂；轮式，结构简单，自重轻，行走速度快，能够简单控制且维护方便，市面上的室内机器人很多采用这种方式行走。下文就以轮式机器人为例进行介绍。

1. 底盘轮子方案

如图 2-4 所示，轮式结构可分为三轮、四轮、六轮等。

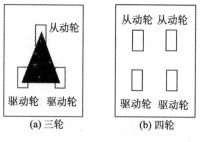

图 2-4 轮式结构

（1）三轮轮式，如图 2-4(a)所示，从动轮在前，驱动轮在后。这种方案转弯半径过大，要求重心在三角形中心的阴影内，否则容易造成重心不稳，而且要求上层结构的高度要很低，不然容易造成倾覆。

（2）四轮轮式，如图 2-4(b)所示，有两个主动轮，两个从动轮。这种方案能够解决重心不稳的情况，但是转弯半径过大，在狭窄场所中很难通过。

（3）六轮轮式，如图 2-4(c)所示，前后是从动轮，中间是驱动轮。这种方案能够达到零转弯半径，且载重面很大，重心也很稳定。

根据上述对比，选用图 2-4(c)所示的六轮轮式方案能够满足多数的设计需求。

轮式机器人主要通过两侧车轮的速度差来实现不同直径的转向或者原地转向，这种转向又称为差速转向。差速转向结构简单（不需要额外的转向结构），成本低，可靠性高，例如，美国佛罗里达农工大学研制的 ATRV-Jr 机器人就采用了差速转向结构。

2. 轮子选型

本书要求机器人越障高度低于 20mm，因为从动轮的直径不能小于障碍物高度的 1/3，所以从动轮的直径取 75mm。

驱动轮选型：载重 60kg，轮子表面材料为橡胶，驱动轮的直径取 170mm。因产品定位在室内环境中使用，所以为了防止产品打滑没有使用聚氨酯类的材质。

3. 驱动电机的选型

根据要求，设定整机的质量 M 为 60kg，滚动摩擦系数 μ 为 0.025，速度 V 为 1.5m/s。考虑整体成本需求，采用市面上普通且成本低廉的轮毂电机，且采用电机自有的扭矩。爬坡时整个产品的受力分析如图 2-5 所示。

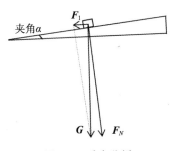

图 2-5　受力分析

驱动电机为 150W 双电机，其驱动齿轮箱速比为 1:1，驱动传动效率为 0.8，F_N 是车对地面的压力。

首先，计算爬坡度及牵引力。

车轮扭力

$$F_1 = T \times i \times \eta / r = 5 \times 1 \times 0.8 / (0.170 \div 2) = 47\,\text{N}$$

式中，T 为电机扭矩；i 为驱动齿轮箱速比；η 为驱动传动效率；r 为驱动轮半径。

牵引力

$$F = F_1$$

最大牵引力（按额定牵引力的 1.5 倍计算，爬坡时为短时工作制）

$$F_{\max} = 47 \times 1.5 = 70\,\text{N}$$

设坡度为 x（斜坡的两个直角边短边与长边比值），斜坡与地面夹角为 α，则有

$$\alpha = \arctan x$$

$$驱动力 > G(M) \times 9.8 \times \cos\alpha \times \mu + G(M) \times 9.8 \times \sin\alpha$$

用代入法计算，当 $\alpha = 10°$，$x = 0.17$ 时所需的驱动力，即最小驱动力（单个驱动轮的驱动力）为

$$30 \times 9.8 \times \cos10° \times 0.025 + 30 \times 9.8 \times \sin10° = 7.2 + 49.9 = 57.1 \, \text{N}$$

因为最大牵引力为 $70\,\text{N}$，故该套驱动系统可满足 0.17 的满载爬坡度。

其次，计算不同环境下的最大负载。

当处于平整路面时，在使用最大牵引力的前提下，由式 $F = \mu Mg$ 可知，$0.025 \times M \times 9.8 = 70$，所以最大的负载

$$M = 285 \, \text{kg}$$

当处于8°斜坡时，在使用最大牵引力的前提下，$M \times 9.8 \times \cos8° \times 0.025 + M \times 9.8 \times \sin8° = 70$ 因此最大的负载

$$M = 43 \, \text{kg}$$

所以，在处于8°斜坡时，单个驱动轮可驱动43kg的重物，故两个驱动轮可驱动86kg的重物。

通过上述计算可以看出，我们对于驱动电机的选择满足设计目标——60kg 载重物机器人，因此选用电机型号为 ZLLG65ASM250-4096 的（单轴）轮毂伺服电机，不用减速箱。

4. 驱动轮、从动轮结构设计

中间的左右驱动轮采用模块化设计，用左右光杆、中间单弹簧的方式可以实现驱动轮的悬挂设计。弹簧的最大弹力不能大于机身重量的一半，所以最大弹力为 $9.8 \times 30 = 294\text{N}$。

从动轮采用万向轮，固定在安装板上，通过调整安装板的高度来调整从动轮，以便达到适合的高度，确保机器人运动顺畅。

5. 传感器安装

机器人在行走时必须能够确保躲避障碍物，所以在底盘正前方设计了激光雷达、深度摄像头（双目），在机身前后方向也增加了超声波雷达。这些传感器将采集到的信号传递到机器人主控板，从而控制电机利用底盘的差速转弯实现避障功能。

6. 底盘三维结构

底盘三维结构功能达到机器人设计需求。底盘采用模块化设计，整体安装在底板上。

7. 机器人自动充电

移动机器人是具有自主运行、自主规划能力的智能机器人，由于其良好的机动性和灵活性，已被广泛运用到各个行业。移动机器人采用锂电池供电，并且电池的容量有限，在运行一段时间电量降低到一定程度后，需要寻找充电桩及时充电。

8. 充电桩设计

在使用充电桩地充的情况下，充电桩上设有带弹性的白铜片，机器人底盘处设有纯平白

铜片。在远处时，机器人通过激光雷达识别到充电桩回充部位，逐渐靠近充电桩；在近端时，机器人通过双目摄像头识别充电桩上的倒 V 形来判断左右间距大小，从而控制电机调整自身姿态抵达充电桩。双目摄像头能探测到倒 V 形的底部三角平面进而发挥其测距功能，以使机器人停在正确充电位置。同时设在机器人底部的充电白铜片也有一定的尺寸，对接后的尺寸允许 10mm 左右的误差。充电桩上的白铜片采用波浪形设计，一方面可应对在停机状态下产生一定的形变，另一方面可应对在充电状态下出现抖动，保证充电过程的安全进行。充电完成后电池管理系统（BMS）控制板给机器人主控板发送信号，机器人自动脱离充电桩，继续执行任务。

在使用充电桩无线充电的情况下，充电桩前部设有左右摇摆的无线充电臂。同样，机器人通过激光雷达和双目摄像头停在正确的充电位置。同时，在充电桩与机器人的本体充电姿态中设置了左右 25°的容错角度。当充电桩无线充电线圈 Tx 与机器人无线充电线圈 Rx 平行时，Tx 与 Rx 两个线圈的垂直距离和平行错位距离与充电效率存在一定的关系。当机器人电池规格是 40W，使用 3.5A 充电时，线圈间垂直距离和平行错位距离与充电效率的关系如表 2-1 所示。

表 2-1　线圈间垂直距离和平行错位距离与充电效率的关系

垂直距离	平行错位距离			
	0mm	5mm	10mm	15mm
0mm	89.6%	90.5%	90.0%	88.8%
5mm	90.5%	90.2%	89.7%	88.6%
10mm	90.0%	89.7%	88.8%	87.0%
15mm	88.8%	88.6%	87.0%	86.3%

当线圈间垂直距离为 10mm 时，若线圈间没有平行错位，则充电效率能达到 90.0%；若线圈间平行错位距离也为 10mm，则充电效率能达到 88.8%。充电桩整体结构如图 2-6 所示。

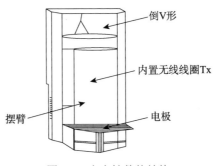

图 2-6　充电桩整体结构

9. 物料选型

机器人中主要的物料有轮毂电机、主控板、雷达，其他物料视价格、大小等确定。我们在三维建模之前就要确定主要物料的选型，以便为将来的设计做准备。物料选型的具体信息如表 2-2 所示。

表 2-2　物料选型

名称	型号	品牌	数量/个
从动轮	3 寸	上屹脚轮	4
轮毂电机	6.5 寸	中菱	4
主控板	Jetson_Xavier_NX	英伟达	1
激光雷达	LDS-50C	蓝海	1
超声波雷达	Ks103		8
降压模块（5~24 V）	—	—	2
锂电池（40Ah）	—	—	1

2.2.2　电气控制系统的设计与实现

机器人主要是指工业领域中从事相关生产、运输、存储等的智能机器助手，而其电气控制系统是掌控和命令机器人的核心系统。电气控制系统的完善和健全是保障机器人稳定工作的关键，同时也是提高工业生产质量和效率的重点，但电气控制系统设计复杂而又困难，是工业领域中必须攻克的一大重难点。

机器人电气控制系统的设计对于现代工业生产制造而言是至关重要的。在机器人电气控制系统的设计中，集中操控系统、主从控制系统、分散控制系统、机器人核心控制器、智能编码器等都是非常重要的内容，需要不断地完善，从而保障工业生产的质量和效率，促进工业发展逐渐走向智能化、自动化，在保证工业领域安全生产的基础上有效促进经济增长，确保我国在当前经济全球化背景下的国际地位与核心竞争力。

1. 机器人

机器人是当前工业领域提高生产效率和安全性的有效产品，一般情况下有 3～6 个自由度。在工业领域中，常见的机器人有直角坐标机器人、Delta 机器人、4/6 自由度标准机器人等，这些类型的机器人在工业生产中主要负责焊接、运输、喷漆、切割和测量等项目。一个完整的机器人在工作中需要机械系统、电气控制系统、示教盒、软件系统等的支撑，这些系统有各自的技术特点及优势如表 2-3 所示。

表 2-3　各系统的技术特点及优势

系统名称	技术特点及优势	系统名称	技术特点及优势
机械系统	高精度	示教盒	模块化
	高响应		标准化
	高刚度		易操作
	高可靠		图形化
	低成本		易升级
电气控制系统	开放性	软件系统	标准化
	网络化		系列化
	PC 化		可靠化
	高性能		规范化
	智能化		易维护

2. 机器人电气控制系统

计算机操控系统、主从控制系统、分散控制系统、核心控制器、智能编码器等是机器人电气控制系统的主要构件，但最重要的是计算机操控系统，也就是微型机、微处理器构成的调度指挥程序，这是保障成功操纵机器人的关键。机器人的工作轨迹和工作参数设定则是由示教盒完成的，同时示教盒还承担着人机交互的重任，它有着独立的 CPU 处理中心和存储单元，能实现与核心控制计算机之间的信息交换和交流，确保串行通信并高效地完成操作指令。除此之外，电动机是机器人实现相关操作的重点，其主要构件是步进电机、直流伺服电机或交流伺服电机。其中，步进电机能充分实现电脉冲信号的有效变换，促进电脉冲信号转换成相应的角位移或者直线位移执行元件的动作，其结构简单、维护便捷、可靠性高；直流伺服电机的特点是控制功率损耗小、启动与制动效率高；交流伺服电机的特点是工作范围大、体积和重量小，在工作中更好移动和养护。

3. 机器人电气控制系统的设计与实现

1）计算机操控系统

对于机器人而言，一台计算机就能轻松实现集中控制，主要是因为其集中控制系统结构简单、成本低、易实现。机器人的集中控制系统需要多种控制卡，可通过 PCI 插槽或标准串口连接，这也使其呈现出一定的开放性特点。同时该集中控制系统对于信息的采集和分析十分便捷，整体协调性极佳，但不可忽视的是，它也有一定的不足之处，比如问题影响范围大、灵活性不够等。

2）主从控制系统

工业机器人的主从控制系统由主从两级处理器组成，以实现控制目的。其中，主控制系统的主要工作是坐标变换、运动轨迹生成、高效管理、系统问题诊断等，是机器人作业期间的管家和自动维护程序；而从控制系统主要负责机器人的关节运动控制，也就是常见的机器人摆臂、屈膝等动作指令的实现。主从控制系统对于机器人操作来说，主要优点是实时性强，能更好地满足高精度、高速度的操作要求。

3）分散控制系统

机器人的分散控制系统是指对核心控制器进行模块划分后形成的子系统，每个子系统都有不同的控制任务，然后在总系统的带领下实现分工合作和统一，高效协调地完成控制目标。分散控制系统中，子系统控制器由不同的控制对象和设备组成，信息通信主要依靠互联网实现，其优势是扩展性强、实时性好。

4）核心控制器

核心控制器是机器人的关键构件，是保障机器人有效地完成指令进行作业的重要装置，与机器人的整体工作性能息息相关。机器人核心控制器能实现网络通信，在一定程度上有效地提高了工作质量和效率，同时与计算机和互联网之间的互通促进了工业生产中多功能操作的实现。核心控制器对于机器人的控制分为并行、串行两种，并行主要实现机器人操作中控制算法的并行处理，串行是指控制算法的串行处理。总体来说，机器人核心控制器在工业生产中有着实时性高、通信性强、人机高效合作优势，对于机器人的开放性系统结构和模块化设计意义重大，从科技发展角度来说，有利于工业领域实现智能化、自动化。

5）智能编码器

对于机器人而言，智能编码器是实现对控制对象的实际位置检测和系统控制的关键。编码器类型有直线型、旋转型、增量式、绝对式四种。旋转编码器的主要构件是发射器、码盘、检测组织，发射器主要是指光源，码盘是光栅盘，检测组织是处理检测信号的电路板。绝对编码器的运行过程是，利用刻线码道，依次按照 2 线、4 线、8 线、16 线进行刻线编码，每一次的读码是 2^0 至 2^{n-1} 次方的唯一二进制代码，最终形成了不受电信号干扰的光码盘机械位置编码。增量编码结构简单、精度高、资源成本低，对于实现非接触测量和广泛测角十分有效，并且对于测速也有一定作用，不过脉冲信号的传输存在干扰这一问题还需要进行改进，以避免产生更大的误差而影响工业生产。

2.2.3　环境感知

目前，在移动机器人环境感知技术中，主要的测距手段有：单目视觉测距、双目视觉测距、测距传感器测距。

单目视觉测距常用的传感器为单目相机。单目视觉测距的过程为：首先，建立一个有关待识别目标的特征数据库，该数据库应包括待识别目标的全部特征数据；然后，利用单目相机获取场景中的环境信息，通过特征点提取算法获取图像中的目标特征，再将此特征与数据库中的样本特征进行匹配，完成目标识别；最后，通过目标物体在图像中尺寸的大小来估算机器人与目标物体之间的距离。从整个单目视觉测距的过程中可以看出，单目视觉测距在对距离进行估算之前需要识别目标，要做到这一点，一方面，在场景图像中提取目标特征时，要做到准确、完整；另一方面，所建立的样本特征数据库要足够大，以包含所有待测目标，否则无法完成目标识别。另外，采用此种方式测得的距离并非真正意义上的距离，仅仅是对距离的粗略估算，因此准确度较低。但是，由于单目视觉测距系统的结构相对简单，测距成本较低，对计算资源的要求不高，因此，单目视觉测距常常应用在对距离测量精度要求不高的场合中。

双目视觉测距常用的传感器为双目相机，双目相机实际上为两个标定后的单目相机的组合。与单目视觉测距不同，双目视觉测距不需要建立待测目标的特征数据库并与之进行特征匹配，其主要通过比较左右两个单目相机所获取的图像的视觉差来测量距离。双目视觉测距的核心是视觉差的计算。视觉差的计算过程为：首先对左右相机获取的图像进行特征点提取与匹配；然后计算出待测目标在图像中位置的坐标；最后计算出视觉差。双目视觉测距计算量大，复杂度较高，测距范围、测距精度受双目相机的基线影响较大，基线越大，测距范围越大。总体来说，双目视觉测距相对于单目视觉测距精度较高。

测距传感器测距常用的传感器有激光雷达和红外线传感器。测距传感器测距一般成本比较高且需要信号回传，因此其使用环境具有一定的局限性。

用在移动机器人中的传感器种类广泛。有些传感器只用于测量简单的值，像机器人电子器件内部温度或电机转速，而其他更复杂的传感器可以用来获取机器人的环境信息甚至直接测量机器人的全局位置。本章着重介绍获取机器人环境信息的传感器，因为机器人四处移动，常常碰见未预料的环境，所以这种传感器特别重要。下面我们将对传感器分类、传感器特性指标和具体的几种传感器进行详细介绍。

1. 传感器分类

我们根据两个重要的维度——本体感受/外感受和被动/主动对传感器进行分类。多传感器机器人的例子（TRC 公司的 HelpMate）如图 2-7 所示。

图 2-7　TRC 公司的 HelpMate

本体感受传感器测量系统（机器人）的内部值，如电机速度、轮子负载、机器人手臂关节的角度、电池电压等。

外感受传感器从机器人所处的环境中获取信息，如距离、亮度、声音等。因此，为了提取有意义的环境特征，机器人要解释外感受传感器的测量结果。

被动传感器测量进入传感器的周围环境的能量，包括温度探测器、话筒、CCD/CMOS 摄像头等。

主动传感器发射能量到环境，然后测量环境的反应。主动传感器因为可以支配与环境（受更多约束的）的交互，所以常常具有卓越的特性指标。然而，主动传感器引入了几个风险：发出的能量可能影响传感器意图测量的真正特征；可能在自己发射的信号和不受自己控制的信号之间遭受干扰，例如，附近其他机器人或同一机器人上相似传感器发射的信号会影响其最终的测量。主动传感器包括轮子正交编码器、超声波传感器和激光测距仪等。

2. 传感器特性指标

我们描述的传感器，其特性指标的变化很大。有些传感器在控制良好的实验室环境中，具有极高的准确度，但当现实环境变化时，就抵挡不住误差。其他一些传感器在不同的环境中，提供高精度的数据。为了将这些特性指标定量化，我们首先正式定义传感器特性指标的术语。

1）基本传感器响应的额定值

在实验室环境中，可以定量地标定许多传感器的特征。当传感器被安装在现实环境中的机器人上时，这种特性指标额定值必须处在最佳情景下。

在维持传感器正常操作的同时，动态范围用于测量传感器的输入上、下限范围。形式上，动态范围是最大可测输入值与最小可测输入值之比。因为这个原始比率可能不太合适，所以动态范围常常用分贝计量，被计算为原始比率的普通对数的 10 倍。例如，传感器测量电机电流，可从 1mA～20A 内取值，则这个电流传感器的动态范围定义为

$$10\log_{10}\left[\frac{20}{0.001}\right] = 43\text{dB}$$

假设有一个测量机器人电源电压的电压传感器，可测量 1mV～20V 的任何电压值，则这个电压传感器的动态范围定义如下：

$$20\log_{10}\left[\frac{20}{0.001}\right] = 86\text{dB}$$

在移动机器人应用中，动态范围也是一个重要的额定值，因为机器人的传感器经常运行在输入值超过其工作范围的环境中。在这种情况下，关键在于了解传感器将如何响应。例如，

光学测距仪有一个最小的测距距离，当对象比该最小值更靠近光学测距仪进行测量时，它会产生虚假数据。

分辨率是可以被传感器检测的两个值的差的最小值。通常，传感器工作范围的下限等于它的分辨率。例如，假定有一个传感器，它测量电压，执行模/数（A/D）转换，输出为线性的相应于 0～5V 的 8 位被转换值。如果传感器是真正线性的，则它有 2^8-1（255）个总输出值，分辨率为 20mV。

当输入信号变化时，线性度是支配传感器输出信号行为的重要测量。如果两个输入 x 和 y 产生两个输出 $f(x)$ 和 $f(y)$，则对任何数值 a 和 b，$f(ax+by)=af(x)+bf(y)$，这意味着传感器的输入/输出响应图是简单的直线。

带宽或频率用于测量速度，传感器可以按此速度提供读数（数据）流。形式上，每秒测量的数目被定义为传感器的频率，单位为 Hz。由于移动机器人在穿越环境时具有动态特性，移动机器人通常被障碍检测传感器的带宽限制在最大速度上。因此，增加测距带宽已成为机器人领域高优先级的目标。

2）现场传感器特性指标

在实验室环境中，可以合理地测量上述传感器的特征，并有信心将其外推到现实环境配置中的特性指标。然而，不深入了解所有环境特征和所用传感器之间的复杂交互，就不能可靠地获取许多重要的测量结果。环境特征与复杂的传感器关系更为密切。

灵敏度是对目标输入信号增量变化引起输出信号变化的一种度量。形式上，灵敏度是输出变化与输入变化之比。然而遗憾的是，外感受传感器的灵敏度常常被目标外的灵敏度和特性指标（与其他环境参数相关）所混淆。

交叉灵敏度是正交于传感器目标参数的环境参数的灵敏度技术用语。例如，磁通闸门罗盘可以对磁北展示高的灵敏度，因而用于移动机器人导航；然而，罗盘也对含铁的建筑材料展示出高灵敏度，以至它的交叉灵敏度常常使传感器在某些室内环境中变得无用。通常我们不希望传感器具有高交叉灵敏度，特别是当该交叉灵敏度不能被建模时。

在某些指定的运行背景内，误差被定义为传感器输出测量和被测的真正值之间的差。给定真值 v 和测量值 m，我们可以定义误差为 $m-v$。

准确度被定义为传感器测量和真值之间的符合程度，通常表达成真值的比例（如 97.5% 的准确度）。因此，小的误差与高的准确度相关，反之亦然。

$$准确度 = 1 - \frac{|误差|}{v}$$

当然，获得真正的真值是困难的或者是不可能的，所以建立传感器准确度的可信特征是有问题的。但是，区分两种不同误差源之间的差别非常重要。

系统误差是由理论上可建模的因素或过程造成的，所以这些误差是确定性的（可预测的）。激光测距仪不良的标度、走廊地面不可建模的倾斜及由于以前碰撞引起的弯曲的立体摄像头等，都可能是造成传感器系统误差的原因。

随机误差既不能用复杂的模型预测，也不能用更精密的传感器机构来减小，这些误差只能用概率予以描述（随机性的）。彩色摄像头的色调、不稳定性、虚假的测距误差及摄像头黑电平噪声等都是随机误差的例证。

精确度常常和准确度相混淆，但现在我们有工具清楚地区分这两个术语。直觉上，高精确度关系到传感器测量结果的重复性。例如，一个获取相同环境状态下的多个读数的传感器，如果它产生相同结果，则它具有高精确度。在另外的例子中，有传感器接收相同环境状态数据的多个副本，如果该传感器每次的输出一致，则它具有高精确度。实际上，精确度与传感器准确度没有任何关系。假定传感器的随机误差用某平均值 μ 和标准偏差 σ 予以表征，那么在形式上，精确度的定义是传感器输出范围和标准偏差之比。

$$精确度 = \frac{输出范围}{\sigma}$$

注意，仅有 σ（而非 μ）对精确度有影响。μ 直接正比于总的传感器误差，并反比于传感器准确度。

3）表征传感器的误差：移动机器人的挑战

移动机器人严重依赖外感受传感器。许多外感受传感器负责完成机器人的中心任务：获取机器人紧接邻域中物体的信息，使得机器人可以了解周围环境。当然，这些围绕机器人的"物体"都是从机器人局部参考框架的角度检测到的，因为我们所研究的系统是移动的，机器人不断移动的位置和它的运动对整个传感器的行为有重大的影响。借助前面讨论过的术语，下面我们来描述移动机器人的误差与人们所希望的理想情景是如何地大相径庭。

系统和随机误差的模糊性使主动测距传感器容易有失效的模式，它很大程度上由传感器和环境目标的特定相对位置所引发。例如，声呐传感器会产生特殊的反射，在平滑石棉水泥墙特定角度上产生很不准确的距离测量结果。在机器人运动期间，这种相对角度以随机间隔发生，装有多个声呐传感器形成声呐环的移动机器人尤其如此。在机器人运动时，一个声呐传感器进入该误差状态的机会极高。从移动机器人的观点看，在这种情况下，声呐测量误差是随机误差；但是，如果机器人停止运动，则可能产生完全不同的误差模式。如果机器人的静态位置恰好使一个声呐传感器处于这种相对角度，则该声呐传感器将一直地失误，并一次又一次地精确地返回相同（且不正确）的读数。所以，一旦机器人静止不动，误差则表现为系统性的，且是高精度的。

在这种情况下，移动机器人的基本工作机制涉及对机器人姿态和机器人-环境动力学的交叉灵敏度。针对这种交叉灵敏度的模型，其潜在意义并非完全随机。然而，这种物理上的相互关系很少被建模，所以从非完整模型的观点看，在运动期间，误差表现为随机的；当机器人静止时，误差是系统性的。

声呐传感器不是遭受系统和随机误差模式模糊的唯一传感器。使用 CCD 摄像头的视觉传感器，也很容易受机器人运动和位置的影响，因为摄像头依赖于光的变化、镜像性（如眩光）和反射。要认识到，系统误差和随机误差在受控的环境中是被充分定义的，移动机器人可以呈现误差的特性，区分系统误差和随机误差。

多模误差分布通常依据不同输出值的概率分布来表征传感器随机误差的行为特性。一般，我们对随机误差的因果知之甚少，所以通常使用几个简化的假设。例如，我们可以假定误差是零均值的，即对称地产生正和负的测量误差；我们可以进一步假定概率密度曲线是高斯型的。这意味着测量结果是正确值的概率最高，即远离正确值的任何测量比接近正确值的任何测量可能性要小。这是硬性的假定，它使功能强大的数学原理能应用于解决移动机器人问题上。然而重要的是，要了解这些假定通常是非常不适当的。

例如，我们再次考虑声呐传感器。当测量与反射声音信号良好的物体的距离时，声呐传感器会呈现高的准确度，并会产生基于噪声的随机误差。然而，当面对引起内在反射而不是使声音信号返回到声呐传感器的那种材料时，声呐传感器则会粗糙地过估计与物体的距离。在这种情况下，误差是非严格的、系统性的，所以我们将此建模成随机误差的概率分布。因此，声呐传感器有两种不同的运行模式：第一种是信号确实返回且可能有某些随机误差；第二种是信号多路反射之后返回，且产生粗略的过估计。在这种情况下，概率分布容易成为双模，且因为过估计比低估计更普遍，所以它也是非对称的。

作为第二个例子，考虑用立体视觉算法测距，我们可以再次认识两种运行模式。如果立体视觉系统将两个图像正确地关联，那么最终的随机误差将由摄像头噪声产生。但是，立体视觉系统也可能将两个图像不正确地关联，例如，匹配两个在现实环境中不相同的栅栏柱，在这种情况下，立体视觉会出现粗糙的测量误差，并限制测量准确度。我们应该容易想象这个既破坏单模又破坏对称假设的行为。

本节的论点是：在移动机器人中，传感器也许会实现多模态的操作，因而在表征传感器误差时，很可能破坏单模性和对称性。但是，正如我们将要看到的，许多成功的移动机器人系统，采用了简化的假定和带有大量成功经验的实用数学技术。

本节介绍了很多术语，我们可以用这些术语表征各种移动机器人传感器的优点和缺点。下面我们将对现在常用的移动机器人传感器进行表征。

3. 轮子/电机传感器

轮子/电机传感器是用于测量移动机器人内部状态和动力学的装置。这些传感器在移动机器人之外也有广泛的应用。高分辨率、高质量、低价格的轮子/电机传感器为移动机器人的应用带来了很多便利。下面我们讲解一种轮子/电机传感器——光学编码器。

光学编码器已经成为在电机内部、轮轴或操纵机构上测量角速度和位置的使用最普遍的装置。在移动机器人中，通常用光学编码器控制位置或轮子的速度或其他电机驱动的关节。光学编码器是本体感受式的，在机器人参考框架中，它们的位置估计结果是最佳的。在用于机器人定位时，光学编码器需要进行校正。

光学编码器基本上是一个机械的光振子，根据各轴转动产生一定数量的正弦或方波脉冲。光学编码器由照明源、屏蔽光的固定光栅、与轴一起旋转带细光栅的转盘和固定的光检测器组成，当转盘转动时，固定的和运动的光栅的排列不同，穿透光检测器的光量不同。在机器人学中，最后得到的正弦波会被阈值变换成离散的方波，在亮和暗的状态之间变化。分辨率以每转周期数（CPR）度量，最小的角分辨率可以容易地由编码器的 CPR 额定值计算出。在移动机器人中，典型的光学编码器具有 2000CPR，而工业上可容易地制造出具有 10000CPR 的光学编码器。当然，根据所需的带宽，光学编码器能够在短时间内准确地捕捉并传输位置数据，以计算期望的轴转速。工业上的光学编码器不对移动机器人的应用提出带宽限制。

在移动机器人中，通常使用正交光学编码器。在这种情况下，第二对照明源和检测器，按转盘方向被安放在相对于第一对移动了 90°的地方。正交光学编码器合成的一对方波，提供了更多有意义的信息，如图 2-8 所示，正交光学编码器根据所观测到的信道 A 和 B 的脉冲链之间的相位关系，可以确定旋转方向。

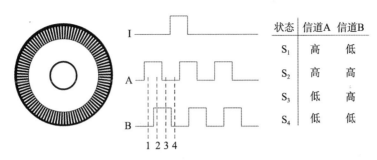

状态	信道A	信道B
S_1	高	低
S_2	高	高
S_3	低	高
S_4	低	低

图 2-8　正交光学编码器合成的一对方波

正交光学编码器按照哪个方波先产生上升边沿进行排序，就可辨认转动方向。正交光学编码器具有 4 个可检测的不同状态，在不改变旋转盘的情况下，分辨率可提高 4 倍。因此，一个 2000CPR 的正交光学编码器可产生 8000 个计数。通过保留由光学检测器测得的正弦波并进行复杂的解释，有可能进一步改善光学编码器的分辨率。这种方法在移动机器人中虽然少见，但分辨率可以提高 1000 倍。

就大多数本体感受传感器而言，光学编码器一般处在移动机器人内部结构受控的环境中，所以可以将其设计成无系统误差和无交叉灵敏度的。光学编码器的准确度常常被认定为 100%，虽然这并不完全正确，但在光学编码器级别上，任何误差都会因在下游的电机轴误差而显得微不足道。

4. 导向传感器

导向传感器可以是本体感受式的（陀螺仪、倾角罗盘）或外感受式的（罗盘），被用来确定机器人的方向和倾斜度，这些信息与适当的速度信息结合在一起，使我们可以通过运动信息对机器人进行位置估计。这个过程源于船舶导航，被称为航位推测法。

1）罗盘

测量磁场方向的两个最普通的现代传感器是霍尔效应罗盘和磁通（量）闸门罗盘。它们各有优缺点。

霍尔效应描述了在出现磁场时半导体中电势的变化。当给横跨半导体的长度施加一个恒定电流时，根据半导体相对于磁通线的方向，横跨半导体的宽度在垂直方向会有一个电压差。另外，电势的符号确定了磁场的方向。因此，单个半导体提供了一维磁通和方向的测量。在移动机器人中，霍尔效应罗盘是很普遍的，在垂直方向包含两个这种半导体来提供磁场轴（起始端）的方向，从而获得八个可能的罗盘方向。该仪器不贵，但存在许多缺点。霍尔效应罗盘的分辨率很低，误差的内部源包括基本传感器的非线性和半导体电平系统性的偏移误差，对最终的线路必须进行有效的滤波。这就把霍尔效应罗盘的带宽降低到了相对移动机器人而言很小的值。例如，图 2-9 中所拍摄的霍尔效应罗盘，在 90° 转动后，需要经过 2.5s 才稳定。

图 2-9　霍尔效应罗盘

磁通闸门罗盘根据不同的原理运行：两个小线圈相

互垂直地装配，当交流电激励两个线圈时，各线圈的相对排列引起磁场相移；测量相移，就可以计算二维的磁场方向。磁通闸门罗盘可以准确地测量磁场强度，改善分辨率和准确度，但它比霍尔效应罗盘更大、更复杂。

不管所用罗盘的类型如何，移动机器人使用地球磁场时，其主要的缺点是会受到其他磁性物体和人造结构所产生的磁场干扰，以及电子罗盘带宽的限制。特别是在室内环境中，移动机器人常常避免使用罗盘，虽然罗盘可以提供有用的室内局部方向信息。

2）陀螺仪

陀螺仪是导向传感器，可以用来保持相对于固定参考框架的方向，陀螺仪提供对移动系统导向的绝对测量。陀螺仪可以分成两类：机械陀螺仪和光学陀螺仪。

机械陀螺仪的工作原理依赖于快速旋转转子的惯性性质，这种有趣的性质被称作陀螺仪的旋进。如果试图让快速旋转的轮子围绕它的垂直轴转动，我们就会在水平轴上感觉到刺激反应。这是由与转轮相关的角矩引起的，会保持陀螺惯性稳定。设反应力矩为 τ，随惯性框架的跟踪稳定性正比于旋转速度 ω，旋进速度为 Ω，轮子的惯量为 I，则有

$$\tau = I\omega\Omega$$

如图 2-10 所示是双轴机械陀螺仪，其从外枢轴到轮子轴承都不能传输力矩。所以旋转轴是空间稳定（被固定在惯性参考框架）的。然而，陀螺轴承的残余摩擦引入了小的力矩，因而限制了长期的空间稳定性，并在整个时间里会产生小的误差。高质量的机械陀螺价格高至 10 万美元左右，角度漂移大约为每 6 小时 0.1°。

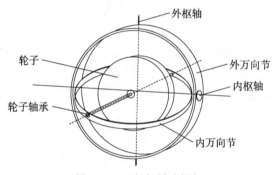

图 2-10 双轴机械陀螺仪

为了导航，必须一开始就选择旋转轴。如果旋转轴与南北子午线对准，那么地球的转动对陀螺仪的水平轴无影响；如果旋转轴指向东西方向，则水平轴会察觉到地球的转动。速率陀螺仪具有和图 2-10 所示陀螺仪相同的基本结构，但稍有改动：万向节被一个具有附加阻尼的扭转弹簧所抑制，使得传感器能测量角速度而不是绝对方向。

光学陀螺仪是一个比较新的产品，于 20 世纪 80 年代初开始商用，它们首先被安装在飞机中。光学陀螺仪是角速度传感器，使用了从同一光源发射出来的两个单色光束或激光，而不是运动的机械部件。光学陀螺仪依据以下原理工作：光速保持不变，而几何特性的改变可以使光获得到达目的地的可变时间量。发射两个激光束，一个顺时针地行进通过一个光纤，而另一个逆时针地行进。因为行进在转动方向的激光路径稍短，所以它将有较高的频率。两个光束的频率差 Δf 正比于圆柱体的角速度 Ω。基于相同原理的固体光学陀螺仪用微制作技术做成，提供的分辨率和带宽远远超过移动机器人应用的需求，例如，带宽可大于 100kHz，

而分辨率可小于 0.0001。

5. 基于地面的信标

在移动机器人中，解决定位问题的一个很好的方法是使用有源或无源的信标。通过机载传感器和环境信标的交互，机器人可以精确地识别自己的位置。虽然一般的信标与以前人类导航的信标（如星座、山峰和灯塔）一样，但在规模为几公里的区域内，现代的技术已经能使传感器定位室外机器人的准确度优于 5cm。

下面我们将描述一种信标系统，即全球定位系统（GPS），它对室外的地面和飞行机器人极为有效。室内信标系统通常较少能成功应用，其中有许多原因：在室内安置中，对于较大的区域环境改造的费用通常较高；另外，室内环境存在室外遇不到的巨大困难，包括多路径和环境动力学问题，例如，一个基于激光的室内信标系统必须从墙壁、平滑的地板和门反射出来的几十个信号中，区分出一个真正的激光信号。令人困惑的是，人类或其他障碍物会经常不断地改变环境，阻塞一条从信标到机器人的真正路径。在商用中，比如在制造厂中，需要慎重地控制环境以保证成功应用。在非结构化的室内环境中，尽管已使用了信标，但以上问题仍要通过小心地布置和使用无源感知的模式予以缓解。

GPS 最初是为军事应用而开发的，现在可免费地用于民用导航。GPS 由 24 颗 GPS 卫星组成，GPS 卫星每 12 小时在 20190km 高度上沿轨道运行一周，24 颗卫星均匀分布在与地球赤道平面成 55°角的 6 个轨道平面内。

各个卫星连续地发送指示其位置和当前时间的数据，所以 GPS 接收器是完全被动的外感受传感器。如图 2-11 所示，当一个 GPS 接收器读取 2 颗或 2 颗以上卫星发送的数据时，会将到达的时间差作为各卫星的相对距离告知接收器。通过组合关于到达时间和 4 颗卫星瞬时位置的信息，接收器可推算出自己的位置。理论上，这种三角测量法只要求 3 个数据点，然而在 GPS 的应用中，定时是极为重要的，因为被测的时间间隔是纳秒级的。当然，卫星准确同步是强制的，为此，它们由地面站有规则地更新，且各卫星都携带机载的定时原子钟。

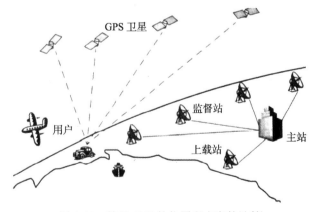

图 2-11　基于 GPS 的位置和方向的计算

GPS 接收器的时钟也同样重要，它使我们能准确地测量各卫星发送的行进时间，但 GPS 接收器只有一个简单的晶体时钟。所以，尽管 3 颗卫星可理想地提供 3 个位置轴，GPS 接收器仍需要 4 颗卫星，从而利用附加信息求解 4 个变量：3 个位置轴和 1 个时间校正。

GPS 接收器必须同时读取 4 颗卫星传送的数据，这是一个很大的约束。GPS 卫星传送功率极低，因而要想成功地读取数据，需要与卫星直接进行瞄准（线）通信。在局限的空间里，比如，在拥有高层建筑的市区或稠密的森林中，人们不大可能可靠地接收 4 颗卫星的数据。当然，大多数室内空间也不能为 GPS 接收器工作提供足够的天空可见度。由于这些原因，GPS 虽然已成为移动机器人中一个普通的传感器，但仍被归到了涉及移动机器人行走于开阔空间和自主飞行器的范畴。

有许多因素会影响使用 GPS 定位的传感器的特性指标。首先，由于 GPS 卫星的特定轨道路径在地球不同地方的几何覆盖是不一样的，因而分辨率是不一致的。特别是在南极和北极，卫星非常接近于地平线，因而在经度和纬度方向上的分辨率较低（即精度较高），但与更多的赤道位置相比，高度的分辨率较高（即精度较低）。其次，GPS 卫星仅仅是一个信息源，为了达到不同的定位分辨率水平，可以用不同的策略使用 GPS。GPS 的一般分辨率可达到 15m，而作为该方法的扩展的差分 GPS（DGPS），因为使用了静态且位置精确已知的第二个接收器利用这个参考接收器可以校正许多误差，故其分辨率提高到了 1m 数量级或更小。这个技术的一个缺点是必须安装一个平稳的接收器，且其位置必须仔细地测量。当然，为了从 DGPS 技术中获得好处，移动机器人必须位于距离这个静态单元几公里的范围内。

进一步改进的策略是考虑各接收卫星传送的载波信号的相位。在 19cm 和 24cm 处，有两个载波，当成功地测量多颗卫星之间的相位差时，精度可能大幅度改善。这种传感器对于点位置可以达到 1cm 的分辨率；而用多个接收器，比如 DGPS，分辨率可达 1cm 以下。

移动机器人应用所考虑的最后一个因素是带宽。GPS 一般会有 200～300ms 的时延，所以可以期待其以不高于 5Hz 的频率更新数据。在一个高速移动的机器人中，这可能意味着：由于 GPS 时延的限制，为了进行合适的控制，需要进行局部运动的积分。

6. 运动/速度传感器

有些传感器直接测量机器人和其所处环境之间的相对运动。因为这种运动传感器检测相对运动，所以只要物体相对于机器人的参考框架运动，运动就可被检测，速度就可被估计。有许多传感器测量的是运动或变化的某些方面，例如，热电传感器检测热的变化，当人步行经过传感器的视场时，他或她的运动将触发传感器参考框架中热的变化。接下来，我们将介绍基于多普勒效应的运动传感器的重要类型。这些传感器所使用的技术已具有几十年普遍应用的历史。对于快速运动的移动机器人，比如无人飞行器，基于多普勒效应的运动检测器就是其障碍传感器的首选。

任何人，如果注意到了消防车经过和离开后所发出的报警音调的变化，其实就已经熟悉了多普勒效应，如图 2-12 所示。

一个发射器以一定的频率发射电磁波或声波，它或被接收器接收，或从物体反射回来。在接收器中，测量的频率 f_r 是发射器和接收器之间相对速度 v 的函数。如果发射器正在运动，则

$$f_r = f_t \frac{1}{1 + v/c}$$

如果接收器正在运动，则

$$f_r = f_t(1 + v/c)$$

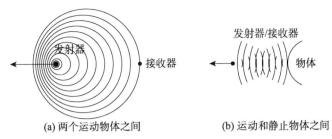

图 2-12 多普勒效应

式中，f_r 是在接收器测量的频率；f_t 是发射器发送的频率；v 是发射器和接收器之间的相对速度；c 是光速。

在反射波的情况下，引入因子 2，因为在相对的间距中，x 的任何改变影响的往返路径长度为 $2x$。而且，在这种情况下，通常更方便考虑频率 Δf 的变化，相对于上面的多普勒频率概念，Δf 被称为多普勒偏移。

$$\Delta f = f_t - f_r = \frac{2 f_t v \cos \theta}{c}$$

$$v = \frac{\Delta f c}{2 f_t \cos \theta}$$

式中，θ 为运动方向和光束轴之间的相对角度。

多普勒效应使用声波和电磁波，有广泛的应用范围。

- 声波：应用于工业过程控制、安全、寻鱼、测量地速等。
- 电磁波：应用于振动测量、雷达系统、对象跟踪等。

多普勒效应现在的应用领域主要是自主的和有人的公路车辆两个方面。对这类环境，人们已经设计了微波雷达和激光雷达两种系统。这两种系统具有等效的量程，但当环境条件恶化（比如下雨、雾等）时，视觉信号被破坏，激光却可以承受。商业上的微波雷达系统已被安装到公路卡车上，这些系统被称为 VORAD（车载雷达），测量距离接近 150m，准确度约为 97%，测距速率为 0～160km/h，分辨率为 1km/h，光束近似 4°宽、5°高。雷达技术的主要限制是它的带宽，现有系统可以以大约 2Hz 的频率提供多目标的信息。

7. 基于视觉的传感器

视觉给我们提供了数量巨大的关于环境的信息，使我们能在动态环境中进行智能的交互。所以不用惊奇，大量的科研力量都致力于制造一种机器——具有模拟人类视觉系统的传感器。这个过程的第一步是制作感知器件，获取人类视觉系统所用的相同的原始信息光。接下来我们介绍两种制作视觉传感器的技术：CCD（见图 2-13）和 CMOS。当与人眼相比较时，这些传感器在特性指标上有特定的限制。

CCD 是目前机器人视觉系统中最流行的基本部件。

CCD 芯片是一个光敏像素元或像素的阵列，像素总数通常在 2 万到和几百万之间，每个像素可以被想象为一个光敏不充电的电容器，尺寸为 5～25 μm。开始时所有像素的电容器全部充电，然后积分周期开始；当光的光子撞击各像素时，它们释放电子，电子被电场捕获并保留在像素上；随着时间的推移，根据撞击像素的光子总数，各像素累计电荷变化电位；在积分周期完成之后，所有像素的相对电荷需要被冻结和被读取。在 CCD 芯片中，读取过程在其一角进行，首先像素电荷的底部行被传送到该角落并被读取，然后上面的行移下来，重复此过程。这意味着各电荷必须越过芯片而被传送，所以需要特别的控制电路和专门的制作工艺以确保被传送电荷的稳定性。

(a) CCD 摄像头　　　　　(b) CCD 芯片

图 2-13　CCD

CCD 和 CMOS 都提供可以被机器人直接使用的数字信号。在基本层次上，成像芯片提供平行的数字 I/O（输入/输出）引线传送离散像素的电平值。某些视觉模块直接利用这些数字信号，但受成像芯片支配的时间约束，必须处理这些数字信号。为了放松实时要求，研究人员常常在成像器输出和计算机数字输入之间放一个图像缓存器芯片。这种芯片普遍用在网络摄像头（Web Camera）中，通常以单独、有序的传递方式捕获全图像快照，并能非实时地存取像素。在高层次上，机器人可以做另一种选择——利用高级数字传输协议与成像器进行通信。虽然某些较老的成像模块也支持串行（RS-232）标准，但是最普通的标准是 IEEE1394（5 线）标准和 USB（和 USB2.0）标准。为使用这种高级协议，人们必须为通信层和成像芯片特殊的实现细节确定或创造驱动码。然而，要注意到无损数字视频和为人类视觉消费而设计的标准数字视频之间的区别。大多数数字视频摄像头提供数字输出，但常常只是压缩形式的。对视觉研究人员而言，必须避免这种压缩，因为这不仅丢失了信息，而且引入了实际不存在的图像细节，比如 MPEG（Moving Picture Experts Group，运动图像专家组）的离散化边界。

8. 环境感知技术

环境感知即系统通过对周围环境的理解与分析获取环境信息，对机器人的避障及定位起到重要作用。获取目标物体距摄像头的距离信息的原理如图 2-14 所示，机器人在运动过程中不断地获取周围环境信息，不失一般性，假设选取 X_0、X_k、X_n 关键帧：关键帧中粗实线矩形为检测出的目标物体，其中的点为目标物体的特征点；每个关键帧对应的点云数据中粗实线椭圆形为目标物体所对应的点云数据，其中的点为特征点所对应的点云数据。在 X_0、X_k、X_n 关键帧处，摄像头所处的位置为图 2-14 中机器人运动路线上的小方框所示。

设 X_0 关键帧中目标物体的特征点编号为 50、51、52、53、54、55，则利用该特征点编号寻找该帧所对应的点云数据中对应编号为 50、51、52、53、54、55 的特征点，从而获取目标物体的特征点对应的世界坐标系中的坐标。设在环状全景图上编号为 50～55 的特征点

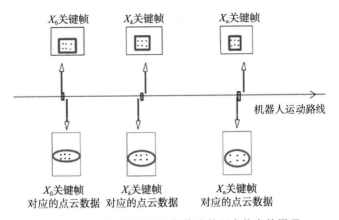

图 2-14 获取目标物体距摄像头的距离信息的原理

的世界坐标分别为 (x_0,y_0,z_0)、(x_1,y_1,z_1)、(x_2,y_2,z_2)、(x_3,y_3,z_3)、(x_4,y_4,z_4)，摄像头位置在 X_0、X_k、X_n 关键帧处所对应的世界坐标为 (u_0,v_0,z_0)、(u_k,v_k,z_k)、(u_n,v_n,z_n)。因此在 X_0 关键帧处目标物体的特征点在世界坐标系下的坐标平均值为 $(\bar{x},\bar{y},\bar{z})$，其中

$$\begin{cases} \bar{x} = \dfrac{x_0 + x_1 + x_2 + x_3 + x_4 + x_5}{6} \\[2mm] \bar{y} = \dfrac{y_0 + y_1 + y_2 + y_3 + y_4 + y_5}{6} \\[2mm] \bar{z} = \dfrac{z_0 + z_1 + z_2 + z_3 + z_4 + z_5}{6} \end{cases}$$

由于摄像头位置的世界坐标已知，因此在 X_0 关键帧中目标物体与摄像头的位置关系为 $(u_0 - \bar{x}, v_0 - \bar{y}, z_0 - \bar{z})$。

由于环状全景图与其展开图区别较大，且世界坐标系以摄像头光心为原点，x 轴、y 轴与展开图的 x 轴、y 轴平行，z 轴为相机光轴，因此通过全景展开图获取的特征点的世界坐标需要还原到对应环状全景图的世界坐标。

环状全景图展开的原理如图 2-15 所示。对于环状全景图上任意一点 $P(x_1,y_1)$，假设其展开后的射线与 x 轴的正半轴的夹角为 θ_1，则有

$$h' = r - R_0$$

$$\theta_1 = \frac{l'}{R_1}$$

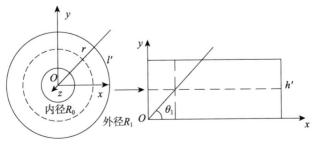

图 2-15 环状全景图展开的原理

式中，h' 是展开图的高；r 是半径；l' 是外径的弧长。

利用三角函数展开法（极坐标转化法）进行展开

$$\begin{cases} \rho = h' + R_0 \\ x = \rho \cos \theta_1 + u_0 \\ y = \rho \sin \theta_1 + v_0 \end{cases}$$

为获取物体的方位及距机器人的实际距离，需要计算目标物体的特征点在环状全景图上对应的世界坐标，因此需要计算展开图上的坐标对应到环状全景图上的坐标及角度。取展开后矩形图的左下角为坐标原点，长为 x 轴，宽为 y 轴，确定物体中心点坐标，然后根据环状全景图与展开后矩形图二者之间的关系，计算出在环状全景图上对应的坐标，设展开后矩形图上有任意一点 $P(x_1, y_1)$，其映射到环状全景图上的对应点为 $p(u, v)$，其对应的极坐标为 $P(\rho_0, \theta_0)$，则根据圆的参数方程，有

$$\theta_0 = \frac{x_1}{R_1}$$

$$u = u_0 + (R_1 - y_1) \times \cos \theta_0$$

$$v = v_0 + (R_1 - y_1) \times \sin \theta_0$$

$$\rho_0 = \frac{x_1 - u_0}{\cos \theta_0}$$

对于该点对应的相机坐标 (x_c, y_c, z_c)，有

$$\frac{x_c}{u} = \frac{y_c}{v} = \frac{z_c}{f}$$

式中，f 为相机焦距。由于本书中相机坐标系与世界坐标系重合，因此相机坐标 (x_c, y_c, z_c) 即其对应的世界坐标。

本 章 小 结

机器人是一种自动化设备或系统，具备感知环境、决策和执行任务的能力。其基本组成包括机械结构、电气控制系统等。机器人应用了人工智能技术，比如机器学习和深度学习，其智能化程度逐渐提升。机器人在各个领域都有广泛的应用，可以提高生产效率、减轻劳动负担、提供医疗服务等。总之，机器人是现代科技的重要成果，将持续发展并对社会产生深远影响。

习 题

1. 机器人有哪些类别？各自的主要功能是什么？
2. 智能机器人与普通机器人的区别是什么？
3. 在机械结构设计方面，我们应主要考虑机器人的哪些问题？
4. 请详细说明机器人电气控制系统的主要构件有哪些。
5. 机器人的传感器有哪些类别？

第 3 章
关节机器人的系统建模与仿真

本章将以二连杆机器人为例，带领读者了解关节机器人的结构。本章将介绍关节机器人的空间坐标系建立的方法；构建关节机器人的运动学和动力学模型，规划并设计其运行轨迹；在 MWORKS 环境下建立电气结构数学模型进行关节机器人的控制。

通过本章学习，读者可以了解（或掌握）：

❖ 二连杆机器人的结构。

❖ 二连杆机器人的轨迹设计。

❖ 机器人的电气建模。

❖ 机器人的控制。

3.1 机器人的结构

当提到机器人时，我们常常会想到那些拥有人类形态、拟人化的机器人。然而实际生活中，除了一些特定场所使用的服务机器人，大多数在工业领域中广泛应用的机器人是机械手。这些机械手通常采用多连杆形式的关节机器人结构，这样设计方便研究和应用。工业机器人在生产线上发挥着重要的作用，帮助完成各种任务，提高生产效率。

无论是工业机器人、仿生机器人还是仿人机器人，它们都可以归结为关节机器人。简单来说，关节机器人通常由驱动装置（关节）和刚体连杆组成。为了研究关节机器人的运动和控制，我们需要建立多关节机器人的运动学和动力学模型以进行控制，而在建立运动学模型之前我们需要先了解机器人的结构。让我们从二连杆结构开始。二连杆机器人由通过关节固定的两个连杆构成：其中一个连杆上的直流电机固定在基座上；另一个连杆上的电机与上一个连杆上的电机相连，形成二连杆结构。这样的结构使得机器人能够实现多种运动方式和灵活的操作。

机器人的各种动作都可以通过各关节的旋转来实现。单关节机器人由舵机（电机）和连杆组成，下面以两个单关节构成的结构来说明机器人的运动。我们用这一结构来模拟人的上肢或者下肢及四足机器人。

本节以二连杆的位置控制为例来说明关节的转动能够带动连杆的运动。二连杆结构如图 3-1 所示，将机器人水平放置，在连杆 1 的一端连接电机（关节 1）作为旋转的轴心，将其固定作为基座，连杆 1 的另一端通过电机（关节 2）与连杆 2 相连，连杆 2 的另一端是自由端。二连杆结构类似于仿人机器人的一条上肢或下肢，可以连接到仿人机器人上。工业机器人可以在二连杆结构的基础上再连接连杆达到六连杆。无论是工业机器人，还是仿人机器人和四足机器人，都是在二连杆结构的基础上连接连杆，并以二连杆结构模型为基础进行控制的。

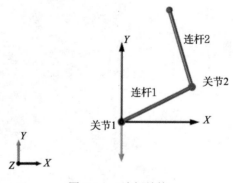

图 3-1 二连杆结构

机器人的整个运动过程就是围绕连杆 1 和连杆 2 的关节进行转动的。控制二连杆在水平面上以逆时针方向从初始位置开始进行旋转：以连杆 1 和连杆 2 的长度为半径，在初始位置从静止开始加速，然后维持匀速旋转一段时间后开始减速，最后停止在初始位置。整个控制过程为：静止－加速－匀速－减速－停止，连杆 1 带着连杆 2 以关节 1 为圆心刚好旋转一周，连杆 2 以关节 2 为圆心单独旋转一周。

单连杆是刚体，轴心固定在坐标原点。单连杆可以在 xy 平面上通过电机控制绕坐标原点做圆周运动，因此拥有绕 z 轴旋转的 1 个自由度。

二连杆有两个电机，称为两个自由度。二连杆中起到转动作用的部件称为关节，包括直流电机、减速器和角度传感器。在二连杆的整个运动过程中，我们忽略了 z 轴负方向上的重力影响，但是二连杆在转动过程中的齿轮传动效率和黏性力（阻力）需要考虑在内。在实际的机器人运动过程中，z 轴负方向上的重力影响也是要考虑在内的。

3.2 基于 Sysplorer 的机器人机械仿真模型

3.2.1 机械组件

一个二连杆仿真模型的机械组件有四种：World 坐标系、BodyShape 刚体、Revolute 关节和 Flange_a 连接器，它们在 Sysplorer 中的图标如图 3-2 所示。

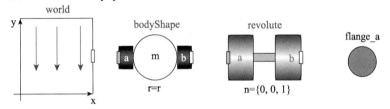

图 3-2 二连杆仿真模型的机械组件

1. World 坐标系

路径（位置）：Modelica.Mechanics.MultiBody.World
作用（意义）：该组件是一个固定在地面上的全局坐标系的模型。它表示世界坐标系，既是模型的固定点，又是整个系统的参考框架。

2. BodyShape 刚体

路径（位置）：Modelica.Mechanics.MultiBody.Parts.BodyShape
作用（意义）：该组件是一个刚体模型，具有质量、惯性张量和两个框架连接器。

我们可以使用 BodyShape 刚体来表示具有质量和惯性张量的实体。如图 3-3 所示，BodyShape刚体内部包含两个连接器：frame_a 和 frame_b。frame_a 位于实体的首部，而 frame_b 位于实体的尾部。通过定义 frame_a 相对于基坐标系的位置，我们可以精确地确定 BodyShape 刚体在基坐标系中的绝对位置。同样，通过定义 frame_b 相对于 frame_a 的位置，我们可以确定 Bodyshape 刚体的姿态。

这种设计让我们能够全面地描述实体在三维空间中的位置和姿态。frame_a 表示实体的起点，frame_b 则表示实体的终点。实体的形状和姿态取决于 frame_a 和 frame_b 之间的相对位置和方向。

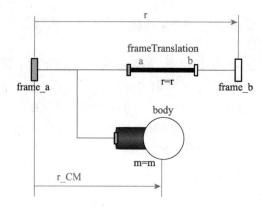

图 3-3　BodyShape 刚体

3. Revolute 关节

路径（位置）：Modelica.Mechanics.MultiBody.Joints.Revolute

作用（意义）：该组件表示旋转关节，用于连接连杆并允许它们绕固定点旋转。它有一个可选参数 useAxisFlange，用于控制是否启用轴法兰（axis flange）。轴法兰是旋转关节中的一个组件，用于连接到其他机构的旋转法兰（Flange_a）和驱动支撑的旋转法兰（Flange_b）。

参数 useAxisFlange 的不同值的含义：

当参数 useAxisFlange 设置为 true 时，表示启用轴法兰，即可以连接到其他旋转法兰。这样，旋转关节可以通过轴法兰与其他部件进行物理连接，形成更复杂的机械系统。

当参数 useAxisFlange 设置为 false 时，表示不启用轴法兰。在这种情况下，旋转关节只能作为一个独立的旋转关节存在，无法与其他部件直接连接。

因此，通过控制参数 useAxisFlange，可以灵活地决定旋转关节是否具有轴法兰功能，以适应不同的模型需求。

4. Flange_a 连接器

路径（位置）：Modelica.Mechanics.Rotational.Interfaces.Flange_a

作用（意义）：该组件是一个用于表示轴的一维旋转机械系统和模型的连接器，它代表轴的机械法兰。在这个连接器中定义了以下变量。

phi：轴法兰的绝对旋转角度，单位为 rad。

tau：轴法兰的切割力矩，单位为 N·m。

通过 Flange_a 组件接收其他模块传递给机械模型中对应轴的旋转角度和切割力矩。

3.2.2　模型构建

在建模过程中，我们首先使用 World 坐标系作为基坐标系；然后使用 BodyShape 刚体来建立两个连杆的模型，并定义它们的参数，包括质量、惯性张量、长度和质心位置等。在进行实物仿真建模时，这些参数的具体数值可以通过在 SolidWorks 软件中建立对应的三维模型来求解。

接下来，根据 D-H 坐标系中各连杆的相对位置连接两个连杆，在连接过程中要注意每个连杆的方向，确保连接正确。在底座和连杆、连杆和连杆的连接处，插入 Revolute 组件作为旋转关节，可对 Revolute 关节的初始角度（phi.start）、初始角速度（w.start）、初始角加速度（a.start）等参数进行设置，从而简单地控制各连杆的运动；也可以使用 flange_a 组件，用于接收其他模块传入的轴法兰的切割力矩和绝对旋转角度。二连杆仿真模型的拓扑结构原理图如图 3-4 所示。除拖曳组件及其连接外，为便于与电气模型、控制模型配合还应在代码中定义重力加速度、负载质量等参数。

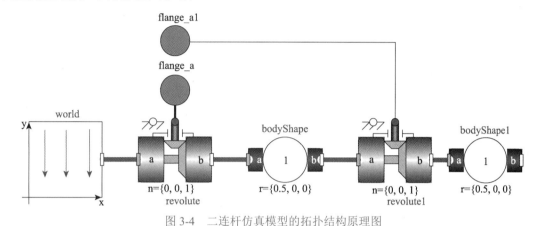

图 3-4　二连杆仿真模型的拓扑结构原理图

模型定义参数部分代码如下：

```
parameter Boolean animation = true "= true, 如果启用动画";
parameter Modelica.Units.SI.Mass mLoad(min = 0) = 15 "负载质量";
parameter Modelica.Units.SI.Position rLoad[3] = {0, 0.25, 0}
    "从最后一个法兰到负载质量的距离";
parameter Modelica.Units.SI.Acceleration g = 9.81 "重力加速度";

Modelica.Units.SI.Angle q[2] "关节角度";
Modelica.Units.SI.AngularVelocity qd[2] "关节速度";
Modelica.Units.SI.AngularAcceleration qdd[2] "关节加速度";
Modelica.Units.SI.Torque tau[2] "关节驱动转矩";
```

3.3　关节机器人运动轨迹的设计

关节机器人运动轨迹的规划是指为使机器人完成某一特定的任务，预先设计出机器人的运动轨迹。一般是生成期望轨迹上的若干个点（也称路径点），这些点不仅要包括运动的起点和终点，还要包括介于起点和终点之间的若干中间点。从运动方式上看，有点到点运动和连续路径运动两种方式，其他任何复杂运动轨迹都可由它们组合而成。

规划运动轨迹就是确定机器人达到这些路径点的位置和时间。此外，机器人的运动应当平稳。因此，如果机器人的运动轨迹较为复杂，就需要将轨迹分为若干较为简单的分区。为了轨迹的平滑与连续，要求所规划的运动轨迹在各分区边界的值（位置）必须是连续的，而且它的一阶导数（速度），甚至二阶导数（加速度），也应该是连续的。

机器人的运动轨迹规划一般分为关节空间和直角坐标空间规划两种。在关节空间进行运动轨迹规划是将机器人的各个关节变量表示为时间的函数，用这些函数及其一阶、二阶导数来描述机器人的运动轨迹。

运动轨迹规划是机器人比较重要的研究方面，对于关节机器人来讲，它在不同的环境中移动一定会涉及运动轨迹的问题。

例如，对于机械手来讲，它会遇到一个末端运动轨迹的问题。当机械手在一个复杂的障碍环境中运动时，需要躲避障碍，那么如何躲避障碍呢？另外，机械手在作业的过程中也牵涉到如何避免其末端跟其他机械手碰撞的问题。

也就是说，除了避免碰撞障碍物，实际上还有运动轨迹需要考虑，即机械手在移动过程中的关节旋转或移动。这涉及机械手的位置、速度和加速度。运动轨迹规划常用的一种方法是多项式插值，特别是三次多项式插值。

假设我们需要将一个六关节机械手的末端从 A 点移动到 B 点，在不关心从 A 点到 B 点的中间轨迹如何的情况下，可以通过逆运动学求解得到六个关节的坐标值。如果我们知道某个关节在 0 时刻的角度和在 t_f 时刻（到达 B 点的时刻）的角度，以及关节在 0 时刻和 t_f 时刻的速度都为零，那么我们可以使用三次多项式插值规划出一条满足这些条件的轨迹。通过求解四个方程，我们可以得到插值的系数 $a_0 \sim a_3$。不同的边界条件会导致不同的轨迹形态，如果我们希望连接多段三次多项式插值的轨迹并要求末端速度连续，那么我们可以调整速度的约束条件。例如，当两段轨迹的斜率方向变化时，可以设定速度为零；当两段轨迹的斜率方向相同但大小有变化时，可以取平均速度。除了三次多项式插值，还可以使用五次多项式插值或其他插值方式，来满足不仅要求位置和速度连续，还要求加速度也连续的轨迹段的需求。总之，运动轨迹规划是一项实用的技术，方法很多，可以根据需要选择合适的插值方式。三次多项式插值由于简单易懂而被广泛应用。

3.3.1　三次多项式插值

在机械手的运动过程中，由于起点的关节角度是已知的，而终点的关节角度可以通过运动学反解得到，因此，运动轨迹可用起点关节角度与终点关节角度的一个平滑插值函数来描述，在 0 时刻的值是起点的关节角度，在结束时刻的值是终点的关节角度。显然，有许多平滑函数可作为关节插值函数。

为了实现单个关节的平稳运动，轨迹函数至少需要满足 4 个约束条件。其中 2 个约束条件是起点和终点对应的关节角度

$$\theta(0) = \theta_0 \tag{3-1}$$

$$\theta(t_f) = \theta_f \tag{3-2}$$

为了满足关节运动速度的连续性要求，另外还有 2 个约束条件，即在起点和终点的关节速度要求。在当前情况下，规定

$$\dot{\theta}(0) = 0 \tag{3-3}$$

$$\dot{\theta}(t_f) = 0 \tag{3-4}$$

上述 4 个约束条件唯一地确定 1 个三次多项式

$$\theta(t) = a_0 + a_1 t + a_2 t^2 + a_3 t^3 \tag{3-5}$$

运动轨迹上的关节速度和加速度则为

$$\dot{\theta}(t) = a_1 + 2a_2 t + 3a_3 t^2$$
$$\ddot{\theta}(t) = 2a_2 + 6a_3 t \tag{3-6}$$

将 4 个约束条件代入公式（3-5）和公式（3-6），得到有关系数的线性方程组

$$\begin{cases} \theta_0 = a_0 \\ \theta_f = a_0 + a_1 t_f + a_2 t_f^2 + a_3 t_f^3 \\ 0 = a_1 \\ 0 = a_1 + 2a_2 t_f + 3a_3 t_f^2 \end{cases} \tag{3-7}$$

求解上述方程组可得

$$a_0 = \theta_0$$
$$a_1 = 0$$
$$a_2 = \frac{3}{t_f^2}(\theta_f - \theta_0) \tag{3-8}$$
$$a_3 = -\frac{2}{t_f^3}(\theta_f - \theta_0)$$

这组解只适用于关节起始速度和终止速度为零的运动情况。

3.3.2　基于 Modelica 的插值模块

如图 3-5 所示，CombiTimeTable 模块是一个在时间和线性/周期外推方法上进行查找的表格插值模块，它根据存储在矩阵表中的时间点和函数值生成输出信号 y[:]。其中，矩阵表的第 1 列 table[:,1]包含时间点，其他列包含待插值的数据。

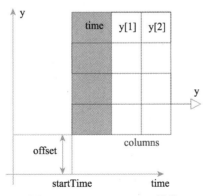

图 3-5　CombiTimeTable 模块

通过参数 columns 可以定义要插值的表中参与计算的列。例如，如果 columns={2,4}，则假定存在 2 个输出信号，第 1 个输出信号通过插值表的第 2 列计算，第 2 个输出信号通过插值表的第 4 列计算。该表格插值模块具有以下特性：

①通过二分搜索找到插值间隔，上次调用时使用的间隔将作为起始间隔。

②对于三次 Hermite 样条插值，时间点必须严格递增，否则必须单调递增。

③通过在表中提供两次相同的时间点的插值来允许不连续（常量或线性）插值。

④通过参数 smoothness 定义数据的插值方式。

⑤提供一阶导数和二阶导数，除了以下 2 个平滑选项。

对于超出表范围的值，根据参数 extrapolation 进行外推。

如果表只有 1 行，则不进行插值，直接返回该行的值。

⑥通过参数 shiftTime 和 offset，可以同时在时间和纵坐标轴上移动由表定义的曲线。因此，存储在表中的时间点是相对于 shiftTime 的。

如果 time < startTime，则不进行插值，并将 offset 用作所有输出的纵坐标值。

⑦在用线段进行插值的情况下，通过在区间边界生成时间事件，以数字上合理的方式实现了该表，这为积分器生成了连续可微的值。

当使用常量段进行插值时，总是在间隔边界生成时间事件。

当使用三次 Hermite 样条平滑插值时，不会在间隔边界生成时间事件。

⑧通过参数 timeScale 可以对表第 1 列的数组进行缩放，例如，如果表第 1 列的数组给出的是小时（而不是秒），则应将 timeScale 设置为 3600。

一般情况下，要求规划过路径点的轨迹。如果机械手在路径点停留，则可直接使用三次多项式插值的方法，或在使用 Sysplorer 进行仿真时直接使用 CombiTimeTable 模块；如果只是经过路径点并不停留，则需要推广这些方法。

实际上，可以把所有路径点看作起点或终点来求解逆运动学得到相应的关节矢量值，然后使用三次多项式插值函数来平滑连接路径点，但是在这些起点和终点关节速度不再是零。

路径点上的关节速度可以根据需要设定，这样一来，确定三次多项式的方法与前面所述完全相同，只是速度约束条件变为

$$\dot{\theta}(0) = \dot{\theta}_0$$
$$\dot{\theta}(t_f) = \dot{\theta}_f \tag{3-9}$$

于是得到有关系数的线性方程组

$$\begin{cases} \theta_0 = a_0 \\ \theta_f = a_0 + a_1 t_f + a_2 t_f^2 + a_3 t_f^3 \\ \dot{\theta}_0 = a_1 \\ \dot{\theta}_f = a_1 + 2a_2 t_f + 3a_3 t_f^2 \end{cases} \tag{3-10}$$

求解以上方程组，即可得到三次多项式的系数

$$a_0 = \theta_0$$
$$a_1 = \dot{\theta}_0$$
$$a_2 = \frac{3}{t_f^2}(\theta_f - \theta_0) - \frac{1}{t_f}(2\dot{\theta}_0 + \dot{\theta}_f) \tag{3-11}$$
$$a_3 = -\frac{2}{t_f^3}(\theta_f - \theta_0) + \frac{1}{t_f^2}(\dot{\theta}_0 + \dot{\theta}_f)$$

直角坐标空间运动轨迹规划是直接对机器人的手指或脚趾（以下简称为夹爪）等控制器末端或单杆机器人的自由端的位置进行轨迹规划，也就是将夹爪的位置、速度、加速度表示为时间的函数。而机器人各个关节的角度、角速度和角加速度都是由夹爪的信息推导出来的。

下面以二自由度机器人模型为例，说明在关节空间和直角坐标空间进行运动轨迹规划的基本原理。所谓二自由度机器人，就是由两个单杆（单杆 1 和单杆 2）连接在一起组成的一个二连杆结构。因为每一个单杆都具有一个轴心端（相当于机器人的一个关节），因此二连

杆具有两个运动关节，也就是具有两个自由度。

连杆结构中的各单杆通常被称为连杆。如图 3-6 所示，连杆 1 的轴心端作为这个二自由度机器人的总的轴心端，而连杆 1 的自由端与连杆 2 的轴心端连接在一起，连杆 2 的自由端作为这个二自由度机器人的夹爪（总的自由端）。

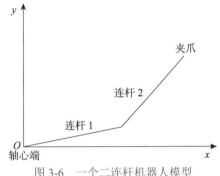

图 3-6　一个二连杆机器人模型

可以看出，这一二连杆结构可以作为机器人的上肢或下肢的简单模型：轴心端就是肩关节或髋关节，连杆 1 的自由端（同时也是连杆 2 的轴心端)是肘关节或膝关节，而夹爪就是手指或脚趾。当然，这个结构因为自由度较小，只能在 xy 平面内运动。

因为二自由度机器人具有两个关节，所以在讨论二自由度机器人的关节空间的时候，就需要为每一个关节配备一个变量。在图 3-7 中，我们规划机器人的运动轨迹为从 A 点（图 3-7 中数字 0 的点）运动到 B 点（图 3-7 中数字 5 的点）。机器人在 A 点时，对于连杆 1 有变量 $\alpha=20°$，对于连杆 2 有变量 $\beta=30°$；在 B 点时 $\alpha=40°$，$\beta=80°$；同时已知机器人的两个关节运动的最大角速度均为 10°/s。

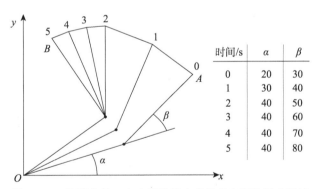

时间/s	α	β
0	20	30
1	30	40
2	40	50
3	40	60
4	40	70
5	40	80

图 3-7　一种简单的二自由度机器人在关节空间的运动轨迹

机器人从 A 点运动到 B 点的最简单的控制方法是所有关节都以同样的角速度 10°/s 运动（关节的运动均为旋转运动）。那么，如图 3-7 中的表格所示，连杆 1 用 2s 即可完成运动（α 由初始的 20° 变成最终的 40°，角速度为 10°/s）；而在连杆 1 停止运动之后，连杆 2 还须再运动 3s（β 由 30° 变成 80° 共需要 $\dfrac{80°-30°}{10°/s}=5s$）才能使夹爪到达 B 点。

图 3-7 中画出了连杆末端的运动轨迹，我们发现路径并不平滑，相邻两个路径点（时间间隔为 1s）之间的距离也相差很多。特别是连杆 1 在停止运动之后，还需要等待连杆 2 继续

转动 3s 才完成轨迹。这种控制并不符合人的上、下肢的实际运动过程。

现在我们对机器人的两个关节运动做一下调整。从图 3-7 可以看出，连杆 1 的 α 由初始的 20°变成最终的 40°，变化角度为 40°–20°=20°，而连杆 2 的 β 由 30°变成 80°，变化角度为 80°–30°=50°，连杆 1 的角度变化范围小于连杆 2 的。如果两个连杆的角速度相同，那么肯定是连杆 1 需要的时间短。因此我们可以这样考虑：如果适当降低角度变化范围较小的连杆 1 的运动速度，就可以增加它的运动时间以配合连杆 2，从而能够使两个关节同时开始并同时结束运动，以尽量符合人的上、下肢的运动过程。

例如，我们让两个关节以不同的角速度同时连续运动 5s，即连杆 1 以 $\dfrac{40^{\circ}-20^{\circ}}{5}=4^{\circ}/s$ 的角速度、连杆 2 以 10°/s 的角速度进行运动，结果如图 3-8 所示。

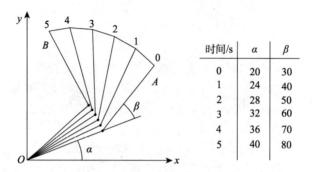

时间/s	α	β
0	20	30
1	24	40
2	28	50
3	32	60
4	36	70
5	40	80

图 3-8　调整后的二自由度机器人在关节空间的运动轨迹

从图 3-8 可以看出，调整后得到的运动轨迹与图 3-7 不同：该运动轨迹上各路径点之间的距离更加均衡，而且两个关节都同样转动了 5s。但是调整后得到的运动轨迹依然不能保证是平滑的曲线，这是因为我们只关注了各关节的旋转运动以保证机器人的夹爪能够从 A 点运动到 B 点，即图 3-7 和图 3-8 所示的运动轨迹都是在关节空间中进行规划的，所做的运动仅仅是两个关节各自的旋转运动，在此我们并没有考虑机器人的夹爪（连杆 2 的自由端）位置应该如何连续变化。

可见，单纯的关节空间运动轨迹规划无法精确控制机器人夹爪的运动轨迹。如何解决这个问题呢？如果我们希望机器人的夹爪从 A 点到 B 点的运动轨迹形成一个平滑曲线，例如直线，最简单的方法就是：首先在 A 点到 B 点之间画一条直线，再将这条线分为几段，例如 5 段；然后按照图 3-9 所示的各路径点的 α 和 β 值进行控制。这一过程被称为在 A 点和 B 点之间插值。

可以看出，图 3-8 的运动轨迹规划虽然保证了各关节旋转角度的均匀变化，但无法保证运动轨迹的平滑；而图 3-9 的运动轨迹规划方法虽然能够保证路径是一条希望的平滑曲线，但由于关节旋转角度无法均匀变化，因此必须分别计算到达直线上每一个路径点时的两个关节的各自角度值 α 和 β。显然，如果路径点分割得太少，将不能保证机器人在相邻两个路径点之间严格地沿直线运动；而为了获得更好的精度，就需要增加路径点的个数，但这又要计算更多的关节旋转角度值。

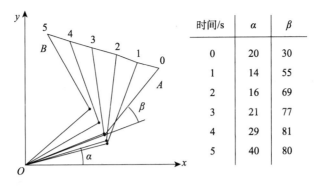

时间/s	α	β
0	20	30
1	14	55
2	16	69
3	21	77
4	29	81
5	40	80

图 3-9　二自由度机器人夹爪的直线运动

关于运动轨迹设计的理论知识我们先简单地介绍到这里，在后面还会有比较详细的说明。下面将以数学分析的方式对机器人的轨迹函数进行解析，这些内容将直接应用在后面对机器人的控制上。

假设在一定时间内希望单关节机器人的脚部从起点移动到终点，定义 0（初始）时刻的位置为起点值 η_0，t_f（结束）时刻的位置为终点值 η_f，现在的问题是求出一条通过起点和终点的光滑曲线函数 $\eta(t)$ 作为机器人的运动轨迹。我们知道，连接两点的曲线可以有许多条，可以是直线，也可以是各种曲线。不失一般性，并且为了计算简便，我们选择一个三次多项式来作为运动轨迹曲线。该三次多项式为

$$\eta(t)=a_0+a_1t+a_2t^2+a_3t^3 \tag{3-12}$$

它的速度方程为

$$\dot{\eta}(t) = a_1 + 2a_2t + 3a_3t^2 \tag{3-13}$$

由起点值和终点值可以得到轨迹函数 $\eta(t)$ 的 2 个位置约束条件

$$\eta(0)=\eta_0$$
$$\eta(t_f)=\eta_f \tag{3-14}$$

此外，在速度上也存在约束条件

$$\dot{\eta}(0)=\dot{\eta}_0$$
$$\dot{\eta}(t_f)=\dot{\eta}_f \tag{3-15}$$

利用这 4 个约束条件可以得到有关系数的线性方程组

$$\begin{cases} \eta_0 = a_0 \\ \eta_f = a_0 + a_1t_f + a_2t_f^2 + a_3t_f^3 \\ \dot{\eta}_0 = a_1 \\ \dot{\eta}_f = a_1 + 2a_2t_f + 3a_3t_f^2 \end{cases} \tag{3-16}$$

求解以上方程组，可以得到三次多项式的系数

$$a_0 = \eta_0$$
$$a_1 = \dot{\eta}_0$$
$$a_2 = \frac{1}{t_f^2}(3\eta_f - 3\eta_0 - (\dot{\eta}_f + 2\dot{\eta}_0)t_f) \tag{3-17}$$
$$a_3 = \frac{1}{t_f^3}(2\eta_0 - 2\eta_f + (\dot{\eta}_0 + \dot{\eta}_f)t_f)$$

公式（3-12）所示的三次多项式在作为机器人的运动轨迹时，通过公式（3-14）和公式

（3-15）在机器人的位置和速度上都有了约束条件，并且计算量不大。但由于没有约束加速度，可能在某些要求上会产生问题。为了保证机器人的运动在加速度上的要求，轨迹函数的约束条件就不能是 4 个了，必须增加到 6 个，即

$$\eta(0) = \eta_0 \qquad \dot{\eta}(0) = \dot{\eta}_0 \qquad \ddot{\eta}(0) = \ddot{\eta}_0$$
$$\eta(t_f) = \eta_f \qquad \dot{\eta}(t_f) = \dot{\eta}_f \qquad \ddot{\eta}(t_f) = \ddot{\eta}_f \tag{3-18}$$

相应地可采用如下的五次多项式来描述运动轨迹曲线，而这正是我们的关节机器人采用的运动轨迹函数。

$$\eta(t) = a_0 + a_1 t + a_2 t^2 + a_3 t^3 + a_4 t^4 + a_5 t^5 \tag{3-19}$$

它的速度和加速度方程分别为

$$\dot{\eta}(t) = a_1 + 2a_2 t + 3a_3 t^2 + 4a_4 t^3 + 5a_5 t^4$$
$$\ddot{\eta}(t) = 2a_2 + 6a_3 t + 12a_4 t^2 + 20a_5 t^3 \tag{3-20}$$

将公式（3-18）分别代入公式（3-19）和公式（3-20），得到有关系数的线性方程组

$$\begin{cases} \eta_0 = a_0 \\ \eta_f = a_0 + a_1 t_f + a_2 t_f^2 + a_3 t_f^3 + a_4 t_f^4 + a_5 t_f^5 \\ \dot{\eta}_0 = a_1 \\ \dot{\eta}_f = a_1 + 2a_2 t_f + 3a_3 t_f^2 + 4a_4 t_f^3 + 5a_5 t_f^4 \\ \ddot{\eta}_0 = 2a_2 \\ \ddot{\eta}_f = 2a_2 + 6a_3 t_f + 12a_4 t_f^2 + 20a_5 t_f^3 \end{cases} \tag{3-21}$$

求解以上方程组，可以得到五次多项式的系数

$$a_0 = \eta_0$$
$$a_1 = \dot{\eta}_0$$
$$a_2 = \frac{\ddot{\eta}_0}{2}$$
$$a_3 = \frac{20\eta_f - 20\eta_0 - (8\dot{\eta}_f + 12\dot{\eta}_0)t_f + (\ddot{\eta}_f - 3\ddot{\eta}_0)t_f^2}{2t_f^3}$$
$$a_4 = \frac{30\eta_0 - 30\eta_f + (16\dot{\eta}_0 + 14\dot{\eta}_f)t_f + (3\ddot{\eta}_0 - 2\ddot{\eta}_f)t_f^2}{2t_f^4} \tag{3-22}$$
$$a_5 = \frac{12\eta_f - 12\eta_0 - (6\dot{\eta}_f + 6\dot{\eta}_0)t_f + (\ddot{\eta}_f - \ddot{\eta}_0)t_f^2}{2t_f^5}$$

公式（3-22）就是机器人运动轨迹函数的系数解。

如前所述，在关节空间内的规划可以保证机器人的运动轨迹经过给定的各个路径点，而如果要求运动轨迹是一条平滑曲线的话，则需要结合机器人夹爪部位的直角坐标空间进行规划。

对于关节空间的运动轨迹规划，规划函数生成的值就是关节旋转角度值，因此可以直接按照关节旋转角度值控制机器人的各关节运动。而夹爪部位的直角坐标空间运动轨迹规划函数生成的值是机器人夹爪的位置，这个值还需要通过求解逆运动学方程才能转化为关节旋转角度值。那么，我们在规划出机器人的运动轨迹 $\eta(t)$ 后，如何完成这一轨迹呢？这一过程可

以分解为如下步骤：

①将 t_a 时刻的位置 $\eta(t_a)$ 作为初值；

②给时间一个小增量 Δt；

③利用所选择的轨迹函数 $\eta(t)$ 计算出 $t_a+\Delta t$ 时刻的位置 $\eta(t_a+\Delta t)$；

④利用机器人逆运动学方程，求解机器人在 $t_a+\Delta t$ 时刻各关节需要的旋转角度值；

⑤将步骤④的结果传递给控制器，控制机器人各关节旋转到所需角度，返回到步骤①。

3.4 基于 Sysplorer 的二连杆移动模型构建

3.4.1 二连杆末端执行器的几何解法

在几何方法中，需将机器人的空间几何参数分解成平面几何参数。几何方法对于小自由度机器人，或连杆参数满足一些特定取值（如当 $\alpha=0°$ 或 $\alpha=\pm90°$时）的情况，求解其逆运动学是相当容易的。例如，如图 3-10 所示的平面二连杆机器人，只要其两根连杆能够到达指定的位置 P，末端执行器便能达到所需的位姿，就可以通过平面几何关系来直接求解 θ_1 和 θ_2。

如图 3-10 所示，连杆 1（长度为 L_1）、连杆 2（长度为 L_2）与连接坐标系原点 O 和位置 P 的连线 OP 形成了一个三角形，连杆 1、连杆 2 关于连线 OP 位置对称的一组线和连线 OP 形成了另一个三角形，这两个三角形分别表示二连杆机器人两个不同的位形，通过这两个位形二连杆机器人都可以到达位置 P。对于由连杆 1、连杆 2 和连线 OP 组成的三角形，根据余弦定理可以得到

$$x^2 + y^2 = L_1^2 + L_2^2 - 2L_1L_2\cos\alpha \tag{3-23}$$

即有

$$\alpha = \arccos\left(\frac{L_1^2 + L_2^2 - x^2 - y^2}{2L_1L_2}\right) \tag{3-24}$$

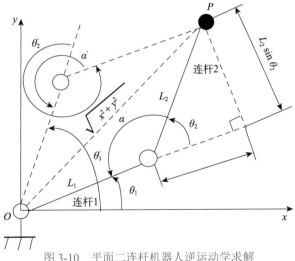

图 3-10 平面二连杆机器人逆运动学求解

为了使该三角形成立，到目标点的距离 $\sqrt{x^2 + y^2}$ 必须小于等于两根连杆的长度之和 L_1+L_2。可对上述条件进行计算求证该解是否存在，当目标点超出机器人的工作空间时，这个条件不满足，此时逆运动学无解。

求得连杆 1 和连杆 2 之间的夹角 α 后，我们即可通过平面几何关系求出 θ_1 和 θ_2

$$\theta_2 = \pi - \alpha$$

$$\theta_1 = \arctan\left(\frac{y}{x}\right) - \arctan\left(\frac{L_2\sin\theta_2}{L_1 + L_2\cos\theta_2}\right) \tag{3-25}$$

当 $a' = -a$ 时，机器人有另外一组对称的解

$$\theta_2' = \pi + \alpha$$

$$\theta_1' = \arctan\left(\frac{y}{x}\right) + \arctan\left(\frac{L_2\sin\theta_2}{L_1 + L_2\cos\theta_2}\right) \tag{3-26}$$

至此，我们用几何解法得到了这个机器人逆运动学的全部解。

若已知初始坐标和结束坐标，通过公式（3-25）可解出两个连杆对应的转角。下面我们将根据公式（3-25）使用 Modelica 语言构建运动信号生成模块，通过给定的初始和终止时刻的坐标及连杆长度，根据时间生成两个输出信号 theta1 和 theta2 分别控制连杆 1 和连杆 2 的角度，让连杆从初始角度随时间变化匀速转动到结束角度。

运动信号生成模块代码如下：

```
block func1 "运动信号生成模块"
    parameter Real startX = 0.1 "初始时刻 X 坐标";
    parameter Real startY = 0 "初始时刻 Y 坐标";
    parameter Real endX = 0.7 "终止时刻 X 坐标";
    parameter Real endY = 0.3 "终止时刻 Y 坐标";
    parameter Real L1 = 0.5 "连杆 1 长度";
    parameter Real L2 = 0.5 "连杆 2 长度";
    Real starttheta1;
    Real starttheta2;
    Real endtheta1;
    Real endtheta2;
    import Modelica.Constants.pi;   //导入常数 pi
    import Modelica.Units.SI;
    //用于引入 Modelica 中定义的 SI（国际单位制）单元
    import Modelica.Blocks.Interfaces;
    Modelica.Blocks.Interfaces.RealOutput theat1
        annotation (Placement(transformation(origin = {102.0, -40.0},
        extent = {{-10.0, -10.0}, {10.0, 10.0}})));
    Modelica.Blocks.Interfaces.RealOutput theat2
        annotation (Placement(transformation(origin = {102.0, 40.0},
        extent = {{-10.0, -10.0}, {10.0, 10.0}})));
```

```
equation
    starttheta2 = pi - acos((L1 ^ 2 + L2 ^ 2 - startX ^ 2 - startY ^ 2) / (2 * L1 * L2));
    starttheta1 = atan(startY / startX) - atan(L2 * sin(starttheta2) / (L1 + L2 * cos(starttheta2)));
    endtheta2 = pi - acos((L1 ^ 2 + L2 ^ 2 - endX ^ 2 - endY ^ 2) / (2 * L1 * L2));
    endtheta1 = atan(endY / endX) - atan(L2 * sin(endtheta2) / (L1 + L2 * cos(endtheta2)));
    theat1 = starttheta1 - (starttheta1 - endtheta1) * time;
    theat2 = starttheta2 - (starttheta2 - endtheta2) * time;
end func1;
```

运动信号生成模块 func1 的组件参数如图 3-11 所示。

组件参数			
常规			
参数			
offset	0		Offset of output signal y
startTime	0.001	s	Output y = offset for time < startTime
startX	0.1		初始时刻X坐标
startY	0		初始时刻Y坐标
endX	0.7		终止时刻X坐标
endY	0.3		终止时刻Y坐标
L1	0.5		连杆1长度
L2	0.5		连杆2长度
stoptime	1		移动时间

图 3-11　组件参数

如图 3-12 所示，将运动信号生成组件 func1_1 与二连杆结构模型进行连接，使用组件 position 和 position1 控制两个关节的旋转角度，theta1 与第 1 个连杆的关节连接，theta2 与第 2 个连杆的关节连接。

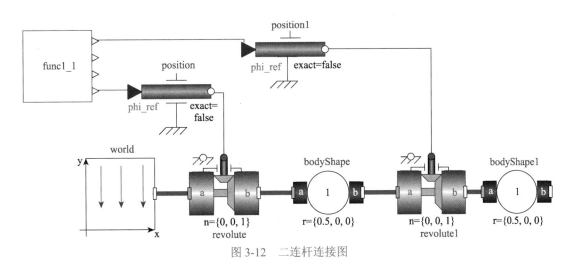

图 3-12　二连杆连接图

仿真动画结果如图 3-13 所示。

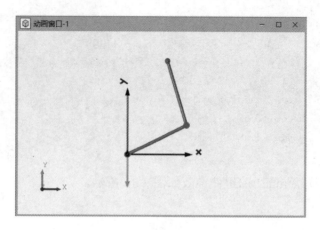

图 3-13　仿真动画结果

仿真数据结果如图 3-14 所示。

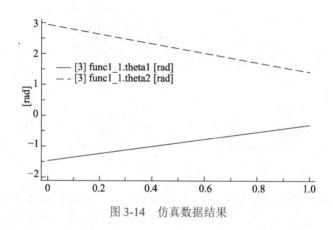

图 3-14　仿真数据结果

3.4.2　二连杆路径规划

在第一阶段中我们已经能够让二连杆末端到达某一指定位置，接下来我们来研究如何让二连杆末端沿着给定的路径运动。

1. 构建模型

构建二连杆末端按指定轨迹移动的模型与点到点的模型类似，我们以二连杆末端沿着 Y = 0.2 这条直线移动为例，构建 X、Y 与时间的函数关系，使 X 随时间变化不断增大：X = time + startTime，Y 的值恒为 0.2，通过几何方法求解仿真时间内每个时间步长的连杆角度，生成输出信号 theta1 和 theta2 用以控制两个关节的旋转角度。

构建与时间相关的 X、Y 函数模型的代码如下：

```
block func2 "生成信号"
  Real alpha;
  Real X;
  Real Y;
```

```
  Real L1 = 0.5;
  Real L2 = 0.5;
  import Modelica.Constants.pi;    //导入常数 pi
  //继承自 Interfaces.SignalSource，表示该模型组件是一个连续信号源
  extends Interfaces.SignalSource(startTime = 0.001);
  import Modelica.Units.SI;        //引入 Modelica 中定义的 SI（国际单位制）单元
  import Modelica.Blocks.Interfaces;
  Modelica.Blocks.Interfaces.RealOutput theta1
    annotation (Placement(transformation(origin = {110.0, -63.5},
      extent = {{-10.0, -10.0}, {10.0, 10.0}})));
  Modelica.Blocks.Interfaces.RealOutput theta2
    annotation (Placement(transformation(origin = {110.0, 63.5},
      extent = {{-10.0, -10.0}, {10.0, 10.0}})));
equation
  X = time + startTime;
  Y = 0.2;
  alpha = arccos((L1 ^ 2 + L2 ^ 2 - X ^ 2 - Y ^ 2) / (2 * L1 * L2));
  theta2 = pi - alpha;
  theta1 = arctan(Y / X) - arctan(L2 * sin(theta2) / (L1 + L2 * cos(theta2)));
end func2;
```

注意，信号从 0 时刻开始生成，但是在计算 theta1 时 X 为分母，为避免分母为 0 对仿真带来的影响，将 startTime 的初始值设为 0.001 加到 X 上。

在 equation 块中，根据连杆末端移动轨迹建立坐标 X 和 Y 随时间变化的表达式，本例中 X 和 Y 随时间变化线性增加。通过几何方法推导的公式计算 theta1 和 theta2 的值用以控制关节的旋转角度。

对于复杂轨迹可通过 3.3.2 节中介绍的三次多项式、五次多项式等构建方程作为路径曲线。

2. 仿真结果分析

由于连杆长度有限，仅能在工作空间内移动，为避免模型无解，设置仿真停止时刻为 0.7。仿真数据结果如图 3-15 所示。

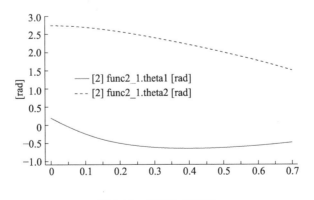

图 3-15　仿真数据结果

仿真动画结果如图 3-16 所示，二连杆的末端沿着 Y=0.2 做直线运动。

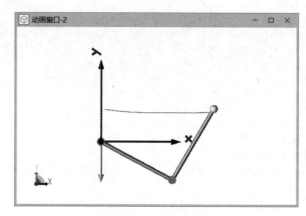

图 3-16　仿真动画结果

因为基于夹爪部位直角坐标空间的运动轨迹规划涉及较多、较复杂的专业知识，所以在此仅简要地做了介绍，后面的章节中将以实例详细说明这些内容。

3.5　关节机器人运动学基础

3.5.1　D-H 表示法与连杆坐标系的建立

关节机器人可以看作是一组连杆的集合，连杆之间通过关节相连接。在机器人学里，关节都简化为转动关节，记作 R。

采用 D-H（Denavit-Hartenberg）表示法可以唯一地描述运动链的结构。D-H 表示法为机器人每个关节处的连杆坐标系建立一个 4×4 的齐次变换矩阵，以此表示当前关节处的连杆与前一个连杆坐标系的关系。总体思想是：首先给每个关节指定坐标系；然后确定从前一个关节到相邻下一个关节的齐次变换矩阵，通过逐次变换把所有变化结合起来，就确定了机器人的末端关节与基座（固定坐标系）之间的总变化，从而建立运动学方程并求解。D-H 表示法可用于任何机器人构型，与机器人的结构和复杂程度无关。

对关节机器人进行控制，重要的是明确地描述其各部分之间的几何关系，这些关系可通过固接于连杆的坐标系来描述。为精确描述各连杆部件的位置，需要建立一个全局坐标系（也称世界坐标系）。按照惯例，一般建立右手坐标系，即在连杆上固接一个直角坐标系，其坐标原点为 O，若令坐标轴 x、y 和 z 上的单位矢量分别为 i、j 和 k，则满足 $k = i \times j$。在本书中，如无特殊说明，均为右手坐标系。

1. 位置描述

一旦建立了一个坐标系，我们就能够用一个 3×1 的位置矢量来确定该空间内任一点的位置。对于直角坐标系 A，空间内任一点 p 的位置可以用如式（3-27）所示的 3×1 的列矢量 $^A\boldsymbol{P}$

表示。

$$^{A}\boldsymbol{P} = \begin{bmatrix} p_x \\ p_y \\ p_z \end{bmatrix} \tag{3-27}$$

其中，p_x、p_y 和 p_z 是点 p 在坐标系 A 中的 3 个坐标分量；$^{A}\boldsymbol{P}$ 的上标 A 代表参考坐标系 A。我们称 $^{A}\boldsymbol{P}$ 为位置矢量，如图 3-17 所示。

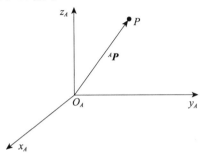

图 3-17 位置坐标

2. 方位描述

为了研究关节机器人的运动与操作，不仅要表示空间内某个点的位置，而且要表示物体的方位。物体的方位可由固接于此物体的坐标系描述。为了定义空间内某刚体 B 的方位，设置一直角坐标系 B 与此刚体固接，用坐标系 B 的三个单位矢量相对于参考坐标系 A 的方向余弦组成的 3×3 矩阵 $^{A}_{B}\boldsymbol{R}$ 来表示刚体 B 相对于坐标系 A 的方位，$^{A}_{B}\boldsymbol{R}$ 被称为旋转矩阵。

$$^{A}_{B}\boldsymbol{R} = \begin{bmatrix} ^{A}\boldsymbol{x}_B & ^{A}\boldsymbol{y}_B & ^{A}\boldsymbol{z}_B \end{bmatrix} = \begin{bmatrix} r_{11} & r_{12} & r_{13} \\ r_{21} & r_{22} & r_{23} \\ r_{31} & r_{32} & r_{33} \end{bmatrix} \tag{3-28}$$

式中，上标 A 表示参考坐标系 A，下标 B 表示被描述的坐标系 B。$^{A}_{B}\boldsymbol{R}$ 共有 9 个元素，但只有 3 个是独立的。由于 $^{A}_{B}\boldsymbol{R}$ 的 3 个列矢量都是单位矢量，且两两相互垂直，因此它的 9 个元素满足 6 个约束条件（正交条件）

$$^{A}\boldsymbol{x}_B \cdot ^{A}\boldsymbol{x}_B = ^{A}\boldsymbol{y}_B \cdot ^{A}\boldsymbol{y}_B = ^{A}\boldsymbol{z}_B \cdot ^{A}\boldsymbol{z}_B = 1 \tag{3-29}$$

$$^{A}\boldsymbol{x}_B \cdot ^{A}\boldsymbol{y}_B = ^{A}\boldsymbol{y}_B \cdot ^{A}\boldsymbol{z}_B = ^{A}\boldsymbol{z}_B \cdot ^{A}\boldsymbol{x}_B = 0 \tag{3-30}$$

所以 3 个独立变量能够确定一个旋转矩阵，也就确定了一个旋转运动。

在这里，我们称 A 为固定坐标系，B 为运动坐标系。需要注意的是，固定坐标系不一定是固定不动的，只是在研究两个相对运动的坐标系时作为参考而不动，以它作为基准描述运动坐标系的状态。

对于绕坐标轴旋转一定角度的旋转运动，其旋转矩阵分别为

$$\boldsymbol{R}(x,\theta) = \begin{bmatrix} 1 & 0 & 0 \\ 0 & \cos\theta & -\sin\theta \\ 0 & \sin\theta & \cos\theta \end{bmatrix} \quad \boldsymbol{R}(y,\theta) = \begin{bmatrix} \cos\theta & 0 & \sin\theta \\ 0 & 1 & 0 \\ -\sin\theta & 0 & \cos\theta \end{bmatrix} \quad \boldsymbol{R}(z,\theta) = \begin{bmatrix} \cos\theta & -\sin\theta & 0 \\ \sin\theta & \cos\theta & 0 \\ 0 & 0 & 1 \end{bmatrix} \tag{3-31}$$

3. 齐次变换矩阵

物体在全局坐标系中的位置，可以用一个位置矢量来描述。空间内的物体还会有不同的朝向，描述物体朝向时，需要先在物体上固定一个坐标系，再根据该坐标系与全局坐标系的朝向偏差来描述物体在全局坐标系中的朝向。物体的朝向也被称为姿态描述，位置矢量 $\boldsymbol{p}$ 和姿态描述 $\boldsymbol{R}$ 合称为物体的位姿。

如图 3-18 所示，物体位于全局坐标系 $Oxyz$ 中，在物体上固定坐标系 $O'uvw$。三维的位置矢量是一个 3×1 的列向量，而坐标系 $O'uvw$ 与坐标系 $Oxyz$ 的朝向偏差则有多种描述方式，比如欧拉角、四元数和旋转矩阵，不同的描述方式之间可以相互转换。本节只讲解旋转矩阵。

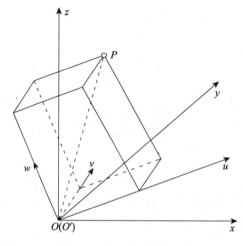

图 3-18　坐标系的朝向偏差

考虑某个点，其在一个坐标系中的位姿是已知的，而在另一个坐标系中的位姿是未知的。如果两个坐标系的相对位置和相对姿态是已知的，则可以通过坐标变换，直接得到该点在另一个坐标系中的位姿。在机器人运动学中，主要关心坐标变换中的平移和旋转变换。

设坐标系 B 与坐标系 A 具有相同的方位，但坐标系 B 的原点与坐标系 A 的原点不重合，如图 3-19 所示。用位置矢量 ${}^{A}\boldsymbol{p}_{B}$ 描述坐标系 B 的原点相对于坐标系 A 的位置，我们称 ${}^{A}\boldsymbol{p}_{B}$ 为坐标系 B 相对于坐标系 A 的平移矢量。如果点 p 在坐标系 B 中的位置矢量为 ${}^{B}\boldsymbol{p}$，那么它相对于坐标系 A 的位置矢量 ${}^{A}\boldsymbol{p}$ 可由矢量相加得出，即

$$ {}^{A}\boldsymbol{p} = {}^{B}\boldsymbol{p} + {}^{A}\boldsymbol{p}_{B} \tag{3-32}$$

式（3-32）被称为坐标平移方程。

设坐标系 B 与坐标系 A 有共同的坐标原点，但两者的方位不同，如图 3-20 所示。用旋转矩阵 ${}^{A}_{B}\boldsymbol{R}$ 描述坐标系 B 相对于坐标系 A 的方位，同一点 p 在两个坐标系 A 和 B 中的描述 ${}^{A}\boldsymbol{p}$ 和 ${}^{B}\boldsymbol{p}$ 具有变换关系

$$ {}^{A}\boldsymbol{p} = {}^{A}_{B}\boldsymbol{R}\,{}^{B}\boldsymbol{p} \tag{3-33}$$

式（3-33）被称为坐标旋转方程。

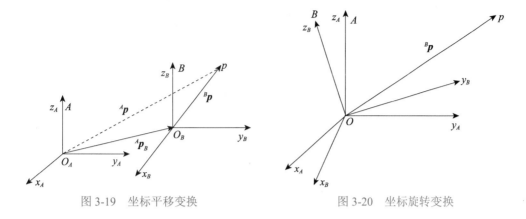

图 3-19 坐标平移变换　　　　　　图 3-20 坐标旋转变换

在机器人的控制中，经常需要用到不同的坐标系，各种数据需要在不同的坐标系之间进行变换，变换方式主要为平移变换和旋转变换。进行平移变换时，只需要对位置矢量进行矢量相加即可，而旋转变换则较为复杂。设图 3-18 中点 p 在坐标系 $Oxyz$ 和坐标系 $O'uvw$ 中的位置矢量分别为

$$\boldsymbol{P}_{Oxyz} = [p_x, p_y, p_z]^{\mathrm{T}}$$
$$\boldsymbol{P}_{O'uvw} = [p_u, p_v, p_w]^{\mathrm{T}}$$

（3-34）

则有关系式

$$\boldsymbol{P}_{Oxyz} = \boldsymbol{R}_{OO'} \boldsymbol{P}_{O'uvw}$$

（3-35）

式中，$\boldsymbol{R}_{OO'}$ 为坐标系 $O'uvw$ 与坐标系 $Oxyz$ 的朝向偏差的旋转矩阵。

两个原点重合、朝向不同的坐标系，可以认为其中一个坐标系是另一个坐标系依次绕其 x、y 和 z 坐标轴旋转一定角度得到的。假设坐标系 $Oxyz$ 只绕其 z 轴旋转 θ 角度，则两个坐标系的旋转矩阵为

$$\boldsymbol{R}_{z,\theta} = \begin{bmatrix} \cos\theta & -\sin\theta & 0 \\ \sin\theta & \cos\theta & 0 \\ 0 & 0 & 1 \end{bmatrix}$$

（3-36）

只绕 x 轴旋转 θ 角度和只绕 y 轴旋转 θ 角度的旋转矩阵分别为

$$\boldsymbol{R}_{x,\theta} = \begin{bmatrix} 1 & 0 & 0 \\ 0 & \cos\theta & -\sin\theta \\ 0 & \sin\theta & \cos\theta \end{bmatrix} \quad \boldsymbol{R}_{y,\theta} = \begin{bmatrix} \cos\theta & 0 & \sin\theta \\ 0 & 1 & 0 \\ -\sin\theta & 0 & \cos\theta \end{bmatrix}$$

（3-37）

通过只绕某个坐标轴旋转的基本旋转矩阵的相乘，可以得到复合的旋转变化，效果相当于原坐标系绕其坐标轴进行了多次不同的旋转，如公式（3-38）所示。

$$\boldsymbol{p}^0 = \boldsymbol{R}_n^0 \boldsymbol{p}, \quad \boldsymbol{R}_n^0 = \boldsymbol{R}_1^0 \boldsymbol{R}_2^1 ... \boldsymbol{R}_n^{n-1}$$

（3-38）

为了同时描述旋转和平移变换，还需要引入齐次变换矩阵。齐次变换矩阵既可以表述某点本身在空间中的位置和姿态，也可以表述不同坐标系之间的坐标变换。齐次变换矩阵是$4×4$的矩阵，形式如式（3-39）所示。

$$T = \begin{bmatrix} \boldsymbol{R}_{3×3} & \boldsymbol{p}_{3×1} \\ \boldsymbol{f}_{1×3} & w_{1'1} \end{bmatrix} = \begin{bmatrix} 旋转矩阵 & 位置矢量 \\ 透视变换 & 比例因子 \end{bmatrix} \tag{3-39}$$

当不进行透视变换和比例变换时，把透视变换的行向量置为 $\boldsymbol{0}$，把比例因子置为 1 即可。

使用齐次变换矩阵进行坐标变换示例如下，其中 $\boldsymbol{P}_{OO'}$ 为由两个坐标系原点构成的位置矢量，$\boldsymbol{R}_{OO'}$ 为两个坐标系间朝向偏差的旋转矩阵。

$$\begin{bmatrix} \boldsymbol{P}_{Oxyz} \\ 1 \end{bmatrix} = \begin{bmatrix} \boldsymbol{R}_{OO'} & \boldsymbol{P}_{OO'} \\ 0\,0\,0 & 1 \end{bmatrix} \begin{bmatrix} \boldsymbol{P}_{O'uvw} \\ 1 \end{bmatrix} \tag{3-40}$$

假设有 N 个坐标系，每两个相邻坐标系 Σ_i 和 Σ_{i+1} 之间的齐次变换矩阵 $^i\boldsymbol{T}_{i+1}$ 都是已知的，依次进行上面的齐次变换，则有

$$T_N = {}^1\boldsymbol{T}_2\,{}^2\boldsymbol{T}_3 \cdots {}^{N-1}\boldsymbol{T}_N \tag{3-41}$$

其中，$\boldsymbol{T}_N$ 为在最初始端坐标系（即第 1 个坐标系）中表示第 N 个坐标系的齐次变换矩阵。在机器人运动学中，一般最初始端坐标系为全局坐标系，最末端坐标系为运动链末端坐标系，如机器人手掌、脚掌、机械臂的夹爪等。

齐次变换矩阵依次相乘的计算方法被称为坐标变换的链乘法则。链乘法则简化了具有多个关节的机器人的运动学计算。

3.5.2　利用拉格朗日法导出关节机器人的机械结构模型

现在利用拉格朗日方程，研究关节机器人的动力学问题。拉格朗日法的基础是分析系统能量与系统变量及其微分之间的关系，是将有关运动的描述转化为能量的描述，从而求得运动方程式。

拉格朗日函数 L 被定义为系统的动能 K 和势能 P 之差，即

$$L = K - P \tag{3-42}$$

其中，K 和 P 可以用任何方便的坐标系来表示。

系统动力学方程，即拉格朗日方程为

$$T_i = \frac{\mathrm{d}}{\mathrm{d}t}\left(\frac{\partial L}{\partial \dot{q}_i}\right) - \frac{\partial L}{\partial q_i} \quad (i = 1, 2, \cdots, n) \tag{3-43}$$

式中，q_i 表示系统的第 i 个坐标；$\dot{q}_i$ 为相应的速度；T_i 为作用在第 i 个坐标上的力或力矩，n 为连杆数目。

下面计算二连杆机械手（见图 3-21）的动能和势能。

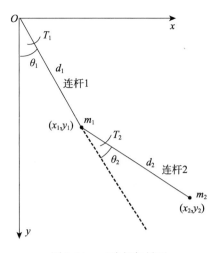

图 3-21　二连杆机械手

先计算连杆 1 的动能 K_1 和势能 P_1，已知

$$K_1 = \frac{1}{2}m_1v_1^2$$
$$v_1 = d_1\dot{\theta}_1 \tag{3-44}$$
$$P_1 = m_1gh_1$$
$$h_1 = -d_1\cos\theta_1$$

则有

$$K_1 = \frac{1}{2}m_1d_1^2\dot{\theta}_1^2 \tag{3-45}$$

$$P_1 = -m_1gd_1\cos\theta_1 \tag{3-46}$$

式中，m_1 是连杆 1 的质量；v_1 是连杆 1 的速度；d_1 是连杆 1 的长度；h_1 是连杆 1 的末端到 x 轴的距离。

再求连杆 2 的动能 K_2 和势能 P_2，已知

$$K_2 = \frac{1}{2}m_2v_2^2$$
$$P_2 = m_2gy_2$$
$$v_2^2 = \dot{x}_2^2 + \dot{y}_2^2 \tag{3-47}$$
$$x_2 = d_1\sin\theta_1 + d_2\sin(\theta_1 + \theta_2)$$
$$y_2 = -d_1\cos\theta_1 - d_2\cos(\theta_1 + \theta_2)$$

则有

$$K_2 = \frac{1}{2}m_2d_1^2\dot{\theta}_1^2 + \frac{1}{2}m_2d_2^2(\dot{\theta}_1 + \dot{\theta}_2)^2 + m_2d_1d_2\cos\theta_2\left(\dot{\theta}_1^2 + \dot{\theta}_1\dot{\theta}_2\right) \tag{3-48}$$

$$P_2 = -m_2gd_1\cos\theta_1 - m_2gd_2\cos\left(\theta_1 + \theta_2\right) \tag{3-49}$$

式中，m_2 是连杆 2 的质量；v_2 是连杆 2 的速度；d_2 是连杆 2 的长度。

这样，二连杆机械手系统的总动能和总势能分别为

$$K = K_1 + K_2 = \frac{1}{2}(m_1 + m_2)d_1^2\dot{\theta}_1^2 + \frac{1}{2}m_2d_2^2(\dot{\theta}_1 + \dot{\theta}_2)^2 + m_2d_1d_2\cos\theta_2\left(\dot{\theta}_1^2 + \dot{\theta}_1\dot{\theta}_2\right) \tag{3-50}$$

$$P = P_1 + P_2 = -(m_1 + m_2)gd_1\cos\theta_1 - m_2gd_2\cos(\theta_1 + \theta_2) \tag{3-51}$$

二连杆机械手系统的拉格朗日函数

$$L = K - P = \frac{1}{2}(m_1 + m_2)d_1^2\dot{\theta}_1^2 + \frac{1}{2}m_2d_2^2\left(\dot{\theta}_1^2 + 2\dot{\theta}_1\dot{\theta}_2 + \dot{\theta}_2^2\right) + m_2d_1d_2\cos\theta_2(\dot{\theta}_1^2 + \dot{\theta}_1\dot{\theta}_2) +$$
$$(m_1 + m_2)gd_1\cos\theta_1 + m_2gd_2\cos(\theta_1 + \theta_2) \tag{3-52}$$

对 L 求偏导数和导数

$$\frac{\partial L}{\partial \theta_1} = -(m_1 + m_2)gd_1\sin\theta_1 - m_2gd_2\sin(\theta_1 + \theta_2) \tag{3-53}$$

$$\frac{\partial L}{\partial \theta_2} = -m_2d_1d_2\sin\theta_2\left(\dot{\theta}_1^2 + \dot{\theta}_1\dot{\theta}_2\right) - m_2gd_2\sin(\theta_1 + \theta_2) \tag{3-54}$$

$$\frac{\partial L}{\partial \dot{\theta}_1} = -(m_1 + m_2)gd_1^2\dot{\theta}_1 + m_2d_2^2\left(\dot{\theta}_1 + \dot{\theta}_2\right) + m_2d_1d_2\cos\theta_2\left(\dot{\theta}_1 + \dot{\theta}_2\right) \tag{3-55}$$

$$\frac{\partial L}{\partial \dot{\theta}_2} = m_2d_2^2\left(\dot{\theta}_1 + \dot{\theta}_2\right) + m_2d_1d_2\cos\theta_2\dot{\theta}_1 \tag{3-56}$$

$$\frac{\mathrm{d}}{\mathrm{d}t}\frac{\partial L}{\partial \dot{\theta}_1} = \left[(m_1 + m_2)d_1^2 + m_2d_2^2 + 2m_2d_1d_2\cos\theta_2\right]\ddot{\theta}_1 + \left(m_2d_2^2 + m_2d_1d_2\cos\theta_2\right)\ddot{\theta}_2 -$$
$$2m_2d_1d_2\sin\theta_2\dot{\theta}_1\dot{\theta}_2 - m_2d_1d_2\sin\theta_2\dot{\theta}_2^2 \tag{3-57}$$

$$\frac{\mathrm{d}}{\mathrm{d}t}\frac{\partial L}{\partial \dot{\theta}_2} = m_2d_2^2\left(\ddot{\theta}_1 + \ddot{\theta}_2\right) + m_2d_1d_2\cos\theta_2\ddot{\theta}_1 - m_2d_1d_2\sin\theta_2\dot{\theta}_1\dot{\theta}_2 \tag{3-58}$$

把相应各导数和偏导数代入式（3-43），即可求得力矩 T_1 和 T_2 的动力学方程式

$$T_1 = \frac{\mathrm{d}}{\mathrm{d}t}\frac{\partial L}{\partial \dot{\theta}_1} - \frac{\partial L}{\partial \theta_1}$$
$$= \left[(m_1 + m_2)d_1^2 + m_2d_2^2 + 2m_2d_1d_2\cos\theta_2\right]\ddot{\theta}_1 + \left(m_2d_2^2 + m_2d_1d_2\cos\theta_2\right)\ddot{\theta}_2 -$$
$$2m_2d_1d_2\sin\theta_2\dot{\theta}_1\dot{\theta}_2 - m_2d_1d_2\sin\theta_2\dot{\theta}_2^2 + (m_1 + m_2)gd_1\sin\theta_1 + m_2gd_2\sin(\theta_1 + \theta_2) \tag{3-59}$$

$$T_2 = \frac{\mathrm{d}}{\mathrm{d}t}\frac{\partial L}{\partial \dot{\theta}_2} - \frac{\partial L}{\partial \theta_2}$$
$$= \left(m_2d_2^2 + m_2d_1d_2\cos\theta_2\right)\ddot{\theta}_1 + m_2d_2^2\ddot{\theta}_2 + m_2d_1d_2\sin\theta_2\dot{\theta}_1^2 + m_2gd_2\sin(\theta_1 + \theta_2) \tag{3-60}$$

考虑到黏性摩擦，造成的能量损失为

$$D = \frac{1}{2}\sum c_i\dot{\theta}_i^2 \tag{3-61}$$

式中，c_i 是黏性系数。

采用拉格朗日公式，运动方程可以独立地在参考坐标系的系统方式下推导。选择一个有效描述 n 自由度机械臂的连接位置的变量集 $\theta_i(i=1,2,\cdots,n)$，称其为广义坐标系。通过上述公式推导可以得到拉格朗日运动方程为

$$T_i = \frac{\mathrm{d}}{\mathrm{d}t}\left(\frac{\partial L}{\partial \dot{\theta}_i}\right) - \frac{\partial L}{\partial \theta_i} + \frac{\partial D}{\partial \dot{\theta}_i} \tag{3-62}$$

综上所述，利用拉格朗日法导出运动方程式的步骤如下：

①确定系统的坐标 q_i 和作用在其上的合力 u_i；

②计算系统的动能 K、势能 P 和能量损失 D；

③将第②步的结果代入拉格朗日运动方程；

利用拉格朗日法导出的单杆的数学模型，其坐标系如图3-22所示。

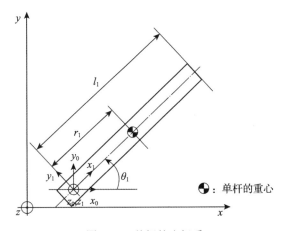

图 3-22　单杆的坐标系

3.6　关节机器人电气结构的数学建模与仿真

3.6.1　直流电机和减速器的数学模型

驱动机器人关节运动的动力就是电机，本节将建立直流电机和减速器的数学模型。

1. 直流电机的数学模型

直流电机是将电能转换成机械能的一种装置。直流电机的电磁转矩 T_e（由电枢电流和磁场相互作用而产生的电磁力形成的转矩）与流经电机转子（即电枢）的电流 I_a 成正比，其比例系数 K_t 为转矩常数，即

$$T_e = K_t I_a \tag{3-63}$$

直流电机的无负载转速与反电动势成正比。电枢在旋转时两个端子之间会产生电压，称为反电动势。反电动势 e 与角速度 $\omega = \dot{\theta}$ 成正比，比例系数是 K_e，即

$$e = K_e \omega = K_e \frac{\mathrm{d}\theta}{\mathrm{d}t} \tag{3-64}$$

直流电机在无负载运行时，输入电压等于反电动势，与转动速度成正比。可以认为 K_e 和

K_t 在电学上是同一个量，即 $K_e = K_t$。

在电枢等速旋转时，直流电机产生的电磁转矩 T_e 必须要与传递到负载侧的电磁转矩 T 和空载损耗之和相平衡。空载损耗是指电枢旋转时需考虑的惯性（转动惯量 J）和黏滞摩擦（旋转运动对应的黏滞摩擦系数 B_m）这些因素。因此，直流电机产生的电磁转矩 T_e 与将要传递给负载侧的电磁转矩 T 的平衡关系为

$$T_e = T + \left(J\ddot{\theta} + B_m\dot{\theta} \right) \tag{3-65}$$

式中，θ 表示旋转角度；$\dot{\theta}$ 表示旋转角速度（rad/s）；$\ddot{\theta}$ 表示旋转角加速度（rad/s^2）；J 为转动惯量；B_m 为旋转运动对应的黏滞摩擦系数。

忽略电机内的电压降，由基尔霍夫电压定律（在任何一个闭合回路中，各元件上的电压降的代数和等于电动势的代数和，即从一点出发绕回路一周回到该点时，各段电压的代数和恒等于零）可得

$$U = R_a I_a + L_a \frac{dI_a}{dt} + K_e \frac{d\theta}{dt} \tag{3-66}$$

式中，U 为输入电压；R_a 为转子电阻；I_a 为转子电流；L_a 是转子电感。将式（3-66）进行拉普拉斯变换得到

$$U(s) = R_a I_a(s) + L_a s I_a(s) + K_e s \theta(s) \tag{3-67}$$

整理后得到直流电机的模型

$$I_a(s) = \frac{1}{L_a s + R_a} U(s) - \frac{K_e s}{L_a s + R_a} \theta(s) \tag{3-68}$$

2. 减速器的数学模型

假设减速器连接的齿轮 1 和齿轮 2 的齿数分别为 n_1 和 n_2，变速比为 N，则有

$$N = n_2 / n_1 \tag{3-69}$$

当直流电机的旋转角度为 θ_1，单杆的旋转角度为 θ_2 时，有

$$\theta_1 = N \times \theta_2 \tag{3-70}$$

考虑齿轮传动中的滑动摩擦等因素，直流电机侧的输出扭矩，即公式（3-65）中的 T，传递到负载侧时还会损失一部分能量。摩擦损失与电机侧的输出扭矩 T 成比例，假设摩擦损失比例系数为 c，传到单杆的转轴一侧的单杆扭矩为 τ_2，则有

$$\tau_2 = N(T - cT) = N \times (1-c) \times T = N \times E \times T \tag{3-71}$$

式中，$E = 1 - c$ 被称为传导系数。为了突出对比，将电机侧的输出扭矩 T 表示为 τ_1，则单杆扭矩

$$\tau_2 = N(\tau_1 - c\tau_1) = N \times (1-c) \times \tau_1 = N \times E \times \tau_1 \tag{3-72}$$

3.6.2　机器人驱动系统模型仿真

1. 模型组件

作为机器人驱动系统的仿真模型，我们首先需要构建其谐波减速器和电机模块。构建这

些模块所需的一些组件已经封装在 Modelica 标准库中，如 IdealGear 组件、BearingFriction 组件等。IdealGear 组件和 BearingFriction 组件如图 3-23 所示，使用时根据实际情况编辑组件参数即可。

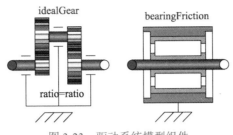

图 3-23　驱动系统模型组件

1）IdealGear 理想齿轮组件

路径（位置）：Modelica.Mechanics.Rotational.Components.IdealGear

作用（意义）：IdealGear 是一个理想齿轮组件，用于描述安装在地面上的具有一个驱动轴和一个被动轴的任何类型的齿轮箱。该齿轮是理想的，即没有惯性、弹性、阻尼和间隙。如果需要考虑这些因素，齿轮必须以适当的方式与其他组件连接。

2）BearingFriction 摩擦组件

路径（位置）：Modelica.Mechanics.Rotational.Components.BearingFriction

作用（意义）：该组件描述了轴承中的库仑摩擦，即法兰和壳体之间产生的摩擦力矩。摩擦力矩 tau 的正向滑动摩擦力矩需要通过表 tau_pos 来定义，作为绝对角速度 w 的函数。

2. 减速器模块

构建谐波减速器的动力学模型时，可将谐波减速器简化为一个理想齿轮和扭簧的串联机构。谐波减速器模型包含以下组件。

Flange_a：是减速器与伺服电机组件的接口，用来接收伺服电机的输入转速和转矩。

BearingFriction：用来模拟齿轮的摩擦。

Spring：用来模拟理想扭簧。

IdealGear：用来模拟理想齿轮传动，可以用来表示减速器的传动比。

Flange_b：是减速器和机器人驱动系统组件的接口，用来输出减速器的输出转矩和转速。

谐波减速器模型建好之后将其封装起来形成减速器模块（Gear），以便于模型的重用。封装好的减速器模块的拓扑结构原理图如图 3-24 所示，模型代码见本书配套资源包。

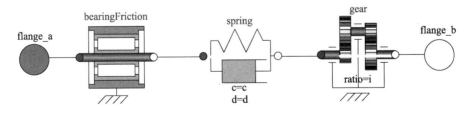

图 3-24　减速器模块的拓扑结构原理图

3. 电机模块

电机（Motor）模块的拓扑结构原理图如图 3-25 所示，该模块使用了 Modelica 标准库中的电压信号源、电感、电阻、电流传感器等多个组件，描述了电机的输入输出关系及其内部的电气特性。电机模块根据电机的输入电压信号，计算并输出电机的电流信号和转速信号。

电机模块具有以下参数。

resistance（电机内阻）：表示电机的内部电阻。

inductance（电机电感）：表示电机的电感。

electricalTorqueConstant（转换系数）：表示电机的转换系数。

电机模块具有以下输入和输出。

u（电机电压）：表示电机的输入电压信号。

motori（电机电流）：表示电机的输出电流信号。

motorw（电机转速）：表示电机的输出转速信号。

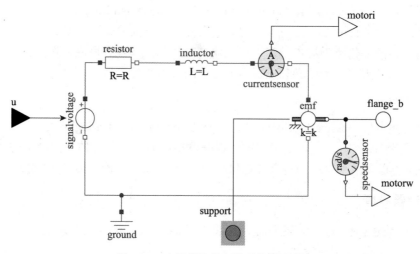

图 3-25　电机模块的拓扑结构原理图

3.7　机器人的控制

3.7.1　如何控制机器人

机器人是一个非常复杂的控制系统，如何对机器人实施快速、准确的控制是机器人技术的主要课题，也是机器人的核心部分。

从动力学的角度来看，机器人具有以下特性。

（1）非线性。引起机器人系统非线性的因素很多，机构构型、传动机构、驱动元件等都会引起系统的非线性。

（2）强耦合。各关节具有耦合作用，表现为某一个关节的运动，会对其他关节产生动力效应，使得每个关节都要承受其他关节运动所产生的扰动。

（3）时变。机器人系统是一个时变系统，动力学参数随着关节运动位置的变化而变化。

针对机器人难以精确建模的特点，提出以下机器人的基本控制原则。

（1）对于一般要求，将复杂的总体系统控制问题简化为多个低阶子系统的控制问题。

（2）一般情况下，机器人的基本控制技术可归结为单关节控制技术和多关节控制技术，前者需考虑误差补偿，后者要考虑耦合作用的补偿。

下面以图 3-26 所示的机器人移动某个物体为例，说明机器人的控制变量。

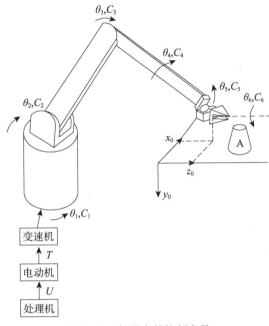

图 3-26　机器人的控制变量

如果要求机器人完成某项任务，如移动某个物体，那么就必须知道机器人的末端执行器在任意时刻的输出运动 $X(t)$。我们的控制任务就是要控制末端执行器的状态随时间变化的情况。在关节状态 $H(t)$ 下，通过控制关节力矩 $C(t)$ 来实现末端执行器的状态变化，而关节力矩是由电动机经过变速机构实现的。电动机的力矩 $T(t)$ 是在计算机控制下的电流或电压 $U(t)$ 所提供的动力作用下产生的。对一台机器人的控制，本质上就是对如下双向方程式的控制。

$$U(t) \Leftrightarrow T(t) \Leftrightarrow C(t) \Leftrightarrow H(t) \Leftrightarrow X(t) \tag{3-73}$$

1. 控制系统组成

机器人控制系统一般是以机器人单轴或多轴的运动协调控制为目的的控制系统。如图 3-27 所示，机器人控制系统可分为 4 部分：机器人及其感知器、环境、任务、控制器。机器人是由各种机构组成的装置，它通过感知器的内部传感器实现本体和环境状态的检测和信息交互，也是控制的最终目标；环境即指机器人所处的周围环境，它包括几何条件及相对位置等，例如，对步行机器人而言，环境即为路况、倾斜度、标志物等；任务是指机器人要完成的操作，它需要用适当的程序语言来描述并被存入控制计算机中，随着系统的不同，任务的输入可能是程序方式，也可能是文字、图形或声音方式；控制器包括软件（控制策略与算法及实现算法的软件程序）和硬件两大部分，相当于机器人大脑，它以计算机或专用控制器运行程序的方式来完成给定任务。为实现具体任务的控制还需要相应的用机器人编程语言开发的用户程序。

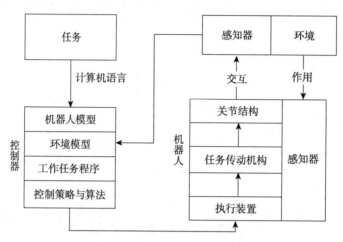

图 3-27 机器人控制系统组成

控制器是机器人控制系统的核心部分，直接关系到机器人性能的优劣。在控制器中，控制策略与算法主要指机器人控制系统结构、控制信息产生的模型与计算方法、控制信息传递方式等。根据对象和要求不同，可采用多种不同的控制策略与算法，例如，控制系统结构可以采用分布式或集中式，控制信息传递方式可以采用开环控制或 PID 伺服关节运动控制，控制信息产生的模型可以是基于模型的或自适应的等。在第一、二代商品化机器人上仍多数采用分布式多层计算机控制结构模式，以及基于 PID 伺服反馈的控制技术。目前，机器人控制技术与系统的研究已由专用控制系统发展到采用通用开放式计算机的控制体系结构，并逐步向智能控制技术及其实际应用发展，其技术特点归纳起来主要在两个方面：一方面，智能控制、多算法融合和性能分析的功能结构；另一方面，实时多任务操作系统、多控制器和网络化的实现结构。

控制系统的硬件一般包括以下三个部分。

感知部分：用来收集机器人的内部和外部信息，例如，位置、速度、加速度等传感器可感受机器人本体状态，而视觉、触觉、力觉等传感器可感受机器人工作环境的外部状态。

控制装置：用来处理各种信息，完成控制算法，产生必要的控制指令，包括计算机及相应的接口，通常为多 CPU 层次式控制模块结构。

伺服驱动部分：为了使机器人完成任务，机器人各关节的驱动机视作业要求不同可为气动、液动、交直流电动等。

2. 控制性能要求

对于一般自动控制系统有以下的控制性能要求。

（1）稳定性。稳定性是系统受到短暂的扰动后其运动性能从偏离平衡点状态恢复到原平衡点状态的能力。控制系统都含有储能或惯性元件，若闭环系统的参数选取不合适，系统会产生振荡或发散而无法正常工作。稳定性是一般自动控制必须满足的最基本要求，对稳定性的研究是自动控制理论中的一个基本课题。

（2）过渡过程性能。过渡过程性能可以用平衡性和快速性加以衡量。平衡性指系统由初始状态运动到新的平衡状态时具有的超调和振荡性；系统由初始状态运动到新的平衡状态经历的时间表示系统过渡过程的快速程度（即快速性）。良好的过渡过程性能指系统运动的平衡性和快速性满足要求。

（3）稳态误差。稳态误差是在过渡过程结束后，期望的稳态输出量与实际的稳态输出量之差。控制系统的稳态误差越小，说明控制精度越高，因此稳态误差是衡量控制系统性能好坏的一项重要指标。控制系统设计的任务之一就是在兼顾其他性能指标的情况下，使稳态误差尽可能小或者小于某个允许的限制值。

机器人是一种特殊的自动化设备，是一个十分复杂的多输入多输出非线性系统，它具有时变、强耦合和非线性的动力学特征，其控制是十分复杂的。机器人动态控制的目的就是要使机器人的各关节或末端执行器的位姿能够以理想的动态品质跟踪给定的轨迹或稳定在指定的位姿上。如果能够得到描述机器人动态的精确动力学模型，并且干扰信号可检测，则机器人动态控制便不是特别困难。但对于实际系统而言，很难得到精确的动力学模型。建立动力学模型时忽略的各种高频动态特性、机器人各连杆机构的各种摩擦、齿轮等传动机构的死区特性、各种信号的检测误差等不确定因素，都是引起模型误差的原因。因此，需要根据实际要求提出控制性能指标，并研究合理的控制方法来实现机器人的动态控制。

对于机器人有以下的控制性能要求。

（1）在工作空间的可控性。机器人的轨迹一般都是通过插值运算实现的，另外机器人的构型决定了机器人的运动空间中可能存在着奇异点，因此控制系统需要保证插值方程连续，而且可以顺利避开奇异点。

（2）稳定性（收敛性–衰减振荡）、相对稳定性（无超调）。稳定性涉及系统、装置或工具在运动过程中有无振荡的问题。一般而言，机器人伺服系统不会突然振荡，而且当手臂的姿态改变时，单独关节伺服装置上的惯性负载和重力负荷随之变化，这就使得振荡难以形成。但一些特殊的条件可能使关节伺服系统处于极不稳定的状态。当负载突然发生剧烈变化（仿人机器人摆动腿提前或滞后落地就是一个典型的例子）时，就会使各个关节的负载突变，控制系统设计不好的机器人便会产生振荡。关节的运动也能产生有效惯性力、向心力和对其他关节的耦合向心力的各种组合，其他关节对这些力矩的作用也会对原关节产生各种作用力，这也是一个潜在的振荡根源。另外，两台非常接近的机器人在工作时也可能相互激发振荡，这种振荡可能是由公共的底座或支架等机械耦合，或者两者同时夹持的工件引起的。

（3）动态响应性能。需要保证机器人快速到达指定的位姿并保持平衡状态。

（4）定位精度、重复定位精度、轨迹跟踪精度。重复定位精度又称重复性，指的是机器人自身重复达到原先被命令或训练位置的能力。

下面以仿人机器人为例，说明对机器人的控制性能要求与对一般自动控制系统的控制性能要求的不同。

（1）多轴运动的协调控制。对于仿人机器人，需要多关节运动的协调控制，以便机器人可以按设定的运动轨迹完成步行的动作或表演某种动作。

（2）不要求高刚度，但要求高稳定性。对于仿人机器人，最后的执行精度要求并不高，所以不需要高刚度，甚至可以是位置半闭环变刚度控制系统，以减缓机器人落脚时受到的地面冲击力；但却要求有极高的稳定性，以保证机器人在行走中不易摔倒。

（3）位置无超调，动态响应速度快。仿人机器人不允许有位置超调，否则在行走中将发生振荡，极不利于平衡。在仿人机器人的行走过程中，电机长期频繁换向，其动态响应速度会直接影响机器人的反应速度和行走速度。加大阻尼可以降低超调，但却会牺牲系统的快速性。所以设计系统时要很好地折中这两者。

（4）控制单元的处理器具备很高的处理速度。在实际应用中，控制单元要对实时监控仿人机器人进行在线步态调整，所以需要处理大量的数据，同时进行复杂的运算。因此，要求控制单元的处理器有着比普通伺服控制系统处理器更快的处理速度。

（5）结构紧凑。由于仿人机器人质量和空间的限制，要求整个控制系统结构紧凑，质量较轻，具有很高的集成度。

3.7.2　机器人的轨迹控制

在 3.4 节中我们实现了机器人按指定运动轨迹的移动，但没有考虑关节力矩而是通过关节角度控制实现的。本节我们将讨论在给定期望运动轨迹的情况下，如何使机器人通过关节力矩的控制再现该轨迹。我们希望选择一种控制策略，它对于初始条件误差、传感器噪声和模型误差具有鲁棒性。这里不考虑驱动器的动力学问题，并假定它可以对关节施加任意的力矩。

机器人的轨迹控制主要涉及机器人的逆动力学问题，即已知轨迹对应的关节位移、速度和加速度，求出所需要的关节力矩或力 τ。在不考虑机电控制装置的惯性、摩擦、间隙、饱和等因素时，n 自由度机器人的动力学方程为 n 个如公式（3-74）所示的二阶耦合非线性微分方程。

$$\tau_n = D(\theta)\ddot{\theta} + h(\theta,\dot{\theta}) + b\dot{\theta}G(\theta) \tag{3-74}$$

式中，$D(\theta) \in \mathbf{R}^{n \times n}$ 为惯性矩阵；$h(\theta,\dot{\theta}) \in \mathbf{R}^{n}$ 为表示离心力和哥氏力的向量；$b \in \mathbf{R}^{n \times n}$ 为黏性摩擦系数矩阵；$G(\theta) \in \mathbf{R}^{n}$ 为表示重力的向量。

当考虑外力或力矩作用时，公式（3-74）可写为

$$\tau_n = D(\theta)\ddot{\theta} + h(\theta,\dot{\theta}) + b\dot{\theta}G(\theta) + F(\theta,\dot{\theta}) \tag{3-75}$$

式中，$F(\theta,\dot{\theta}) \in \mathbf{R}^{n}$ 为表示外力的向量。方程（3-75）的右边包括惯性力/力矩、哥氏力/力矩、离心力/力矩、重力/力矩及外力/力矩，表示一个耦合的非线性多输入多输出（MIMO）系统。

若给定关节的期望运动轨迹为 θ_{d}，为简单起见，假设 θ_{d} 在任意时刻都是确定的且至少是二阶可微的。若关节的实际运动轨迹为 θ，且 $\theta(0) = \theta_{\mathrm{d}}(0)$，$\dot{\theta}(0) = \dot{\theta}_{\mathrm{d}}(0)$，那么通过公式（3-75）即可解决此动力学问题。因为 θ 和 θ_{d} 满足同样的微分方程且具有相同的初始条件，根据微分方程解的唯一性，对所有的 $t \geqslant 0$，有 $\theta(t) = \theta_{\mathrm{d}}(t)$。这属于开环控制的情况，机器人的当前状态未用作控制输入。

然而，这样的控制策略的鲁棒性差，当实际参数与理想参数有差别时，就会导致控制性能下降。若 $\theta(0) \neq \theta_d(0)$，则开环控制始终无法修正该误差。既然无法知道机器人当前的确切位置，那么这种方法显然是不可行的，应在控制中引入反馈。反馈量的选择应使机器人的实际轨迹收敛于期望轨迹。当轨迹为定点时，闭环系统在期望点处应渐进稳定。

一般情况下，机器人动力学建模基于运动学和刚体动力学理论，建立驱动力/力矩与关节位移、速度和加速度之间的联系。动力学模型为结构设计提供动力学特性分析方法，为控制系统设计提供模型依据。机器人运动学建模描述机器人末端执行器与各关节之间的运动微分关系，为结构设计提供运动学特性分析方法，也是动力学建模与位姿轨迹控制的基础。

机器人控制问题就是基于机器人运动学和动力学模型，根据具体的性能指标设计其控制算法与系统，使机器人能按要求正常工作的理论与技术方法。机器人控制涉及自动控制、计算机、传感器、人工智能、电子技术和机械工程等多学科的内容。新一代计算机的出现与人工智能的发展，给机器人控制带来了极其丰富的内容。机器人控制技术包括机器人轨迹控制、力控制（柔性控制）、分解运动控制（协调控制）、高级智能动态控制（自适应控制、变结构控制、模糊控制、学习控制、生物控制等）、多机器人协调控制等。在一个控制系统中，若通过检测装置能够测量出系统的输出量并反过来将其作为控制信号之一，这种作用被称为反馈作用。控制系统按照是否设有反馈环节可以分为两种：一种是开环控制系统，另一种是闭环控制系统。

1）开环控制系统

开环控制系统是指没有反馈环节的控制系统。例如，当给定值被输入至系统后，经过控制器直接输出。因为没有反馈，所以现在时刻的输出是什么状态无法获知，因此也不可能影响到下一个时刻对系统的控制，整个系统只是单纯地按照程序预定的步骤运行，而无法进行实时调整。

开环控制系统比较简单，但有较大的缺陷：被控对象或控制装置受到干扰，或在工作中参数发生变化时，系统无法自动进行补偿。因此，系统的控制精度难以保证，抗干扰能力也较差。

例如，给机器人一个命令：向前行进 5m。如果在控制机器人前进时只有开环控制，那么这个指令发出后因为没有反馈，就只能完全凭借机器人自己去运动了。如果前方 2m 处有一个深坑，机器人因为没有反馈系统（例如在脚底安装压力传感器就能够探知是否踩到了地面）而无法得知，结果只能是机器人摔进了深坑中，并且在坑里还要继续迈着腿做前进的动作，从而无法"走完"后面的 3m。

但是，毕竟开环控制系统结构简单、成本低，如果能够保证被控对象和其他控制元件的精度足够高，在环境条件一定的情况下，它是有实用价值的，如数控线切割机进给系统、包装机等多为开环控制系统。

2）闭环控制系统

闭环控制解决了开环控制的不足。从系统中的信号流向看，系统的输出信号沿反馈通道又回到系统的输入端共同完成对下一时刻的控制，构成闭合通道，故称闭环控制，或反馈控制。

无论是由于干扰，还是由于系统的结构参数的变化引起被控量出现了偏差，闭环控制系统均能够通过反馈环节纠正偏差，故闭环控制是按偏差调节的。

与开环控制系统相比，闭环控制系统的结构比较复杂。需要指出的是，由于闭环控制系统存在反馈信号，相当于利用上一时刻的输出来校正下一时刻的输出，因此如果控制器设计得不好，将有可能使系统无法正常和稳定地工作。

开环控制和闭环控制各有优缺点，在实际工程中，应根据要求及具体情况来决定采用哪种方式。如果能事先预知输入量的变化规律，又不存在外部环境和内部参数的变化，则采用开环控制较好。而如果对系统的外部干预无法预测，系统内部参数又有可能经常变化，为保证控制精度，采用闭环控制则更为合适。

3.7.3 PID 控制

PID 控制是常用的机器人控制方法之一。PID 是 Proportional（比例）、Integral（积分）、Differential（微分）三个英文单词的首字母。PID 控制的原理是将设定值与实际输出值的偏差通过比例、积分和微分并联组合构成控制量，对被控对象进行控制。PID 控制存在对输出值的反馈，因此它是一种闭环控制系统。

PID 控制器（比例-积分-微分控制器）是在控制应用中常见的一种反馈回路部件，由比例单元 P、积分单元 I 和微分单元 D 组成。PID 控制的基础是比例控制；积分控制可消除稳态误差；微分控制可加快响应速度。

1. 模拟 PID 控制器的数学模型

PID 控制器是比例、积分、微分并联控制器，是应用最广泛的一种控制器。PID 控制器的数学模型可以表示为

$$u(t) = K_P \left[e(t) + \frac{1}{T_I} \int e(t) \, dt + T_D \frac{de(t)}{dt} \right] \tag{3-76}$$

式中，$u(t)$ 是控制器的输出；$e(t)$ 是偏差信号；K_P 是控制器的比例系数；T_I 是积分系数；T_D 是微分系数。

1）比例系数 K_P

比例控制有助于提高系统的响应速度和调节精度。K_P 越大，系统的响应速度越快，调节精度越高，但系统易产生超调，甚至会导致系统不稳定；反之，则会降低系统的调节精度和响应速度，延长系统的调节时间，使系统的静态、动态性能变差。

2）积分系数 T_I

积分控制有助于提高系统的无差度，可使系统的稳定性得到提高。必须比例加积分一起控制才能达到既提高系统的稳定性又提高系统的无差度的目的。T_I 越小系统的静态误差消除越快，但在响应过程的初期 T_I 过小会产生积分饱和现象，从而引起响应过程的较大超调；若 T_I 过大，将使系统的静态误差难以消除，影响系统的调节精度。

3）微分系数 T_D

微分控制有助于提高系统的响应速度。因为微分控制只在瞬态过程有效，所以在任何情况下都不能将微分控制单独与对象串联起来使用。就改善系统的控制性能来说，只有比例加

微分一起控制才有效，其主要作用是减小控制系统的阻尼比 ζ，在保证系统具有一定的相对稳定性的前提下，容许系统采用较大的增益，减小稳态误差。微分控制的不足之处是放大了噪声信号。

2. 数字 PID 控制器的数学模型

在离散控制系统中，PID 控制器采用差分方程表示，其表达式为

$$u(k) = K_P\left[e(k) + \frac{T}{T_I}\sum_{i=1}^{k}e(k) + T_D\frac{e(k)-e(k-1)}{T}\right] \tag{3-77}$$

式中，$u(k)$ 为第 k 个采样周期时的输出；$e(k)$ 为第 k 个采样周期时的偏差；T 为采样周期。

在公式（3-77）中，令 $\Delta e(k)=e(k)-e(k-1)$，则有

$$u(k) = K_P\left[e(k) + \frac{T}{T_I}\sum_{i=1}^{k}e(k) + \frac{T_D}{T}\Delta e(k)\right] \tag{3-78}$$

在公式（3-78）中，令 $K_I = \dfrac{K_P}{T_I}, K_D = K_P T_D$，则有

$$u(k) = K_P e(k) + K_I T\sum_{i=1}^{k}e(k) + \frac{K_D}{T}\Delta e(k) \tag{3-79}$$

为了避免在求解控制量时对偏差求和，在实际应用中通常采用增量式数字 PID 控制器。由公式（3-79）可得

$$u(k-1) = K_P e(k-1) + K_I T\sum_{i=1}^{k}e(k-1) + \frac{K_D}{T}\Delta e(k-1) \tag{3-80}$$

又由于

$$\begin{aligned}\Delta u(k) &= u(k) - u(k-1) \\ \Delta e(k) &= e(k) - e(k-1)\end{aligned} \tag{3-81}$$

所以，得到增量式数字 PID 控制器的表达式

$$\Delta u(k) = K_P\left[e(k)-e(k-1)\right] + K_I Te(k) + \frac{K_D}{T}\left[e(k)-2e(k-1)+e(k-2)\right] \tag{3-82}$$

公式（3-82）被称为增量算式，$\Delta u(k)$ 表示每一步控制输出改变的增量。

增量算法与全量算法相比，其优点是积分饱和得到了改善，使系统超调减小，过渡时间变短，也就是系统的动态性能比全量算法有所提高；在增量式数字 PID 控制器中，没有了求和运算，保证了处理器的计算速度，提高了系统的响应时间；同时，在计算过程中，存储空间也大为减小了，控制器只需存储当前的采样值及前两个采样值。在控制系统中，按以上各公式编程即可实现数字化的 PID 调节功能，使系统获得良好的静态与动态性能。

PID 控制参数的修正主要有实验凑试法和 Ziegler-Nichols 法等。实验凑试法通过闭环运行或模拟，观察系统的响应曲线，然后根据各参数对系统的影响，反复凑试参数直至出现满意的响应，从而确定 PID 控制参数。实验凑试法的整定顺序为"先比例，再积分，最后微分"，具体的整定步骤如下：

①整定比例环节。将比例控制作用由小到大变化，直至得到反应快、超调小的响应曲线。

②整定积分环节。若在比例控制作用下稳态误差不能满足要求，则需要加入积分控制。

首先将步骤①中选择的积分系数减小为原来的 50%~80%，再将积分时间设置为一个较大的数值，观察响应曲线；然后减小积分时间，加大积分系数，并相应地调整比例系数；反复凑试得到比较满意的响应，确定比例控制和积分控制的参数。

③整定积分环节。若经过步骤②，PID 控制只能消除稳态误差，而动态过程还不能令人满意，则应加入微分控制。先设置微分系数 T_D=0，然后逐渐加大 T_D，同时相应地改变比例系数和积分系数，反复凑试直到获得满意的控制效果和 PID 控制参数。

Ziegler-Nichols 法是基于系统稳定性分析的 PID 整定方法。首先，将 K_I 和 K_D 置为 0，增加比例系数直到系统开始振荡，将此时的比例系数记为 K_m，振荡频率记为 ω_m。然后，按照公式（3-83）选择 PID 控制参数。

$$K_P = 0.6K_m$$
$$K_D = K_P \pi / (4\omega_m)$$
$$K_I = K_P \omega_m / \pi$$

（3-83）

对于较简单的被控对象，应用 PID 控制器能够获得很好的控制效果，构成的控制系统具有较好的稳定性。此外也常采用 PI 控制器或 PD 控制器，例如，采用 PI 控制器可以使系统在进入稳态后无稳态误差；对有较大惯性或滞后的被控对象，PD 控制器能够改善系统在调节过程中的动态特性。

3. 机器人 P-PI 控制器的模型实例

Controller 模型用于控制单轴系统，它有几个参数，包括位置控制器的增益 kp、速度控制器的增益 ks、速度控制器积分器的时间常数 Ts 和齿轮箱传动比 ratio。其中包含了一些数学运算和反馈回路。

Controller 模型包含以下组件。

Gain：用于进行增益调整。

PI：用于实现 PI 控制器。

Feedback：用于实现反馈回路。

Add3：用于实现三个输入信号的相加。

AxisControlBus：与其他系统或设备进行通信的总线。

Controller 模型通过连接各个组件来实现控制功能，其拓扑结构原理图如图 3-28 所示。其中，位置控制器增益 kp 和速度控制器增益 ks 通过 axisControlBus 总线分别与反馈回路和 PI 控制器相连，用于调节控制器的增益参数。齿轮箱传动比 ratio 与增益器 gain1 和 gain2 相

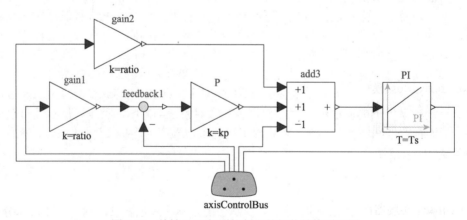

图 3-28　单轴 P-PI 级联控制器的拓扑结构原理图

连，用于控制输出信号的幅值。而 PI 控制器的输出信号连接到 axisControlBus 总线的 current_ref 端口，用于输出给其他系统或设备。

整个模型的结构和参数设置可以根据具体需求进行调整和修改，以实现对单轴系统的精确控制。模型代码参见本书配套资源包。

3.8 基于 Sysplorer 的机器人仿真实例

我们已经构建了二连杆机器人的机械模型、减速器模型、电机模型，并分析了关节末端执行器的轨迹和控制方法。在本节中我们将前面章节构建好的模型与理论结合起来，构建完整的机器人仿真模型。

3.8.1 控制总线模块

在仿真中，控制总线是一种以总线方式进行信息交换的通信机制，它在不同组件之间传输数据，起到了连接和协调的作用。以下是控制总线在仿真中的几个主要作用。

（1）数据传输：控制总线用于在不同组件之间传输数据。组件将数据发送到总线上，其他组件可以访问和使用这些数据。这样可以实现组件之间的信息共享和交流。

（2）消息通信：控制总线可以作为不同组件之间进行消息通信的通道。组件可以将消息发送到总线上，并由其他组件接收和处理。这样可以实现组件之间的相互通信和协作，实现更复杂的系统功能。

（3）同步与协调：控制总线可以用于同步和协调系统中的各个组件。通过总线上的同步信号或时间戳，组件可以按照统一的时序进行操作，保持一致性和协调性。

（4）简化连接：使用控制总线可以简化组件之间的连接。不需要为每对组件之间的连接都建立独立的连接线，而是通过连接到总线上来实现数据交换。这样可以减少连接线的数量和复杂度，提高仿真模型的可维护性和可扩展性。

（5）隔离和解耦：控制总线可以实现组件之间的隔离和解耦。通过总线作为中介，组件可以独立开发和测试，而不需要依赖于其他组件的具体实现细节。这样可以提高模型的模块化程度，并加快系统开发和调试的速度。

1. AxisControlBus 模块

AxisControlBus 模块定义了用于机器人的单个轴的数据传输的数据总线连接器，它包含了各种相关信号的变量。通过这个连接器，可以在模型中传输和处理与机器人轴运动相关的信号。

AxisControlBus 模块提供了多个变量用来传输不同的信号信息，包括参考运动是否为静止、轴法兰的参考角度、轴法兰的角度、轴法兰的参考速度、轴法兰的速度、轴法兰的参考加速度、轴法兰的加速度、电机的参考电流、电机的电流、电机法兰的角度和电机法兰的速度等。

2. ControlBus 模块

ControlBus 连接器图标如图 3-29 所示，用于机器人的所有轴的数据传输。ControlBus 模

块包含了多个接口，能够连接多个 AxisControlBus 模块，
每个轴都有一个对应的总线变量，例如 axisControlBus1、
axisControlBus2 等。通过 ControlBus 连接器，可以在模型
中传输和处理与机器人各个轴相关的信号。

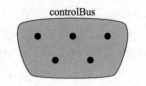

图 3-29　ControlBus 连接器图标

3.8.2　机器人的轴模型

将电机、减速器、控制器、数据总线、传感器通过它们各自的输入输出接口连接起来
就建立了机器人的轴模型（Axis Type），其拓扑结构原理图如图 3-30 所示。机器人的轴模
型即为机器人的关节驱动系统模型。

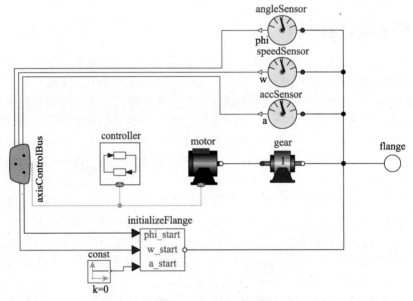

图 3-30　轴模型的拓扑结构原理图

轴模型用于描述控制轴系统的物理行为。代码中应定义如 kp（位置控制器的增益）、ks
（速度控制器的增益）、Ts（速度控制器积分器的时间常数）、k（电机的增益）、w（电机的
时间常数）、D（电机的阻尼常数）等参数，这些参数用于控制轴系统的运动。在代码中还定
义了各种组件，如 gear（减速器）、motor（电机）、controller（控制器）、angleSensor（角度
传感器）、speedSensor（速度传感器）、accSensor（加速度传感器）等，这些组件用于模拟轴
系统中各个部分的功能。

motor 组件和 controller 组件共同组成了伺服控制系统。motor 组件通过接口与 gear 组件
相连，将电机的输出传递给减速器。gear 组件与 flange 组件相连，通过 flange 组件驱动机器
人的关节。axisControlBus 组件用于将轨迹规划器的输出，即各关节的位置、角速度和角加
速度的参考值传递给 motor 组件和 controler 组件。同时，axisControlBus 组件也负责轴模型
内部各组件之间的通信，将各个组件连接起来，实现数据和控制信号的传输。模型代码参见
本书配套资源包。

3.8.3 运动规划器模型

运动规划器模型用于对机器人或系统的运动进行规划和生成轨迹，包括确定机器人或系统的位置、速度、加速度及运动时间等参数，从而使得系统能够按照指定的运动方式完成任务。运动规划器模型是自动化系统中重要的组成部分，包括 PathToAxisControlBus 模块和 PathPlanning 模块。

1. 模型组件

1）BooleanPassThrough 组件

路径（位置）：Modelica.Blocks.Routing.BooleanPassThrough

作用（意义）：将布尔型信号直接传递，不进行任何修改；允许从一个总线读取信号，更改信号的名称，并将其发送回总线。

BooleanPassThrough 组件可用于在信号总线之间进行布尔型信号的传递和重命名，起到数据路由的作用。

2）RealPassThrough 组件

RealPassThrough 组件可用于在信号总线之间进行实型信号的传递和重命名，起到数据路由的作用。

路径（位置）： Modelica.Blocks.Routing.RealPassThrough

作用（意义）：将实型信号直接传递，不进行任何修改；允许从一个总线读取信号，更改信号的名称，并将其发送回总线。

3）KinematicPTP2 组件

路径（位置）：Modelica.Blocks.Sources.KinematicPTP2

作用（意义）：用于生成在遵循给定的运动约束条件下运动对象从起始位置移动到目标位置的参考信号。该组件可以处理平移和旋转两种运动方式。在机器人学中，这样的运动被称为点到点（Point-To-Point，即指定起始位置和目标位置）运动。该模块输出位置 q、速度 qd = der(q)及加速度 qdd = der(qd)信号。这些信号的构造方式使得运动对象在给定最大速度 qd_max 和最大加速度 qdd_max 的限制下无法更快地运动。

如果向量 q_begin 或 q_end 具有多个元素，则构造输出向量，使得所有信号在加速、恒速和减速阶段具有相同的周期。这意味着只有一个信号达到其限制值，而其他信号是同步的，以便在同一时刻达到终点。

KinematicPTP2 组件可用于为控制器生成参考信号以控制驱动系统或根据给定的加速度驱动某个法兰盘。

4）TerminateSimulation 组件

路径（位置）：Modelica.Blocks.Logical.TerminateSimulation

作用（意义）：用于在满足指定条件时终止仿真。在组件参数窗口，可以通过变量 condition 定义一个随时间变化的表达式，例如 x < 0，其中 x 是在包含 TerminateSimulation 组件的模型

中声明的变量。当该表达式变为 true 时仿真将被成功终止。可以通过组件参数 terminationText 给出解释终止原因的终止消息。

2. PathToAxisControlBus 模块

如图 3-31 所示，PathToAxisControlBus 模块将信号 q、qd 和 qdd 通过 RealPassThrough 组件（q_axisUsed、qd_axisUsed、qdd_axisUsed）传入数据总线，同时将信号 moving 通过 BooleanPassThrough 组件（motion_ref_axisUsed）传入数据总线。

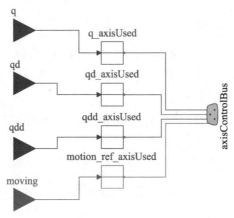

图 3-31　PathToAxisControlBus 模块的拓扑结构原理图

PathToAxisControlBus 模块的作用是根据路径规划将不同轴的位置、速度、加速度等输入信号映射到轴控制总线上，以实现路径规划和轴控制之间的数据传输和转换。该模块包含了多个输入信号，如位置 q、速度 qd 和加速度 qdd，以及一个表示是否在运动状态的布尔型变量 moving；还定义了一个输出 axisControlBus，用于传输控制信号给关节驱动系统模块中的电机和控制器。模块的参数定义如下：

```
parameter Integer nAxis = 2 "从动轴数";
parameter Integer axisUsed = 1
    "用于映射 axisControlBus 的路径规划";
Modelica.Blocks.Interfaces.RealInput q[nAxis]
    annotation (Placement(transformation(extent = {{-140, 60}, {-100, 100}})));
Modelica.Blocks.Interfaces.RealInput qd[nAxis]
    annotation (Placement(transformation(extent = {{-140, 10}, {-100, 50}})));
Modelica.Blocks.Interfaces.RealInput qdd[nAxis]
    annotation (Placement(transformation(extent = {{-140, -50}, {-100, -10}})));
Modelica.Blocks.Interfaces.BooleanInput moving[nAxis]
    annotation (Placement(transformation(extent = {{-140, -100}, {-100, -60}})));
AxisControlBus axisControlBus
    annotation (Placement(transformation(
    origin = {100, 0},
    extent = {{-20, -20}, {20, 20}},
    rotation = 270)));
```

模块代码过长，完整代码请参见本书配套资源包。

3. PathPlanning 模块

PathPlanning 模块可以计算出机器人运动时各关节的参考角度、参考角速度和参考角加速度。PathPlanning 模块的拓扑结构原理图如图 3-32 所示。

PathPlanning 模块的输入包括起始角度、终止角度、最大轴速度和最大轴加速度等信息；输出为各关节需要旋转的角度、角速度和角加速度。PathPlanning 模块通过计算生成连续平滑的参考轨迹，确保物体或机器人能够以最快的方式从起始位置移动到终止位置。PathPlanning 模块的输出信息通过 ControlBus 总线传递给关节驱动系统模块。

PathPlanning 模块的计算方法如下：

（1）每一个轴都以最大的角加速度加速到最大角速度；

（2）达到最大角速度后，就在最大角速度下运行；

（3）在减速过程中以最大角加速度减速直到停止。

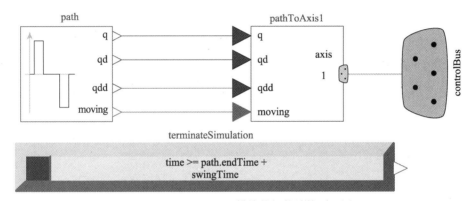

图 3-32　PathPlanning 模块的拓扑结构原理图

为了实现路径规划，PathPlanning 模块使用了几个子组件。其中，KinematicPTP2 组件（图 3-32 中的 path）负责根据输入的起始角度、终止角度、最大轴速度和最大轴加速度生成平滑运动的参考轨迹；PathToAxisControlBus 组件（图 3-32 中的 pathToAxis1）负责将路径转换为各个轴的控制信号，以便控制物体或机器人执行规划的运动；TerminateSimulation 组件负责在物体或机器人到达终点后停止仿真。PathPlanning 模块的输出结果是两个轴的角度控制信号，可以用来驱动执行路径规划的装置。模型代码请参照本书配套资源包。

3.8.4　基于 Sysplorer 的二连杆机器人的仿真实例

前面我们分别建立了二连杆机器人的机械系统模型、关节驱动系统模型及运动规划器模型。将这些模型视为组件，通过相应的接口连接在一起就建立了二连杆机器人多领域联合仿真模型，如图 3-33 所示，其中，pathPlanning 是运动规划器组件，axis1 和 axis2 是关节驱动系统组件，twoLink2_1 是机械系统组件，各组件之间通过数据总线 ControlBus 进行通信。

机器人仿真模型的工作过程如下：

（1）在运动规划器组件中输入机器人各关节的起始和终止位置（或末端执行器初始坐标和终止坐标），以及各关节的最大角速度、最大角加速度。

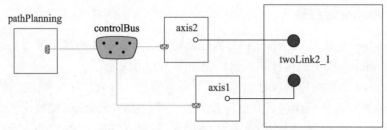

图 3-33   二连杆机器人多领域联合仿真模型的拓扑结构原理图

（2）运动规划器经过计算输出各关节的参考位置、参考速度和参考加速度，并通过数据总线传递给关节驱动系统组件中的伺服电机。

（3）伺服电机的输出通过绝对编码器传递给 PID 控制器。对 PID 控制器而言，它的输入为伺服电机的输出，它的输出为伺服电机驱动器的参考电流，参考电流通过关节驱动系统组件中的数据总线传递给伺服电机。

（4）伺服电机驱动器在接收到驱动信号后开始调整输出。

（5）伺服电机的输出通过减速器减速后传递给机械系统组件，驱动各关节按运动规划器组件中输入的指令运动。

图 3-34 是图 3-33 所示的二连杆机器人仿真模型的各个组件的组件参数。

组件参数

常规	Reference	Controller		
参数				
startX	0.1			初始时刻X坐标
startY	0			初始时刻Y坐标
endX	0.5			终止时刻X坐标
endY	0.6			终止时刻Y坐标
L1	0.5			连杆1长度
L2	0.5			连杆2长度
mLoad	5		kg	负载质量
rLoad	{0.1, 0.25, 0.1}		m	从最后一个法兰到负载质量的距离
g	9.81		m/s2	重力加速度
refStartTime	0		s	参考运动的开始时间
refSwingTime	0.5		s	参考运动静止后，模拟停止前的额外时间

组件参数

常规	Reference	Controller		
起始角度				
startAngle2	... 2 - startX ^ 2 - startY ^ 2) / (2 * L1 * L2))			轴2的起始角度
startAngle1	...artAngle2) / (L1 + L2 * cos(startAngle2))			轴1的起始角度
结束角度				
endAngle2	... ^ 2 - endX ^ 2 - endY ^ 2) / (2 * L1 * L2))			轴1的结束角度
endAngle1	...ndAngle2) / (L1 + L2 * cos(endAngle2))			轴2的结束角度
范围				
refSpeedMax	{3, 1.5}		rad/s	所有关节的最大参考速度
refAccMax	{15, 15}		rad/s2	所有关节的最大参考加速度

组件参数

常规	Reference	Controller		
Axis 1				
kp1	5			位置控制器增益
ks1	0.5			速度控制器增益
Ts1	0.05		s	速度控制器积分器的时间常数
Axis 2				
kp2	5			位置控制器增益
ks2	0.5			速度控制器增益
Ts2	0.05		s	速度控制器积分器的时间常数

图 3-34   二连杆机器人仿真模型的各个组件的组件参数

本 章 小 结

本章全面介绍了关节机器人的系统建模与仿真,涵盖了运动学、动力学、运动轨迹设计和电气模型等关键内容。以二自由度关节机器人为例,详细介绍了关节机器人系统建模与仿真的多个方面:首先,通过介绍关节机器人的运动学和动力学基础,以及机器人的结构和运动规律,讨论了如何设计关节机器人的运动轨迹;然后,介绍了关节机器人的电气结构的数学建模方法;最后,展示了如何通过 Sysplorer 建立关节机器人的多领域联合仿真模型。

习 题

1. 设旋转坐标系中点 P 的坐标为(3,4,5),将旋转坐标系绕参考坐标系的 y 轴旋转 90°,求旋转后点 P 相对于参考坐标系的坐标,并作图检验计算结果。

2. 设一个坐标系相对于固定参考坐标系的位姿可以用下面的齐次变换矩阵来表示。

$$T = \begin{bmatrix} ? & 0 & ? & 4 \\ ? & ? & -0.707 & 3 \\ 0 & ? & ? & 2 \\ 0 & 0 & 0 & 1 \end{bmatrix}$$

求解该齐次变换矩阵中标记为? 的元素的值。

3. 初始状态下运动坐标系(x',y',z')与固定参考坐标系(x,y,z)一致,求固连在该运动坐标系上的点 $P(2,7,5)$ 依次经过下列变换后相对于固定参考坐标系的坐标。

（1）绕 y 轴旋转 90°;

（2）再绕 x 轴旋转 90°;

（3）再平移（3, 6, −5）。

4. 寻找相应于欧拉角 zyz 的旋转矩阵。

第4章

仿人机器人的系统建模与仿真

　　本章讨论仿人机器人的运动特性和步态控制问题。仿人机器人在遭受强力扰动时容易摔倒，因而在行走过程中需要考虑双腿支撑阶段和单腿支撑阶段的切换。为了实现稳定的行走，在控制机器人身体运动轨迹的同时需要关注脚掌与地面之间的作用力。ZMP 是衡量这种作用力的重要指标，已经被用于构建基于 ZMP 的双足步态规划与控制方法。本章简要介绍实现双足行走所需的理论基础，并根据理论使用 Sysplorer 搭建仿人机器人仿真模型，带各位读者一窥双足行走的奥秘。

通过本章学习，读者可以了解（或掌握）：
❖　仿人机器人的结构。
❖　仿人机器人的步态规划。
❖　基于线性倒立摆生成双足步态。

4.1　仿人机器人步行和跑步运动规划研究

与轮式机器人相比，仿人机器人具有直立的双腿结构，因此更具适应环境的能力。但仿人机器人要实现像人类一样灵活、自由地步行和跑步，则是一项艰巨的任务。仿人机器人一般由头部、躯干、手臂和腿脚等多连杆机构构成，步行时单腿支撑阶段和双腿支撑阶段交替出现。仿人机器人运动的动力学特性非常复杂，步行过程是一个不稳定系统。为了进行步态规划和实现步行的稳定控制，必须深入了解仿人机器人内在的运动学和动力学特性，许多学者通过建立运动学和动力学模型来研究仿人机器人的运动，模型中连杆数量的多少决定了求解的复杂度。本文为了简化模型，头部、躯干和手臂统一用一个上体连杆代替，加上双腿和双足建立了七连杆模型。

仿人机器人实现步行和跑步运动的主要方法是把预先规划好的步态轨迹输入关节中，通过关节的转动来带动与之相连的刚体进行运动。目前，仿人机器人的步态规划方法主要分为离线规划和在线规划：离线规划是在考虑一定的物理环境和仿人机器人本体结构及动力学柔性的基础上，通过人工生成步行和跑步的步态；而在线规划是仿人机器人在实际运动过程中在线生成步态的一种方法，由于在实时控制下难以在有限时间内生成满足稳定条件的步态轨迹，因此较少被使用。当前对控制仿人机器人能够动态稳定步行的研究，大多是先离线预规划好确保稳定步行的步态，然后根据实际情况进行在线姿态调整。研究者们通过研究仿人机器人的质心与 ZMP（零力矩点）之间的关系来设计运动轨迹。其中一种方法是先规划出仿人机器人的质心和双足的运动轨迹，然后再确定相应的 ZMP 轨迹，并考虑双足与地面的约束关系，选定稳定裕度最大的轨迹作为规划结果。另一种方法是先规划出 ZMP 轨迹，然后再规划仿人机器人的质心和双足的运动轨迹，通过运动学计算求出各关节的轨迹，但此方法求出的解不是唯一的，而且求解过程相对复杂。目前广泛使用的步态规划方法是基于 ZMP 的几何约束法，该算法表示的物理含义明确，在遵守了仿人机器人步行的稳定判据之后，就能规划出成功的步态。本田公司研制的仿人机器人就使用了这样的算法，Jong Park，Sora，Ohishi，Huang Qiang 和 Chevallereau 等人也在他们的研究中使用了类似的算法。

仿人机器人系统本身是一个不稳定系统，在步行过程的任何时刻至少有一只脚与地面接触，而在跑步过程中有双脚同时离开地面的阶段，这时上身需要保持角动量守恒，使身体不发生翻转。要实现仿人机器人稳定、连续地步行和跑步，必须对其运动的稳定性进行分析。仿人机器人的步行方式可分为静态和动态两种：仿人机器人在步行时，其质心在地面上的投影没有移出支撑凸多边形（由支撑足所形成的凸多边形）的情形被称为静态步行；其质心的投影在某些时刻移出支撑凸多边形的情形被称为动态步行。仿人机器人在跑步过程中，其质心的投影可随时移到支撑凸多边形之外。早期的研究者都是采用静态步行方式来研究机器人的。但大多数情况下，仿人机器人的运动采用的是动态步行的方式。研究者们提出了 FRI 稳定判据、COP 稳定判据和 ZMP 稳定判据进行动态步行控制，使支撑阶段的平板脚与地面保持瞬时相对静止，在得到地面有效支撑的同时，仿人机器人不会摔倒。仿人机器人运动稳定性的控制方法有多种，有神经网络控制方法、遗传算法控制方法、类 HMCD 控制方法、基于仿生机理的控制方法、CPG 控制方法等。

4.2　仿人机器人运动学与动力学模型

4.2.1　步行和跑步的运动学模型

在分析仿人机器人步行和跑步运动的过程时，首先要建立运动学模型，就是要确定仿人机器人各关节角度与连杆之间的运动学关系：一种是运动学正解问题，根据各关节角度的变化求连杆的位姿，运动学正解可通过齐次变换的链乘法则求解；一种是运动学逆解问题，根据机器人躯干和足部的位姿求解各关节的角度，运动学逆解可通过解析法和数值法两种方法求解。

仿人机器人本体各个部件由刚性连杆和能够转动的关节构成。为了简化模型，本章视仿人机器人为杆状结构，建立七连杆模型，其简化图如图 4-1 所示。该模型包括两足、两条小腿、两条大腿和身体部分，只考虑矢状面即 xz 平面下的运动模型，不考虑冠状面即 yz 平面下的情况。

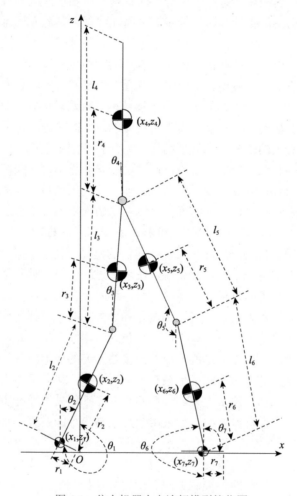

图 4-1　仿人机器人七连杆模型简化图

设每个连杆的质量均分布在连杆的中心，$\theta_i(i=1,2,...,7)$ 表示连杆与垂直方向的夹角；$r_i(i=1,2,...,7)$ 表示从连杆中心到与该连杆固连关节的距离，$l_i(i=1,2,...,7)$ 表示连杆 i 的长度。

仿人机器人的步行包括单腿支撑阶段和双腿支撑阶段，两个阶段交替出现。单腿支撑阶段是指一只平板脚与地面相对固定，另一只平板脚从后面摆动到前面；双腿支撑阶段是指两只平板脚同时接触地面，这阶段从前面的平板脚脚跟着地开始，到后面的平板脚脚尖离地结束。跑步分为单腿支撑阶段和飞行阶段，在飞行阶段两只平板脚与地面的压力为零。在起跳时平板脚脚尖后离开地面，在落地时平板脚脚跟先与地面接触，平板脚起跳和落地时的情景与步行时相似。虽然仿人机器人的步行和跑步过程存在差异，但是两种运动方式都是通过关节转动带动连杆的运动，本体运动学关系是相同的，可以用同一个运动学模型来表示。根据几何关系确定各连杆质心位置的表达式为

$$x_1 = \sin\theta_1 r_1$$
$$z_1 = \cos\theta_1 r_1$$
$$x_2 = \sin\theta_2 r_2 + \sin\theta_1 r_1$$
$$z_2 = \cos\theta_2 r_2 + \cos\theta_1 r_1$$
$$x_3 = \sin\theta_3 r_3 + \sin\theta_2 l_2 + \sin\theta_1 r_1$$
$$z_3 = \cos\theta_3 r_3 + \cos\theta_2 l_2 + \cos\theta_1 r_1$$
$$x_4 = \sin\theta_4 r_4 + \sin\theta_3 l_3 + \sin\theta_2 l_2 + \sin\theta_1 r_1$$
$$z_4 = \cos\theta_4 r_4 + \cos\theta_3 l_3 + \cos\theta_2 l_2 + \cos\theta_1 r_1 \qquad (4-1)$$
$$x_5 = \sin\theta_5(l_5 - r_5) + \sin\theta_3 l_3 + \sin\theta_2 l_2 + \sin\theta_1 r_1$$
$$z_5 = \cos\theta_5(l_5 - r_5) + \cos\theta_3 l_3 + \cos\theta_2 l_2 + \cos\theta_1 r_1$$
$$x_6 = \sin\theta_6(l_6 - r_6) + \sin\theta_5 l_5 + \sin\theta_3 l_3 + \sin\theta_2 l_2 + \sin\theta_1 r_1$$
$$z_6 = \cos\theta_6(l_6 - r_6) + \cos\theta_5 l_5 + \cos\theta_3 l_3 + \cos\theta_2 l_2 + \cos\theta_1 r_1$$
$$x_7 = \sin\theta_7 r_7 + \sin\theta_6 l_6 + \sin\theta_5 l_5 + \sin\theta_3 l_3 + \sin\theta_2 l_2 + \sin\theta_1 r_1$$
$$z_7 = \cos\theta_7 r_7 + \cos\theta_6 l_6 + \cos\theta_5 l_5 + \cos\theta_3 l_3 + \cos\theta_2 l_2 + \cos\theta_1 r_1$$

4.2.2 步行和跑步的动力学模型

仿人机器人在运动过程中平板脚与地面之间的约束形式是不断变化的，在不同的约束形式下服从的动力学方程也是不同的。在步行和跑步的单腿支撑阶段，根据平板脚与地面的接触情况，可以分为以下三个过程（由于平板脚起跳和落地时的情景与步行时相似，可以用相同的动力学方程表示）。

（1）平板脚过程：平板脚与地面完全接触，在此过程中 ZMP 从平板脚脚跟移向脚尖处，平板脚与地面接触可看作在脚尖处的转轴和在踝关节处的弹簧-阻尼系统。

（2）脚尖与地接触过程：平板脚脚跟离地，平板脚与地面有夹角 $\theta_1 \neq 90°$，ZMP 没有定义，此时脚尖作为一个转轴，仿人机器人的平板脚不会滑动、反弹及插入地面，重力在水平方向和垂直方向的比值小于静摩擦系数。

（3）脚跟与地接触过程：平板脚脚跟与地面瞬间接触，平板脚与地面有夹角 $\theta_7 \neq 90°$，此时会产生很大的碰撞力，ZMP 没有定义。

1. 平板脚过程中的动力学模型

在平板脚过程中，仿人机器人的动力学方程可通过拉格朗日方程求解，定义拉格朗日函数 L 为系统动能 K 和势能 P 之差，即

$$L = K - P \tag{4-2}$$

根据公式（4-1）得到仿人机器人的动能

$$K = \sum_{i=1}^{7}\left(\frac{1}{2}m_i(\dot{x}_i^2 + \dot{z}_i^2) + \frac{1}{2}I_i\dot{q}_i^2\right) = \frac{1}{2}\dot{\boldsymbol{q}}^{\mathrm{T}}\boldsymbol{J}(\theta)\dot{\boldsymbol{q}} \tag{4-3}$$

式中，$\boldsymbol{J}(\theta) = [L_{ij}\cos(\theta_i - \theta_j)]_{i \times j \in 7 \times 7}$ 是质量惯性矩阵；I_i 为连杆 i 的转动惯量；m_i 为连杆 i 的质量；$\dot{q}_i$ 为连杆 i 的角速度，$\dot{\boldsymbol{q}}$ 为关节在关节空间中的关节速度。推导公式（4-1）和公式（4-3）能得到 L_{ij} 的表达式如下

$$L_{11} = I_1 + (m_1 + m_2 + m_3 + m_4 + m_5 + m_6 + m_7)r_1^2$$

$$L_{22} = I_2 + m_2r_2^2 + (m_3 + m_4 + m_5 + m_6 + m_7)l_2^2$$

$$L_{33} = I_3 + m_3r_3^2 + (m_4 + m_5 + m_6 + m_7)l_3^2$$

$$L_{44} = I_4 + m_4r_4^2$$

$$L_{55} = I_5 + m_5(l_5 - r_5)^2 + (m_6 + m_7)l_5^2$$

$$L_{66} = I_6 + m_6(l_6 - r_6)^2 + m_7l_6^2$$

$$L_{77} = I_7 + m_7r_7^2$$

$$L_{12} = L_{21} = m_2r_1r_2 + (m_3 + m_4 + m_5 + m_6 + m_7)r_1l_2$$

$$L_{13} = L_{31} = m_3r_1r_3 + (m_4 + m_5 + m_6 + m_7)r_1l_3$$

$$L_{14} = L_{41} = m_4r_1r_4$$

$$L_{15} = L_{51} = m_5r_1(l_5 - r_5) + (m_6 + m_7)r_1l_5$$

$$L_{16} = L_{61} = m_6r_1(l_6 - r_6) + m_7r_1l_6$$

$$L_{17} = L_{71} = m_7r_1r_7$$

$$L_{23} = L_{32} = m_3l_2r_3 + (m_4 + m_5 + m_6 + m_7)l_2l_3$$

$$L_{24} = L_{42} = m_4r_4l_2$$

$$L_{25} = L_{52} = m_5(l_5 - r_5)l_2 + (m_6 + m_7)l_2l_5$$

$$L_{26} = L_{62} = m_6(l_6 - r_6)l_2 + m_7l_2l_6$$

$$L_{27} = L_{72} = m_7r_7l_2$$

$$L_{34} = L_{43} = m_4r_4l_3$$

$$L_{35} = L_{53} = m_5(l_5 - r_5)l_3 + (m_6 + m_7)l_3l_5$$

$$L_{36} = L_{63} = m_6(l_6 - r_6)l_3 + m_7l_3l_6$$

$$L_{37} = L_{73} = m_7r_7l_3$$

$$L_{45} = L_{54} = 0$$

$$L_{46} = L_{64} = 0$$

$$L_{47} = L_{74} = 0$$

$$L_{56} = L_{65} = m_6(l_6 - r_6)l_5 + m_7 l_5 l_6$$

$$L_{57} = L_{75} = m_7 r_7 l_5$$

$$L_{67} = L_{76} = m_7 r_7 l_6$$

仿人机器人的势能 P 由其重力产生，根据公式（4-1），得到势能

$$P = \sum_{i=1}^{7} m_i g z_i = \sum_{i=1}^{7} N_i g \cos \theta_i \tag{4-4}$$

通过公式（4-1）的数学推导可以得到

$$N_1 = (m_1 + m_2 + m_3 + m_4 + m_5 + m_6 + m_7)r_1$$

$$N_2 = m_2 r_2 + (m_3 + m_4 + m_5 + m_6 + m_7)l_2$$

$$N_3 = m_3 r_3 + (m_4 + m_5 + m_6 + m_7)l_3$$

$$N_4 = m_4 r_4$$

$$N_5 = m_5(l_5 - r_5) + (m_6 + m_7)l_5$$

$$N_6 = m_6(l_6 - r_6) + m_7 l_6$$

$$N_7 = m_7 r_7$$

把公式（4-3）和公式（4-4）代入公式（4-2）得

$$L = \sum_{i=1}^{7} \left(\frac{1}{2} m_i (\dot{x}_i^2 + \dot{z}_i^2) + \frac{1}{2} I_i \dot{q}_i^2 \right) - \sum_{i=1}^{7} N_i g \cos \theta_i$$

$$\frac{\mathrm{d}}{\mathrm{d}t} \left(\frac{\partial L}{\partial \dot{\theta}_i} \right) - \frac{\partial L}{\partial \theta_i} = \tau_i \quad (i = 1, 2, ..., 7) \tag{4-5}$$

式中，θ_i 和 $\dot{\theta}_i$ 分别表示图 4-1 中的仿人机器人关节 i 的转动角度和角速度；τ_i 为关节 i 的广义坐标 θ_i 所对应的广义力或力矩。

可以得到仿人机器人在平板脚过程中的动力学模型表达式为

$$\boldsymbol{A}(\theta)\ddot{\theta} + \boldsymbol{B}(\theta, \dot{\theta})\dot{\theta} + \boldsymbol{C}(\theta) = \tau \tag{4-6}$$

式中，$\boldsymbol{A}$ 是惯性矩阵；$\boldsymbol{B}$ 是一阶微分矩阵；$\boldsymbol{C}$ 是与重力相关的矩阵。

通过公式（4-3）、公式（4-5）和公式（4-6）可得

$$\boldsymbol{A}(\theta) = \boldsymbol{J}(\theta) = [L_{ij} \cos(\theta_i - \theta_j)]_{7 \times 7}$$

$$\boldsymbol{B}(\theta, \dot{\theta}) = [L_{ij} \sin(\theta_i - \theta_j)\dot{\theta}_j]_{7 \times 7}$$

$$\boldsymbol{C}(\theta) = [N_i g \cos \theta_i]_{7 \times 1}$$

2. 脚尖与地接触和脚跟与地接触过程中的动力学模型

1）条件设定

在脚尖与地接触过程和脚跟与地接触过程中，设关节角度坐标向量 $\boldsymbol{\theta}_{\mathrm{b}} = [\theta_2, \theta_3, \theta_4, \theta_5, \theta_6]^{\mathrm{T}}$

表示仿人机器人的形状如图4-2所示。广义坐标向量$\boldsymbol{\theta}_B = [\theta_1, \boldsymbol{\theta}_b^T]^T$和$\boldsymbol{\theta}_B^d = [\theta_7, \boldsymbol{\theta}_b^T]^T$分别表示仿人机器人脚尖和脚跟与地面接触时的姿态；$90° - \theta_1 (0° \leqslant \theta_1 \leqslant 90°)$和$90° - \theta_7 (0° \leqslant \theta_7 \leqslant 90°)$分别为双脚尖与地面和脚跟与地面的夹角，规定顺时针角度为正；$l_i (i = 1, 2, \ldots, 7)$为脚（脚尖到踝关节加上踝关节到脚跟）、双小腿、双大腿和上身的长度；$m_i (i = 1, 2, \cdots, 7)$为双脚、双小腿、双大腿和上身的质量。

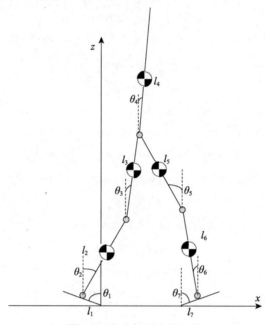

图4-2　仿人机器人的形状

2）脚尖与地接触过程中的动力学模型

仿人机器人在脚尖与地接触过程中的动力学方程为

$$\boldsymbol{M}_s(\boldsymbol{\theta}_b)\ddot{\boldsymbol{\theta}}_B + \boldsymbol{V}_s(\boldsymbol{\theta}_B, \dot{\boldsymbol{\theta}}_B) + \boldsymbol{G}_s(\boldsymbol{\theta}_B) = \boldsymbol{\tau}_s \tag{4-7}$$

式中，$\boldsymbol{M}_s$为7×7惯性矩阵；$\boldsymbol{V}_s$为包括黏性阻尼、哥氏力和离心力的7×1向量；$\boldsymbol{G}_s$为7×1重力向量；$\boldsymbol{\tau}_s$为广义力或力矩向量。同时，$\boldsymbol{\tau}_s$可表示为

$$\boldsymbol{\tau}_s = \begin{bmatrix} \tau_1 \\ \tau_2 \\ \tau_3 \\ \tau_4 \\ \tau_5 \\ \tau_6 \end{bmatrix} = \begin{bmatrix} 1 \\ 0 \\ 0 \\ 0 \\ 0 \\ 0 \end{bmatrix} \tau_1 + \begin{bmatrix} 0 & 0 & 0 & 0 & 0 \\ 1 & 0 & 0 & 0 & 0 \\ 0 & 1 & 0 & 0 & 0 \\ 0 & 0 & 1 & 0 & 0 \\ 0 & 0 & 0 & 1 & 0 \\ 0 & 0 & 0 & 0 & 1 \end{bmatrix} \boldsymbol{u}_s$$

式中，$\boldsymbol{u}_s = [\tau_2 \quad \tau_3 \quad \tau_4 \quad \tau_5 \quad \tau_6]^T$为作用在踝关节、膝关节和髋关节处的矩阵；$\tau_1$为脚尖与地接触点处力矩。

力矩τ_1可如下计算

$$\tau_1 = \begin{cases} -K_1 l_1^2 \theta_1 - D_1 l_1^2 \dot{\theta}_1, & 0° \leqslant \theta_1 \leqslant 90° \\ 0, & \text{其他} \end{cases} \tag{4-8}$$

式中，K_1 和 D_1 分别为关节 1 的弹簧系数和阻尼系数。

3）脚跟与地接触过程中的动力学方程

仿人机器人在脚跟与地接触过程中的动力学方程为

$$M_s(\theta_b)\ddot{\theta}_B^d + V_s(\theta_B^d, \dot{\theta}_B^d) + G_s(\theta_B^d) = \tau_h \tag{4-9}$$

式中，τ_h 为广义力或力矩向量。同时，τ_h 可表示为

$$\tau_h = \begin{bmatrix} \tau_2 \\ \tau_3 \\ \tau_4 \\ \tau_5 \\ \tau_6 \\ \tau_7 \end{bmatrix} = \begin{bmatrix} 0 \\ 0 \\ 0 \\ 0 \\ 0 \\ 1 \end{bmatrix} \tau_7 + \begin{bmatrix} 1 & 0 & 0 & 0 & 0 \\ 0 & 1 & 0 & 0 & 0 \\ 0 & 0 & 1 & 0 & 0 \\ 0 & 0 & 0 & 1 & 0 \\ 0 & 0 & 0 & 0 & 1 \\ 0 & 0 & 0 & 0 & 0 \end{bmatrix} u_s$$

式中，τ_7 为脚跟与地接触点处力矩。

力矩 τ_7 可如下计算

$$\tau_7 = \begin{cases} -K_7 l_7^2 \theta_7 - D_7 l_7^2 \dot{\theta}_7, & 0° \leqslant \theta_1 \leqslant 90° \\ 0, & \text{其他} \end{cases} \tag{4-10}$$

式中，K_7 和 D_7 分别为关节 7 的弹簧系数和阻尼系数。

4.3 仿人机器人的机械模型仿真

由于七连杆仿人机器人模型比较复杂，本节以五连杆为例构建五连杆仿人机器人模型。

1. 模型描述

如图 4-3 所示，仿人机器人的机械模型使用了多个旋转关节（Revolute）和刚体形状（BodyShape），通过连接这些组件可以实现机器人的运动。此外，模型还包括阻尼器（Damper）、固定转动（FixedRotation）等组件，而且需要构建面面接触（PlaneToPlane）模型以判断是否接触并计算接触力和摩擦力。整个模型以 World 组件为基础，表示机器人所处的环境。

2. 机械模型构建

仿人机器人机械模型的构建方式与 3.2 节中二连杆仿真模型的构建方式类似。然而，由于仿人机器人需要与地面接触，因此为了体现接触力对机器人的作用，需要构建仿人机器人足部与地面接触的模型。

面面接触模型用于描述两个刚体之间的接触力和摩擦力，主要功能是计算接触点的力和力矩并将其作用于刚体上。面面接触模型需要用到的组件如图 4-4 所示。

1）WorldTorque 组件

路径（位置）：Modelica.Mechanics.MultiBody.Forces.WorldTorque

作用（意义）：模拟多体力学系统中的扭矩作用，并对外部扭矩进行动画显示。WorldTorque

组件可以用来分析和优化系统在受到外部扭矩作用下的动力学行为，它通过调整输入信号的数值和解析框架可以模拟不同位置和方向上的扭矩作用。

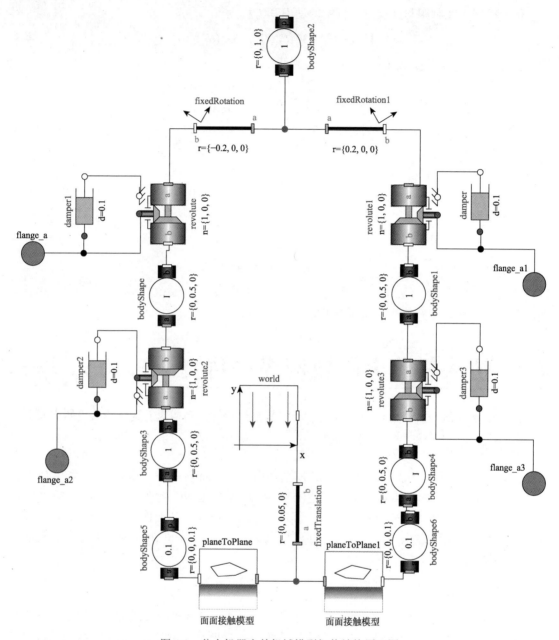

图 4-3 仿人机器人的机械模型拓扑结构原理图

2）WorldForce 组件

路径（位置）：Modelica.Mechanics.MultiBody.Forces.WorldForce

作用（意义）：在 Modelica 多体力学系统中模拟作用于特定框架上的外部力。WorldForce 允许用户通过输入信号指定力的大小和方向，并通过参数进行配置。

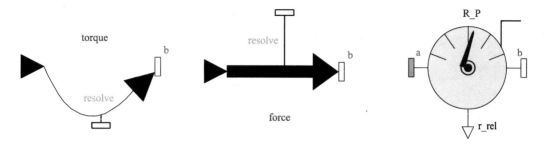

图 4-4　面面接触模型组件

3）RelativePosition 组件

路径（位置）：Modelica.Mechanics.MultiBody.Sensors.RelativePosition

作用（意义）：测量两个框架连接器起点之间的相对位置矢量，并根据参数 resolveInFrame 的设置选择解析的坐标系。通过 RelativePosition 组件能够在多体力学系统中获取框架之间的相对位置信息。

面面接触模型的拓扑结构原理图如图 4-5 所示。

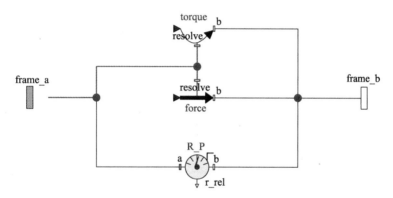

图 4-5　面面接触模型的拓扑结构原理图

面面接触模型的参数设定如图 4-6 所示，该模型主要包括以下参数。

接触参数：非线性指数（n）、穿透深度（delta）、接触阻尼（C）、接触刚度（K）、接触判定距离（x）、边界点相对本体坐标系下的位置矢量集合（R）等。

摩擦力参数：最大静摩擦对应的相对滑移速度（V_s）、静摩擦系数（Cst）、动摩擦对应的相对滑移速度（Vtr）及动摩擦系数（Cdy）等。

具体的参数设定参考值如图 4-6 所示，其中参数 R 应根据所接触物体的形状设定，其余参数的初始值仅供参考，应根据实际情况设定。

面面接触模型的状态变量包括：线本体坐标系原点相对面本体坐标系的位置矢量（P）、线端点相对面本体坐标系的位置矢量（P_r）、各点穿透深度（y）、各点接触力（F）、各点受力合力（F_sum）、各点摩擦力（f）、各点接触阻尼（F_C）、等效到线本体坐标系原点的接触点力矩矢量（T）、各点受力合力矩（T_sum）、各点速度矢量（Vs）、各点速度投影幅值（Vxz）及各点速度投影单位向量（Vn）等。

面面接触模型仿真的基本逻辑如下：

①将相对位置参数传递给 P 和 P_r；

组件参数				▼ —
常规				
参数				
n	2.2		1	非线性指数
delta	0.1		mm	穿透深度
C	10000		N.s/m	接触阻尼
K	1e8		N/m	接触刚度
x	0.05		m	接触判定距离
R	{{-0.5, 0, 0}, {0.5, 0, 0}}		m	边界点相对本体坐标系下的位置矢量集合
N	size(R, 1)			
摩擦力参数				
V_s	0.1		m/s	最大静摩擦对应的相对滑移速度
Cst	0.3		1	静摩擦系数
Vtr	1		m/s	动摩擦对应的相对滑移速度
Cdy	0.1		1	动摩擦系数

图 4-6　面面接触模型的参数设定

②针对每个线端点，计算其相对面本体坐标系的位置矢量 P_r，并计算其速度矢量 Vs；

③进行接触判定，根据接触判定条件计算各点的穿透深度 y；

④根据接触阻尼公式，计算各点的接触阻尼 F_C；

⑤计算各点速度矢量在接触面上的投影幅值 Vxz 和投影单位向量 Vn；

⑥根据接触弹力判定，计算各点的接触力 F；

⑦根据接触摩擦力公式，计算各点的摩擦力 f；

⑧计算各点的力矩矢量 T、受力合力 F_sum 和受力合力矩 T_sum；

⑨将 F_sum 和 T_sum 传递给 force 和 torque 组件，用于求解力和力矩。

参数计算的部分代码如下，完整代码参见本书配套资源包。

```
equation
  P = R_P.r_rel;                                    //相对位置参数传递
  for i in 1:N loop
    P_r[i,:] = P + R[i,:] * frame_b.R.T;            //求端点相对面本体坐标系的位置矢量
    Vs[i,:] = der(P_r[i,:]);                        //求各个点的速度矢量
    y[i] = max((x - P_r[i,2]), 0);                  //接触判定条件
    F_C[i] = Step((y[i]), 0, 0, delta, C);          //接触阻尼公式
    Vxz[i] = Modelica.Math.Vectors.norm({Vs[i,1], 0, Vs[i,3]});   //求接触点速度矢量在接触面上的投影幅值
    //求各个点速度矢量在接触面上的投影单位向量
    Vn[i,:] = if Vxz[i] > 0 then
      {Vs[i,1], 0, Vs[i,3]} / Vxz[i] else {0, 0, 0};
    F[i,:] = if y[i] > 0 then
      {0, max((K * y[i] ^ n - F_C[i] * Vs[i,2]), 0), 0} else {0, 0, 0};    //接触弹力判定
    //计算各点接触摩擦力
    f[i,:] = if y[i] > 0 then
      -Friction(F[i,2], Vxz[i], V_s, Cst, Vtr, Cdy) * Vn[i,:] else
      {0, 0, 0};
      T[i,:] = cross(R[i,:] * frame_b.R.T, F[i,:]) +   cross(R[i,:] * frame_b.R.T, f[i,:]);  //求各点力矩矢量
  end for;
  F_sum = SumF_T(F, N) + SumF_T(f, N);
  T_sum = SumF_T(T, N);
```

```
//连接方程
annotation (Line(origin = {0.0, 56.0},
    points = {{0.0, -44.0}, {0.0, 44.0}},
    color = {95, 95, 95},
    thickness = 0.5));
//参数传递
force.force = F_sum;
torque.torque = T_sum;
```

3. 面面接触模型的函数定义

1）SumF_T 函数

SumF_T 函数用于计算力的合力，它有两个输入参数：F 为一个二维数组，表示各个力的向量值；num 为一个实数，表示要计算的力的数量。其输出参数 F_sum 为一个长度为 3 的数组，表示合力的向量值。该函数通过循环累加所有力的向量值来计算合力。

模型代码：

```
function SumF_T "求合力"
    input Real F[:,:]                      // 输入参数为二维实型数组 F
    input Real num;
    output Real F_sum[3](start = {0, 0, 0});    // 输出参数为实型数组 F_sum，长度为 3
algorithm
    for i in 1:integer(num) loop
        // 将第 i 行 F 数组的元素与 F_sum 数组对应位置元素相加，并赋值给 F_sum 数组对应位置元素
        F_sum := F[i,:] + F_sum;
    end for;
end SumF_T;
```

2）Step 函数

Step 函数是一个三次阶跃函数，它有五个输入参数：x 为自变量，可以是时间或任意函数；x_0 为自变量的 STEP 函数初始值；h_0 为 STEP 函数的初始值；x_1 为自变量的 STEP 函数结束值；h_1 为 STEP 函数的结束值。其输出参数 y 为函数输出值。Step 函数根据自变量 x 的取值范围，按照 STEP 函数的定义进行计算并返回对应的函数值。

模型代码：

```
function Step "三次阶跃函数"
    extends Modelica.Icons.Function;
    input Real x "自变量，可以是时间或时间的任一函数";
    input Real x_0 "自变量的 STEP 函数初始值，可以是常数或函数表达式或设计变量";
    input Real h_0 "STEP 函数的初始值，可以是常数或函数表达式或设计变量";
    input Real x_1 "自变量的 STEP 函数结束值，可以是常数或函数表达式或设计变量";
    input Real h_1 "STEP 函数的结束值，可以是常数或函数表达式或设计变量";
    output Real y "函数输出值";
algorithm
    y := if x <= x_0 then h_0        // 如果 x 小于或等于 x_0，则 y 等于 h_0
        else if x > x_0 and x < x_1    // 否则，如果 x 大于 x_0 且小于 x_1
```

```
    then h_0 + ((h_1 - h_0) * ((x - x_0) / (x_1 - x_0)) ^ 2) * (3 - 2 * ((x - x_0) / (x_1 - x_0)))   // 则根据公式计算 y 值
    else h_1;                        // 否则，y 等于 h_1
end Step;
```

3）Friction 函数

Friction 函数用于计算摩擦力，它有六个输入参数：N 为法向载荷；V 为相对滑移速度；V_s 为最大静摩擦对应的相对滑移速度；Cst 为静摩擦系数；Vtr 为动摩擦对应的相对滑移速度；Cdy 为动摩擦系数。其输出参数 F_f 为摩擦力。该函数通过调用 Step 函数来计算静摩擦力和动摩擦力，并将它们相乘得到总的摩擦力 F_f。其中，Step 函数根据相对滑移速度 V 的取值范围返回对应的静摩擦系数和动摩擦系数。

模型代码：

```
function Friction "摩擦力"
    extends Modelica.Icons.Function;
    import SI = Modelica.SIunits;
    //输入参数
    input SI.Force N "法向载荷";
    input SI.Velocity V "相对滑移速度";
    input SI.Velocity V_s "最大静摩擦对应的相对滑移速度";
    input SI.CoefficientOfFriction Cst "静摩擦系数";
    input SI.Velocity Vtr "动摩擦对应的相对滑移速度";
    input SI.CoefficientOfFriction Cdy "动摩擦系数";
    output SI.Force F_f "摩擦力";
    //中间变量
algorithm
/*根据相对滑移速度 V 的正负分为以下三种情况:
当 V 小于或等于-V_s 时，摩擦力 F_f 为 0。
当 V 介于-V_s 和 V_s 之间时，摩擦力 F_f 等于法向载荷 N 乘以静摩擦系数 Cst。
当 V 大于 V_s 时，摩擦力 F_f 等于法向载荷 N 乘以动摩擦系数 Cdy。*/
    F_f := N * Step(V, -V_s, -1, V_s, 1) * Step(abs(V), V_s, Cst, Vtr, Cdy);
end Friction;
```

如果根据实际情况需要构建点面接触、线面接触等接触模型，其构建方法与面面接触模型类似，主要区别在于要考虑点、线或面与面的接触情况。其他接触模型也可以采用与面面接触模型类似的逻辑，根据不同的几何关系和运动状态，计算接触点上的力和力矩，并应用到刚体上。在代码中，可以增加或修改相应的参数和变量来描述接触模型，以满足特定的需求。

4.4 基于 Cart-table 模型的步行和跑步步态规划方法

步态规划是否合理对于仿人机器人能否稳定地步行和跑步十分关键。步态规划的目的就是在满足 ZMP 准则的前提下，保证机器人在运动时各个关节的运动在时序和空间上的协调关系，可由一组轨迹函数来描述。

仿人机器人的步行分为单腿支撑阶段和双腿支撑阶段，跑步分为单腿支撑阶段和飞行阶段，两种运动都是一个周期性运动的重复过程。它们在单腿支撑阶段的质心轨迹规划类似，均可采用 Cart-table 模型进行规划。Cart-table 模型如图 4-7 所示。

1. 平板脚过程质心轨迹规划

整个平板脚过程起始于脚跟与地接触，结束于脚尖与地接触。我们把仿人机器人看作一个绕固定支点（平板脚底中心）旋转的刚体，其主要参数为质心与支撑点之间的长度 r 和夹角 θ。可以把 r 看作是质心轨迹，用五次多项式函数表示为

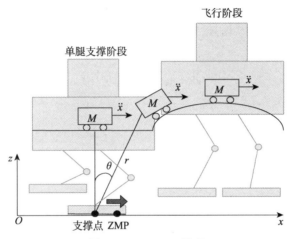

图 4-7　Cart-table 模型

$$r(t) = n_0 + n_1(t - t_s) + n_2(t - t_s)^2 + n_3(t - t_s)^3 + n_4(t - t_s)^4 + n_5(t - t_s)^5$$

$$n_5 = \frac{12(r_f - r_s) - 6t_w(v_f + v_s) + t_w^2(a_f - a_s)}{2t_w^5}$$

$$n_4 = \frac{30(r_s - r_f) - 2t_w(8v_s + 7v_f) + t_w^2(3a_s - a_f)}{2t_w^4}$$

$$n_3 = \frac{20(r_f - r_s) - 4t_w(3v_s + 2v_f) + t_w^2(a_f - 3a_s)}{2t_w^3} \qquad (4\text{-}11)$$

$$n_2 = 0.5a_s$$

$$n_1 = v_s$$

$$n_0 = r_s$$

式中，$r(t)$ 为质心的轨迹函数；t，t_s 和 t_w 分别为时间变量、初始时间和时间增量；r_s，r_t，a_s，a_t，v_s 和 v_t 分别为质心的起跳长度、落地长度、初始加速度、末加速度、初始速度和末速度；$n_i(i = 0, 1, \cdots, 5)$ 为五次多项式系数。

2. 脚尖与地接触过程质心轨迹规划

在脚尖与地接触过程中，仿人机器人质心位置可以通过脚尖的位置计算。

$$x_{\mathrm{com}}(\boldsymbol{\theta}_{\mathrm{B}}) = \frac{\sum\limits_{i=1}^{7} m_i x_{\mathrm{com}_i}}{\sum\limits_{i=1}^{7} m_i}$$

（4-12）

$$z_{\mathrm{com}}(\boldsymbol{\theta}_{\mathrm{B}}) = \frac{\sum\limits_{i=1}^{7} m_i z_{\mathrm{com}_i}}{\sum\limits_{i=1}^{7} m_i}$$

式中，$(x_{\mathrm{com}}(\boldsymbol{\theta}_{\mathrm{B}}), z_{\mathrm{com}}(\boldsymbol{\theta}_{\mathrm{B}}))$ 表示仿人机器人的质心位置；m_i 和 $(x_{\mathrm{com}_i}, z_{\mathrm{com}_i})$ 分别表示双脚、双小腿、双大腿和上身的质量和质心位置；$\boldsymbol{\theta}_{\mathrm{B}}$ 的定义参见 4.2.2 节。仿人机器人在平板脚站立时，能够平稳站立应满足条件

$$0 < x_{\mathrm{com}}(\boldsymbol{\theta}_{\mathrm{B}}) < l_1 + l_2$$ （4-13）

式中，l_1 和 l_2 的定义参见 4.2.2 节。

3. 脚跟与地接触过程质心轨迹规划

脚跟与地接触的初始位置是飞行阶段结束后的位置，由于碰撞力的作用，落地速度瞬时变为零，仿人机器人质心与脚跟的位置关系为

$$x_{\mathrm{com}}(\boldsymbol{\theta}_{\mathrm{B}}^{\mathrm{d}}) = \frac{\sum\limits_{i=1}^{7} m_i x_{\mathrm{com}_i}}{\sum\limits_{i=1}^{7} m_i}$$

（4-14）

$$z_{\mathrm{com}}(\boldsymbol{\theta}_{\mathrm{B}}^{\mathrm{d}}) = \frac{\sum\limits_{i=1}^{7} m_i z_{\mathrm{com}_i}}{\sum\limits_{i=1}^{7} m_i}$$

式中，$(x_{\mathrm{com}}(\boldsymbol{\theta}_{\mathrm{B}}^{\mathrm{d}}), z_{\mathrm{com}}(\boldsymbol{\theta}_{\mathrm{B}}^{\mathrm{d}}))$ 表示仿人机器人质心位置；$\boldsymbol{\theta}_{\mathrm{B}}^{\mathrm{d}}$ 的定义参见 4.2.2 节。

4. 仿人机器人双足轨迹规划

在飞行阶段，假设脚底中心点离地面的高度为 H，H 随时间的推移发生变化。可以把变量 H 看作是脚的运动轨迹，用三次多项式函数表示为

$$H(t) = n_0 + n_1 t + n_2 t^2 + n_3 t^3$$
$$n_0 = 0, n_1 = v_{\mathrm{s}}, n_2 = \frac{-(v_{\mathrm{f}} + 2v_{\mathrm{s}})}{t_{\mathrm{f}}}, n_3 = \frac{v_{\mathrm{f}} + v_{\mathrm{s}}}{t_{\mathrm{f}}^2}$$

（4-15）

式中，$H(t)$ 为脚的运动轨迹函数；t 和 t_{f} 分别为时间变量和落地时间；v_{s} 和 v_{f} 为起跳速度和落地速度；$n_i(i = 0,1,2,3)$ 为三次多项式系数。在单腿支撑阶段和飞行阶段两足的运动轨迹都可用公式（4-15）来规划，只是在时间上相差一个步长。

5. 飞行阶段质心轨迹规划

在飞行阶段，仿人机器人平板脚受到的地面作用力为零，不能应用 ZMP 准则。为了使仿人机器人在飞行过程中不发生翻转，需要将整个系统的动能转变为势能，仿人机器人质心沿抛物线轨道运行。在 z 轴方向上，仿人机器人做自由落体运动，其质心向上跳跃的轨迹为

$$z_{\text{com}}(t) = z_{\text{com}}(0) + \dot{z}_{\text{com}}(0)t - \frac{1}{2}gt^2 \tag{4-16}$$

式中，$z_{\text{com}}(t)$，$z_{\text{com}}(0)$ 和 $\dot{z}_{\text{com}}(0)$ 分别为仿人机器人在 z 轴方向上的质心轨迹，质心起跳高度和起跳速度。在 x 轴方向上，仿人机器人做水平匀速运动，其质心在 x 轴上的运动轨迹为

$$x_{\text{com}}(t) = x_{\text{com}}(0) + \dot{x}_{\text{com}}(0)t \tag{4-17}$$

式中，$x_{\text{com}}(t)$，$x_{\text{com}}(0)$ 和 $\dot{x}_{\text{com}}(0)$ 分别为仿人机器人在水平方向上的质心飞行距离、质心出发位置和运动速度。

4.5 仿人机器人的稳定性分析////////////

4.5.1 双足与地面的约束

仿人机器人按照预先规划的步态轨迹运动时，必须从环境中获得力及力矩。平板脚与地面接触时，受到地面向上的支撑力和水平摩擦力的共同作用。为了保证仿人机器人在地面上能够保持动态平衡，需要满足 ZMP 在支撑凸多边形内的约束，同时为了保证脚在接触地面时不发生翻转，双足获得的力及力矩需要满足约束

$$\begin{cases} -x_{\text{t}} f_{i,z} < \tau_{i,y} < -x_{\text{h}} f_{i,z} \\ y_{i,1} f_{i,z} < \tau_{i,x} < y_{i,r} f_{i,z} \end{cases} \quad (i=1,2) \tag{4-18}$$

设 $\boldsymbol{F}_i = [f_{i,x} \ f_{i,y} \ f_{i,z}]^{\text{T}}$ 为平板脚所受的地面支撑力；$\boldsymbol{T}_i = [\tau_{i,x} \ \tau_{i,y} \ \tau_{i,z}]^{\text{T}}$ 为关节力矩；x_{t} 为脚尖的坐标；x_{h} 为脚跟坐标；$y_{i,1}$ 为脚左侧的坐标；$y_{i,r}$ 为脚右侧坐标。为确保仿人机器人不发生打滑，应满足约束

$$\begin{cases} |f_{i,x}|, |f_{i,y}| < \mu f_{i,z} \\ \tau_{i,z} < \mu_z f_{i,z} \end{cases} \quad (i=1,2) \tag{4-19}$$

式中，μ，μ_z 为摩擦系数。仿人机器人的平板脚落地时，产生的碰撞力很大，会破坏仿人机器人的稳定运动，所以需要在线修正身体和平板脚的运动轨迹来满足公式（4-18）和公式（4-19）的要求。

4.5.2 基于 ZMP 的稳定性分析

仿人机器人能够步行和跑步，稳定性起到了至关重要的作用。如果仿人机器人的质心投影在其步行过程中始终落在支撑区域内，则称这种步行方式为静态步行。静态步行时由于质

心投影在支撑区域内，所以仿人机器人能够稳定地步行。如果在运动过程中仿人机器人的质心投影在某时刻超出了支撑区域，则这种情况属于动态步行。仿人机器人在动态步行和跑步时速度较快，产生的瞬时加速度比较大，这时质心投影往往会超出支撑区域，所以仿人机器人很难保持稳定地运动。为了表征仿人机器人在动态步行和跑步时的稳定性，南斯拉夫学者Vukobratovic 等人于 1972 年率先提出了 ZMP（Zero Moment Point，零力矩点）的概念。ZMP 为衡量动态步行的稳定性提供了重要依据。

　　如图 4-8 所示，机器人沿足底所受的作用力等效于一个合力 F，其作用点在足底范围内。合力 F 所通过的足底上的这个作用点称为零力矩点，简称 ZMP。三维情况下，ZMP 在 x 轴和 y 轴方向上的力矩分量均为零，而在 z 轴方向上的力矩分量不总是零。

　　在仿人机器人的步行运动中，如果仿人机器人各关节运动轨迹对应的 ZMP 都位于支撑凸多边形内部（不包括边界），则认为不会发生仿人机器人绕其支撑足边缘倾覆的情况，进而可以使用关节运动轨迹跟踪的方法来控制仿人机器人稳定地步行。众多实际的步行试验已证实了这一点。通常将 ZMP 到支撑凸多边形边界的最短距离作为步行系统的稳定裕度，如图 4-9 所示，d 为稳定裕度。

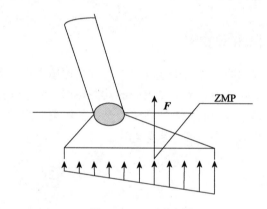

图 4-8　ZMP 示意图

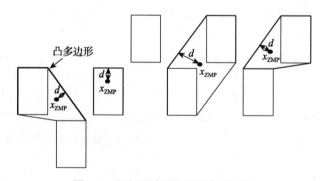

图 4-9　稳定区域和稳定裕度示意图

　　下面我们计算仿人机器人在运动过程中的 ZMP。设平板脚位于坐标系 $Oxyz$，地面作用力 f 绕坐标原点的力矩为 τ

$$\tau = p \times f + \tau_p \tag{4-20}$$

式中，p 为 ZMP 的向量表示；τ_p 为绕过 ZMP 的铅垂轴的力矩。

地面作用力 f 与动量 P 之间，力矩 τ 与角动量 L 之间的关系为

$$\dot{P} = Mg - f$$
$$\dot{L} = c \times Mg + \tau \tag{4-21}$$

式中，$P = [P_x \quad P_y \quad P_z]^T$，$P_x$、$P_y$、$P_z$ 分别是动量 P 在 x 轴、y 轴和 z 轴方向上的分量；$L = [L_x \quad L_y \quad L_z]^T$，$L_x$、$L_y$、$L_z$ 分别是角动量 L 在 x 轴、y 轴和 z 轴方向上的分量；$g = [0 \quad 0 \quad -g]^T$；$c = [x \quad y \quad z]^T$ 为质心的坐标；M 为机器人的质量。将公式（4-21）代入公式（4-20），解得

$$\tau_p = \dot{L} - c \times Mg + (\dot{P} - Mg) \times p \tag{4-22}$$

绕过 ZMP 的铅垂轴的力矩 τ_p 在 x 轴和 y 轴方向上的分量分别为

$$\tau_{p,x} = \dot{L}_x + Mgy + \dot{P}_y p_z - (\dot{P}_z + Mg) p_y$$
$$\tau_{p,y} = \dot{L}_y - Mgx - \dot{P}_x p_z + (\dot{P}_z + Mg) p_x \tag{4-23}$$

式中，p_x，p_y，p_z 为 ZMP 的位置。令 $\tau_{p,x} = 0$，$\tau_{p,y} = 0$，解得 ZMP 的位置

$$p_x = \frac{Mgx + p_z \dot{P}_x - \dot{L}_y}{Mg + \dot{P}_z}$$
$$p_y = \frac{Mgy + p_z \dot{P}_y + \dot{L}_x}{Mg + \dot{P}_z} \tag{4-24}$$

假定仿人机器人由 N 个质点组成，而且各个连杆绕其自身质心的惯性张量忽略不计，那么仿人机器人绕坐标原点的角动量可表示为

$$L = \sum_{i=1}^{N} c_i \times P_i \tag{4-25}$$

式中，$c_i = [x_i \quad y_i \quad z_i]^T$ 为质点 i 的坐标；P_i 为质点 i 的动量。

将公式（4-25）代入公式（4-24）求得 ZMP 的位置表达式为

$$p_x = \frac{\sum_{i=1}^{N} \{(\ddot{z}_i + g) x_i - (z_i - p_z) \ddot{x}_i\}}{\sum_{i=1}^{N} (\ddot{z}_i + g)}$$

$$p_y = \frac{\sum_{i=1}^{N} \{(\ddot{z}_i + g) y_i - (z_i - p_z) \ddot{y}_i\}}{\sum_{i=1}^{N} (\ddot{z}_i + g)} \tag{4-26}$$

如果每个连杆是由多个质点组成的，那么通过公式（4-26）可以精确地求出 ZMP。

在具有足够大摩擦系数的平坦地面上，对仿人机器人的步行运动轨迹进行规划时，ZMP

是一个强有力的工具。然而 ZMP 的使用也有局限性，在平板脚在地面上打滑、地面不平坦及仿人机器人的手或臂与外界环境有接触的情况下，ZMP 均不能使用。对于 ZMP 的应用环境应考虑：其一，仿人机器人的平板脚是否能完全接触地面；其二，仿人机器人的绝对角速度、线速度和姿态是否能够被测量。有学者认为仿人机器人在跑步过程中其单腿支撑阶段的稳定性也满足 ZMP 准则。

4.5.3　仿人机器人上身姿态的控制

仿人机器人在步行和跑步过程中，需要上身能够保持竖直状态或者稍微前倾。以图 4-10 所示的模型为例，当模型的上身与图 4-10 所示的姿态相比向前倾斜一定的度数时，模型上身强力加速，由于目标惯性力变大，所以目标 ZMP 相对于原来的 ZMP 就会向后移动，于是仿人机器人的姿态得以恢复。

图 4-10 中，假设腿能够绕固定支撑点在矢状面内自由转动，模型向前倾斜 θ（相当于仿人机器人上身向前倾斜 θ），小车加速度对应于上身的加速度，得到系统的运动方程为

$$(x_c^2 + z_c^2)\ddot{\theta} + \ddot{x}_c z_c - g(z_c \sin\theta + x_c \cos\theta) + 2x_c \dot{x}_c \dot{\theta} = \tau / M \qquad (4\text{-}27)$$

式中，x_c 为小车质心与支撑点水平距离；z_c 为小车质心高度；τ 为小车受到的合力矩；M 为小车的质量。

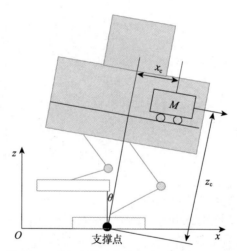

图 4-10　有自由转动支撑点的 Cart-table 模型

在 θ、$\ddot{\theta} \approx 0$ 附近将公式（4-27）线性化，并将 $\tau = 0$ 代入，得到

$$(x_c^2 + z_c^2)\ddot{\theta} = gx_c - z_c \ddot{x}_c \qquad (4\text{-}28)$$

假定小车的目标位置 x_a 由公式（4-29）确定

$$\ddot{x}_a = \frac{g}{z_c}(x_a - p_a) \qquad (4\text{-}29)$$

式中，p_a 为目标 ZMP 的位置。将 $x_c = x_a$ 和公式（4-29）代入公式（4-28），则有

$$\ddot{\theta} = \frac{g}{x_a^2 + z_c^2} p_a \qquad (4\text{-}30)$$

可见，目标 ZMP 的位置 p_a 可通过改变桌子的倾斜角 θ 来控制。

4.5.4 基于线性倒立摆的双足步态生成

本节探讨单质点模型，通过添加额外的限制来进行双足步态质心运动轨迹的规划。使用线性倒立摆规划质心运动轨迹时，ZMP 集中于支撑杆末端，对应于支撑脚的脚掌中心，这样可以得到理论上稳定的运动轨迹。

1. 质心运动轨迹生成

倒立摆模型（Inverted Pendulum Model，IPM）由一个无质量的支撑杆和一个位于支撑杆顶端的质心构成。机器人的行走轨迹由冠状面和矢状面的倒立摆轨迹组合而成。对于一个固定支撑杆长度的例立摆来说，其质心在两个平面上的运动方程是耦合的、很难求解。通过引入运动过程中质心高度不变的约束，可以使两个运动方程变得独立，这就是线性倒立摆模型（Linear Inverted Pendulum Model，LIPM），如图 4-11 所示。在实际的机器人控制中，保持质心的高度固定不变并不是一个很严苛的限制，甚至还有让安装于顶端的相机拍摄更平稳的优势。在运动过程中，通过改变腿伸直的幅度可以实现保持质心的高度固定不变。

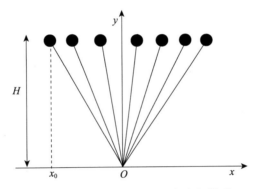

图 4-11　二维平面下的线性倒立摆模型

线性倒立摆的运动方程导出如下，支撑杆顶端的质心受到竖直方向重力 mg 的作用，支撑点受到地面支撑力的作用。整个系统在绕支撑点变化位置时会受到合扭矩 $\boldsymbol{\tau} = mgx$，其中 x 为质心与支撑点的水平距离。当支撑杆的长度时刻智能变化保持质心始终位于同一高度时，此力矩会在水平方向上对质心加速，加速力 $\boldsymbol{F}=\boldsymbol{\tau}/H$，此时有

$$\ddot{x} = \frac{F}{m} = x\frac{g}{H} \tag{4-31}$$

式中，H 为质心与支撑点的垂直距离，即高度。

公式（4-31）表明线性倒立摆质心的运动趋势和线性倒立摆的参数及本身状态有关。从数学角度理解，公式（4-31）为一个二阶常微分方程，求其通解可得

$$x(t) = x_0 \times \cosh\left(\sqrt{\frac{g}{H}} \times t\right) + \frac{v_0}{\sqrt{\frac{g}{H}}} \times \sinh\left(\sqrt{\frac{g}{H}} \times t\right) \tag{4-32}$$

式中，g 为重力加速度；H 为质心高度；$\sqrt{\dfrac{g}{H}}$ 为倒立摆的时间常数，本书中为简化描述用 ω 代替；x_0 和 v_0 分别为质心的初始位置和初始速度。

从数学上来说，确定了某变量的初值及其随时间变化的导数，则可以确定该变量随时间变化的轨迹。当已知初值 x_0 和 v_0 时，通过通解公式（4-32）可求得 x 随时间变化的任意时刻的值。通解公式（4-32）表明，知道质心初始状态之后，就可以根据线性倒立摆模型求解质心任意时刻的状态了。线性倒立摆的微分方程表征了质心的运动趋势，其通解公式则表达了质心的具体运动轨迹。对公式（4-32）进行微分，即可得到质心的速度运动轨迹

$$v(t) = x_0 \times \sqrt{\frac{g}{H}} \times \sinh\left(\sqrt{\frac{g}{H}} \times t\right) + v_0 \times \cosh\left(\sqrt{\frac{g}{H}} \times t\right) \tag{4-33}$$

线性倒立摆在三维空间中的运动由冠状面的侧向运动和矢状面的前向运动构成。两个平面的运动可以单独地用倒立摆运动轨迹来描述。两个方向的运动合成后的结果如图 4-12 所示。分别查看线性倒立摆在冠状面和矢状面上的运动轨迹，可以发现，二者有一个明显的区别：其在冠状面上的运动轨迹没有越过零位置，而在矢状面上的运动轨迹越过了零位置。一般来说，规划前进运动时倒立摆的轨迹会这样分布；规划侧移运动时，冠状面和矢状面上的质心运动轨迹都不会越过零位置，且冠状面上的运动轨迹是不对称的，从而实现一步步侧移。

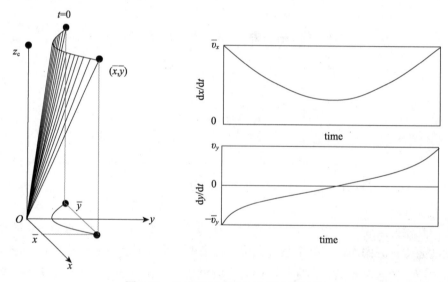

图 4-12　三维空间中的线性倒立摆运动

在连续行走时，我们认为每个单足支撑期存在一个线性倒立摆，脚掌踩在线性倒立摆的支撑点上。考虑简单情况，运行完一个单足支撑期后机器人会进行支撑脚的瞬间切换，接着质心运行下一个线性倒立摆的运动轨迹，各个线性倒立摆的运动轨迹根据该步的步行参数来规划。

首先，确定当前步的步行周期 T、双脚的冠状面支撑间距 D 和双脚的矢状面支撑间距 F；然后，根据公式（4-34）和公式（4-35）分别计算冠状面和矢状面上的质心初速度 v_0，再根据当前步的质心初始位置 x_0 和公式（4-32）计算当前线性倒立摆的质心运动轨迹；最后，得到由多个线性倒立摆运动轨迹拼接而成的连续行走时的质心运动轨迹，如图 4-13 所示。

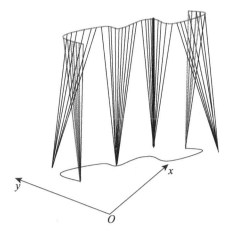

图 4-13　连续行走时的线性倒立摆质心运动轨迹

$$-\frac{D}{2} = -\frac{D}{2}\cosh\left(\frac{\omega t}{2}\right) + \frac{v_0}{\omega}\sinh\left(\frac{\omega t}{2}\right)$$

$$v_0 = \frac{-\omega D\left[1 - \cosh\left(\frac{\omega T}{2}\right)\right]}{2\sinh\left(\frac{\omega T}{2}\right)} \tag{4-34}$$

$$-\frac{F}{4} = \frac{F}{4}\cosh\left(\frac{\omega t}{2}\right) + \frac{v_0}{\omega}\sinh\left(\frac{\omega t}{2}\right)$$

$$v_0 = \frac{-\omega D\left[1 - \cosh\left(\frac{\omega T}{2}\right)\right]}{2\sinh\left(\frac{\omega T}{2}\right)} \tag{4-35}$$

2. 足端运动轨迹生成

足端运动轨迹分为支撑脚运动轨迹和摆动脚运动轨迹。生成支撑脚运动轨迹时只需让支撑脚踩在线性倒立摆的支撑点保持不动即可。而对仿人机器人的摆动腿来说，其任务是使足端尽快从当前位置摆动至下一步的着地位置，摆动的过程中要保证机器人双腿不发生相互干涉，摆动腿的运动不会对机器人整体产生过大的冲击。

任意时刻，在摆动腿内，机器人的足端位置包含 4 个变量，以机器人正常站立时质心在地面的投影为坐标原点建立坐标系，这 4 个变量分别为竖直高度 H，冠状面位置，矢状面位置 y，围绕 z 轴的旋转角 θ。在机器人步态规划中，矢状面上的倒立摆摆动跨度（即双脚的矢状面支撑间距）F 是可变的，而冠状面上的倒立摆摆动跨度（即双脚的冠状面支撑间距）D 是不变的，其值一直为机器人正常站立时双腿中心的间距。因此，在直线行走的情况下，对于冠状面位置，只需设置为机器人正常站立时的 D 值，并在行走过程中保持该值不变即可；对于矢状面位置 y，使用一个简单的插值函数来计算。

$$y(t) = \frac{F}{2}\sin\left(\frac{2\pi t}{T} - \frac{\pi}{2}\right) \tag{4-36}$$

公式（4-36）表示摆动腿矢状面位置 y 在时间 $T/2$ 内，由 F 变化为 $F/2$。在双腿交换时，摆动腿会有小突变，这会对机器人整体产生冲击。但在机器人实体实验中，发现在这样简单的规划下，双腿交换时机器人并没有产生很大的冲击，可以连续行走。推测原因是机器人各个关节的执行器本身具有一定的柔性，当速度突变时，各关节本身的柔性起到了缓冲作用，所以不会对机器人产生不良影响。矢状面位置 y 相对时间 t 的变化轨迹（即摆动腿的矢状面轨迹）如图 4-14 所示。

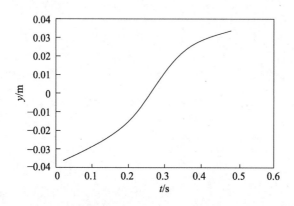

图 4-14　摆动腿的矢状面轨迹

对于竖直高度 H，同样采用插值函数来确定。需要注意的是，摆动腿离地需要干脆利落，避免离地过程中脚底与地面（不平滑）产生部分摩擦，使得机器人受到整体的旋转力矩而改变力向；另外，摆动腿着地时需要稍微缓慢地接触地面，使得机器人不会受到过大的地面反作用力而不稳。因此，在摆动腿上升阶段和下降阶段，用不同的插值函数来规划。
上升阶段为

$$H(t) = H_0 \sin\left(\frac{2\pi t}{T}\right) \tag{4-37}$$

下降阶段为

$$H(t) = \frac{H_0}{2} + \frac{H_0}{2}\sin\left(\frac{2\pi t}{T} + \frac{\pi}{2}\right) \tag{4-38}$$

式中，H_0 是初始时刻的高度。

竖直高度 H 相对时间 t 的变化轨迹（即摆动腿的高度变化轨迹）如图 4-15 所示。

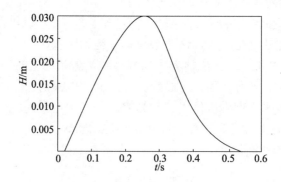

图 4-15　摆动腿的高度变化轨迹

对于围绕 z 轴的旋转角 θ，定义第 i 步机器人上身绕 z 轴的旋转角为 θ_i，第 $i+1$ 步机器人上身绕 z 轴的旋转角为 θ_{i+1}。由于第 i 步的摆动腿就是第 $i-1$ 步的支撑腿，在第 i 步内摆动腿需要摆动的角度 $\Delta\theta = \theta_{i+1} - \theta_{i-1}$，故规划旋转角

$$\theta(t) = \theta_{i-1} + (\theta_{i+1} - \theta_{i-1})\frac{1+\sin\left(\dfrac{2\pi t}{T} - \dfrac{\pi}{2}\right)}{2} \tag{4-39}$$

另外，规划在每步开始和结束时摆动腿的转动速度为零，这样的性质有助于机器人在交换支撑腿时保持稳定。

假设 θ_{i-1} 的值为零，摆动腿转动了 0.2 弧度，则旋转角 θ 相对时间的变化轨迹（即摆动腿的旋转角变化轨迹）如图 4-16 所示。

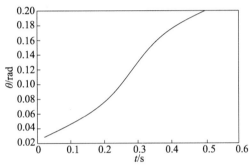

图 4-16　摆动腿的旋转角变化轨迹

4.5.5　线性倒立摆模型构建

1. 功能描述

线性倒立摆模型仿真线性倒立摆的运动方式，演示如何在反馈控制下控制摆杆稳定地运动。模型包含机械结构和反馈控制两大模块。倒立摆小车的目标是保持摆杆的平衡状态，为了实现这一目标，模型通过监测当前的系统状态，根据需要调整小车的运动以使摆杆保持平衡。

2. 构建机械模型

1）主要组件描述

（1）RollingWheelSet 模块

路径（位置）：Modelica.Mechanics.MultiBody.Parts.RollingWheelSet

作用（意义）：该模块描述了由两个滚动的轮子和一个连接轴构成的理想滚动车轮组，两个轮子通过轴连接在一起，可以围绕轴旋转。模块中定义了滚动车轮组的基本特性和行为，包括轮子的半径、质量、转动惯量及轮子之间的距离等参数。

（2）GyroSensor 模块

通过 GyroSensor 模块可以获取到实时的角度和角速度测量值，以用于后续的操作和控制。GyroSensor 模块的拓扑结构原理图如图 4-17 所示。模块使用 Modelica 提供的 AngleSensor

角度传感器和 SpeedSensor 角速度传感器测量角度和角速度的值，图 4-17 给出了这两个传感器在 Sysplorer 中的图标，在实际构建时可根据需求选择不同的传感器。

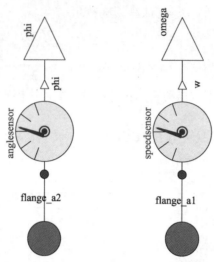

图 4-17　GyroSensor 模块的拓扑结构原理图

（3）电机模块

电机（Motor）模块的构建在 3.6.2 节中的已做过介绍。本节与其不同之处在于 3.6.2 节中的电机模块使用数据总线传递输入/输出，而本节仅构建简单的线性倒立摆模型，不需要数据总线传递参数，将电机模块的输入/输出参数预留出来直接与关节连接即可，同时需要将 emf 支撑设置为 true。

2）模型描述

机械模型包含滚动车轮组、转动关节、阻尼器和电机等组件，其拓扑结构原理图如图 4-18 所示。模型具有两个输入接口，用于接受其他模块传入的电流。这两个电流分别用于控制倒立摆小车的两个轮子上的电机，通过控制电流的大小实现小车的左右移动，以达到使摆杆保持平衡的目标。为了实现反馈控制，将两个电机的转速、电流及通过 GyroSensor 组件测量的摆杆的角速度和倾角作为输出参数，传递给反馈控制模块。WheelSet 组件在实际使用中需要对轮子半径、轮子轴向的转动惯量、两轮之间的距离等参数进行设定，本模型中的设定值如图 4-19 所示。

具体模型代码参见本书配套资源包。

3. 反馈控制模块构建

反馈控制模块是一种用于控制系统的组件，其作用是根据系统输出的反馈信号来调节系统输入，以实现对系统行为的控制和调节。具体来说，反馈控制模块的作用包括以下几个方面。

监测系统状态：反馈控制模块通过传感器或测量设备取得系统的输出信号，获取关于系统当前状态的信息。

比较期望值和实际值：反馈控制模块将实际输出信号与期望值进行比较得到误差信号，即实际值与期望值之间的差异。

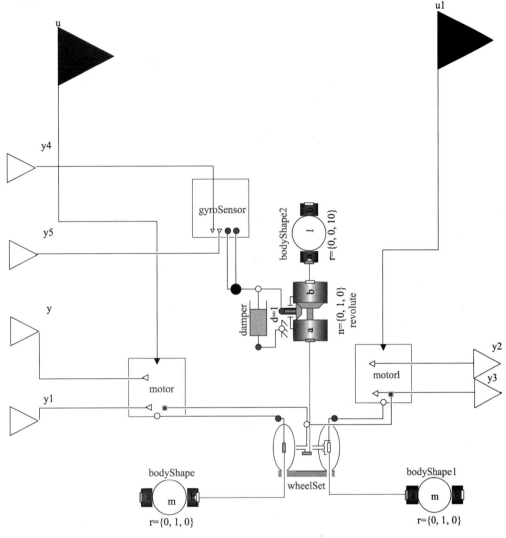

图 4-18　机械模型拓扑结构原理图

组件参数				▼ —
常规　Animation				
▼ 参数				
animation	true		= true, if animation of wheel set shall be enabled	
wheelRadius	0.2	m	Radius of one wheel	
wheelMass	1	kg	Mass of one wheel	
wheel_I_axis	0.01	kg.m2	Inertia along one wheel axis	
wheel_I_long	0.01	kg.m2	Inertia perpendicular to one wheel axis	
wheelDistance	2	m	Distance between the two wheels	
stateSelect	StateSelect.always		Priority to use the generalized coordinates as states	
x.start	0.1	m	x coordinate of center between wheels	
y.start	0.1	m	y coordinate of center between wheels	
phi.start	0	deg	Orientation angle of wheel axis along z-axis	
theta1.start	0	deg	Angle of wheel 1	
theta2.start	0	deg	Angle of wheel 2	
der_theta1.start	0	rad/s	Derivative of theta 1	
der_theta2.start	0	rad/s	Derivative of theta 2	

组件参数				▼ —
常规　Animation				
▼ if animation = true				
wheelWidth	0.01	m	Width of one wheel	
hollowFraction	0.8		1.0: Completely hollow, 0.0: rigid cylinder	
wheelColor	{30, 30, 30}		Color of wheels	

图 4-19　RollingWheelSet 组件参数

计算控制信号：基于误差信号和控制算法，反馈控制模块计算出相应的控制信号。这个控制信号将用于调节系统的输入或控制参数。

调节系统输入：反馈控制模块将计算得到的控制信号应用到系统的输入端，通过调节输入信号，使系统输出逐渐接近期望值。

闭环调节：反馈控制模块实时地对系统进行监测和调节、纠正误差，通过不断反馈和调整，使系统在有限的时间内稳定达到期望状态。

通过使用反馈控制模块，系统能够自动地对自身状态进行监测和调节，以实现系统的稳定性。

1）主要组件描述

如图 4-20 所示，反馈控制模块主要包含 4 种组件。

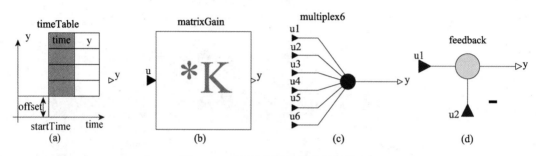

图 4-20　反馈控制模块包含的组件

（1）TimeTable 组件

路径（位置）：Modelica.Blocks.Sources.TimeTable

作用（意义）：通过表格中的线性插值生成一个（可能是不连续的）信号并输出该信号。该组件使用矩阵 table[i,j]来存储时间点和要进行插值的数据，矩阵的第 1 列 table[:,1]包含时间点，第 2 列包含要进行插值的数据。

（2）Multiplex6 组件

路径（位置）：Modelica.Blocks.Routing.Multiplex6

作用（意义）：该组件是一个有 6 个输入连接器的多路复用器组件，其输出是 6 个输入连接器的串联。输入连接器信号的维度必须通过参数 n1、n2、n3、n4、n5 和 n6 明确定义。

（3）MatrixGain 组件

路径（位置）：Modelica.Blocks.Math.MatrixGain

作用（意义）：计算输入信号向量与增益矩阵的乘积并输出结果向量。该模块通过公式 y = K * u 计算输出向量 y。

（4）Feedback 组件

路径（位置）：Modelica.Blocks.Math.Feedback

作用（意义）：计算输出 y，其值等于命令输入 u1 与反馈输入 u2 的差值，即 y = u1 − u2。

2）模型描述

如图 4-21 所示，反馈控制模块中包含了多个组件。TimeTable 组件接收一组离散的数据点，其中包括时间点和相应的函数值。根据这些数据点，TimeTable 组件通过线性插值方法，在给定的时间范围内生成连续的电流信号并输出。这个信号将作为机械模型的输入之一。机械模型输出的六个参数通过 Multiplex6 组件组合成一个向量，该向量表示了机械系统的运动状态和倒立摆的倾斜程度。这个向量会与 MatrixGain 组件预设的增益矩阵相乘。MatrixGain 模块中的增益矩阵是根据具体的控制需求和系统特性设计的，通过与机械模型输出向量的相乘，可以调节机械系统的响应特性，实现所需的控制效果。相乘后的输出向量将作为反馈信号输入 Feedback 组件中。Feedback 组件可以根据系统的反馈信号与期望值之间的差异，采取相应的控制策略来调整系统的操作，以实现对机械系统的精确控制和稳定性维持。

通过不断地监测和调整，反馈控制模块能够实时响应系统状态的变化，并通过改变电机的输入电流来调整小车的姿态，以保持摆杆的平衡。这种反馈控制机制使得系统能够自动适应外部环境的变化，并使摆杆在小车移动的过程中保持稳定。

具体模型代码参见本书配套资源包。

3）模型仿真

将模型仿真时间设置为 20s，仿真结果如图 4-22 所示，通过摆杆的角速度和倾角数据可以看出，摆杆只在小范围内摆动，实现了对线性倒立摆的反馈控制。

Feedback 组件的仿真结果如图 4-23 所示。其中，u1 为 TimeTable 组件线性插值得到的输出电压，u2 为根据模型当前状态通过 Multiplex6 组件生成的状态向量与 MatrixGain 组件提供的增益矩阵相乘得到的调整电压，Feedback 组件的输出电压 y 等于 u1 和 u2 的差值。

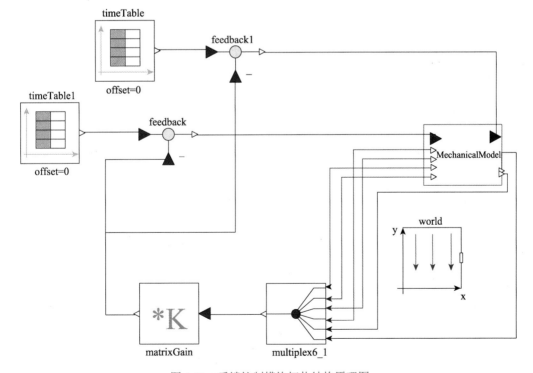

图 4-21　反馈控制模块拓扑结构原理图

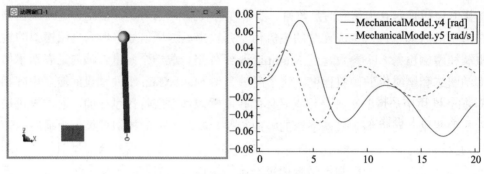

图 4-22　仿真结果

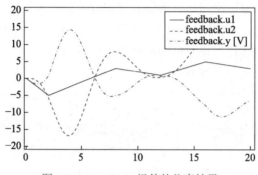

图 4-23　Feedback 组件的仿真结果

4.5.6　仿人机器人系统模型构建

结合上述理论及线性倒立摆模型我们可以构建仿人机器人模型。

在构建仿人机器人的驱动系统模型时，以二连杆构建的关节模型作为基础。在构建控制总线（ControlBus）模型时，可以设置 4 个轴对应的数据总线（AxisControlBus）变量，这些数据总线变量将用于仿人机器人的所有轴的数据传输。通过这种方式，可以实现数据的统一传递和管理，便于控制系统与各个关节之间的通信和数据交换。关于 AxisControlBus 模块的介绍，可以参考 3.8.1 节中的相关内容。

ControlBus 模型代码：

```
expandable connector ControlBus "机器人所有轴的数据总线"
    extends Modelica.Icons.SignalBus;
    AxisControlBus axisControlBus1;
    AxisControlBus axisControlBus2;
    AxisControlBus axisControlBus3;
    AxisControlBus axisControlBus4;
end ControlBus;
```

运动规划器模型是实现仿人机器人行走的关键部分。在该模型中，需要进行仿人机器人的动力学分析，这样可以获得仿人机器人的运动特性和约束条件。基于动力学分析的结果，可以采用 PID 控制方法来控制仿人机器人的运动。PID 控制包括比例、微分和积分控制，通过调整参数可以实现仿人机器人的简单行走。仿人机器人的运动规划器模型可以参考 3.8.3 节中二连杆机械臂的 PathPlaning 模块进行构建。在构建过程中，需要考虑物理约束，如关节角度限制和碰撞检测，以确保机器人的安全运行；还需要考虑传感器的使用和数据融合，以提供准确的状态反馈和实时控制。

如图 4-24 所示，将运动规划器模型、关节模型、控制总线模型与机械模型连接起来，便形成了完整的仿人机器人模型，具体模型代码参见本书配套资源包。

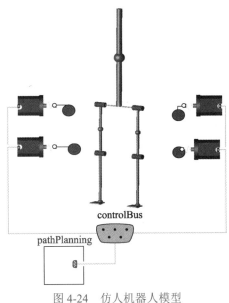

图 4-24　仿人机器人模型

本 章 小 结

本章主要介绍了仿人机器人步行和跑步运动规划。首先，介绍了步行和跑步的运动学与动力学模型，包括平板脚过程、脚尖与地接触过程及脚跟与地接触过程中的动力学方程，并通过机械模型仿真研究了仿人机器人的运动特性。然后，介绍了基于 Cart-table 模型的步态规划方法，包括质心轨迹规划和足端轨迹规划。在定性分析部分，讨论了双足与地面的约束、基于 ZMP 的定性分析及仿人机器人上身姿态的控制等问题。最后，介绍了基于线性倒立摆的双足步态生成方法，并具体阐述了线性倒立摆模型的构建和仿人机器人模型的构建。

习 题

1. 什么是 ZMP（Zero Moment Point）？它在仿人机器人运动中的作用是什么？
2. 仿人机器人的稳定性受哪些条件约束？请列举并简要描述其中的几个约束条件。
3. 请解释线性倒立摆模型在仿人机器人步态生成中的作用和原理。
4. 在步行和跑步过程中，为什么需要控制仿人机器人的上身姿态？举例说明如何通过控制上身姿态来实现更稳定的运动。
5. 请解释仿人机器人在步行和跑步过程中单腿支撑阶段和双腿支撑阶段的区别。

第5章
轮式移动机器人的运动学模型

移动机器人是可以自主地从一个地方移动到另一个地方的机器人。与大多数只能在特定工作空间中工作和移动的工业机器人不同，移动机器人能在预先定义好的工作空间内自由移动来实现其预期目标。这种移动性能使得移动机器人非常适用于结构化和非结构化环境（室内或者室外）中的大量应用场景。

通过本章学习，读者可以了解（或掌握）：

❖ 轮式移动机器人的基本概念。
❖ 非完整性移动机器人的运动模型。
❖ 全向移动机器人的运动模型。
❖ 移动机器人的移动性能、转向性能和可操作性。

5.1 引言

移动机器人包括无人飞行器（Unmanned Aerial Vehicle，UAV，如民用无人机、军用无人机、卫星和航天飞机等）、水下无人航行器（Unmanned Underwater Vehicle，AUV，如自主式水下航行器、自主式水面航行器等）和地面移动机器人（Unmanned Ground Vehicle，UGV，或者 Autonomous Ground Vehicle，AGV）。地面移动机器人可分为轮式移动机器人（Wheeled Mobile Robot，WMR）、腿式移动机器人（Legged Mobile Robot，LMR）和轮腿混合式机器人（Wheel-Legged Robot，WLR）。轮式移动机器人非常流行，因为它们适用于机械复杂度和能耗相对较低的多种典型应用场景，具有移动速度快、转向性能好、行走效率高等特点，但同时适应地形和避障的能力较差；腿式移动机器人适用于非标准环境、楼梯、瓦砾堆等复杂环境中的任务，对地形的适应能力较好，可以跨越障碍物、台阶等，但运动间歇大、速度慢；轮腿混合式机器人融合了轮式移动机器人和腿式移动机器人的特点，既可以保证在平坦地面上的移动效率，又具有良好的越障能力。

本章主要介绍轮式移动机器人的基本概念、轮式移动机器人的运动学相关模型，包括非完整性移动机器人的运动模型和全向移动机器人（如三轮、四轮和多轮全向移动机器人）的运动模型。

5.2 轮式移动机器人

迄今为止，轮式移动机器人的可操作性取决于所使用的车轮和驱动器。3 个自由度的轮式移动机器人具有平面运动所需的最大机动性，例如，其可在家庭、办公室、工厂车间、仓库、医院、博物馆、室外道路、社区等场景下移动。完整车辆（Holonomic Vehicle）可以在各个方向上行驶，并在狭窄空间中工作，此功能被称为全向性（Omni-Directionality）。非完整性轮式移动机器人在平面中的自由度小于 3，但是它们结构简单，价格便宜。不同数目的轮子或者不同类型的轮子可以组合成不同构型的移动机器人平台。

5.2.1 车轮类型

在运动学方面，用于轮式移动机器人的车轮类型差别很大，因此轮子类型的选择对于整个轮式移动机器人的运动学有很大的影响。

常用于轮式移动机器人的车轮类型有以下几种。

主动固定轮（标准轮）：由安装在固定位置的电机驱动，其旋转轴相对于平台坐标系的方向固定。

脚轮：不提供动力，但它们也可以绕垂直于其旋转轴的轴自由旋转。

这两种车轮的主要差别是：标准轮可以完成操纵而无副作用，因为旋转中心经过轮胎着地；而脚轮绕偏心轴旋转在操纵期间会引入一个力添加到机器人的底盘上，从而影响到机器人的动力学模型分析。

主动转向轮：具有驱动其旋转的电机，并且可以围绕垂直于其旋转轴的方向旋转。这些轮子可以没有偏置，也可以带有偏置，在有偏置的情况下，旋转轴和转向轴不相交。

特殊车轮：一般情况下，在平面上移动的物体可以实现前后、左右和自转 3 个自由度的运动。若移动平台具有的自由度少于 3 个，则称为非全方位移动平台；若移动平台具有完全的 3 个自由度，则称为全方位移动平台。全方位移动平台非常适合工作在空间狭窄、对平台的机动性要求高的场合中。满足全方位移动的这些车轮的设计使得机器人的轮组整体在一个方向上具有牵引力，而在另一个方向上被动运动。这类车轮主要有万向轮（Universal Wheel）、麦克纳姆轮（Mecanum Wheel）和球形轮（Spherical Wheel）。

万向轮：由一个轮盘和固定在轮盘外围的不同数目的辊子构成，轮盘轴心同辊子轴心垂直，轮盘由电机驱动绕轴心转动，辊子依次与地面接触，并可绕自身轴心自由转动，如图 5-1 所示。在转弯过程中，万向轮提供的运动是受约束运动和无约束运动的组合，车轮除进行正常的旋转外，还可以在平行于车轮轴线的方向上滚动。

图 5-1　几种不同尺寸的万向轮的设计

麦克纳姆轮：这种类型的车轮与万向轮类似，也是由轮盘和许多固定在外围的小滚轮组成的，但与万向轮的轮盘轴心同辊子轴心垂直不同，其滚轮和轮盘之间的夹角通常为 45°，如图 5-2 所示。

图 5-2　几种不同尺寸的麦克纳姆轮的设计

球形轮：球形轮是一种真正的全向轮，经常被设计成可沿任何方向主动地受动力驱动而旋转，也即该轮可沿着任意方向旋转。该轮由于制作困难，在实践中很少使用，目前产品类的球形轮很少。

5.2.2　转向方式

轮式移动机器人的转向系统用来改变机器人运动的方向。目前常用的转向方式主要有两轮差速转向、四轮完全转向、四轮阿克曼转向、腰部关节转向、四轮滑移转向、四轮 45°麦克纳姆轮转向、四轮 90°麦克纳姆轮转向、三轮 90°麦克纳姆轮转向等几种，如图 5-3 所示。

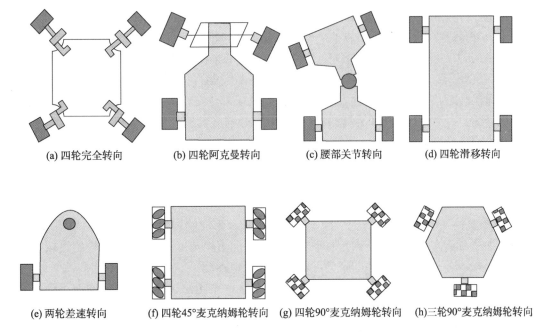

(a) 四轮完全转向　　(b) 四轮阿克曼转向　　(c) 腰部关节转向　　(d) 四轮滑移转向

(e) 两轮差速转向　(f) 四轮45°麦克纳姆轮转向　(g) 四轮90°麦克纳姆轮转向　(h) 三轮90°麦克纳姆轮转向

图 5-3　几种常用的轮式移动机器人转向方式

四轮完全转向如图 5-3(a)所示，是指四个车轮都能发生左右偏转，通过车轮的相互转向配合实现 360°任意角度转向。这种转向方式转向自由度较高，转向过程稳定，能够在狭小范围内实现转向。四轮完全转向机构已经在一些工作环境下的小型车辆或者移动机器人平台上得到越来越广泛的应用。日产公司在 2005 年推出的 PIVO3 概念电动车具有四轮完全转向的功能，美国海军陆战队也曾开发了四轮完全转向的"影子 RST-V"号越野车。

四轮阿克曼转向是目前最常用的转向方式，如图 5-3(b)所示，它大多用于前轮转向，转向时外侧车轮转速大于内侧车轮，使机器人在一定区域内做无侧滑滚动。传统的阿克曼转向主要通过梯形结构来实现，梯形结构在带动车轮偏转的同时还要满足相应的阿克曼转向公式。此外，根据转向原理，为了使车轮内外侧以不同的速度转动，还需要安装差速装置。阿克曼转向只能实现一定的转角范围内的偏转，且无法实现原地转向和横向移动的操作。

腰部关节转向通过车身的连接结构实现转向，如图 5-3(c)所示，主要应用于部分工程车、货车及铰接车。采用腰部关节转向的车辆通常被分为前后两个部分，中间通过机械结构连接，转向过程中，车辆通过前部车身的偏转行驶带动后部车身的转向。这类车辆一般不安装梯形结构，以避免车轮发生侧偏而导致侧滑，同时又可以简化转向机构。腰部关节转向机构的稳定性差，对轮胎的消耗也较大。

四轮滑移转向是一种特殊的转向方式，如图 5-3(d)所示，它通过车轮的左右平移实现滑动转向，没有相应的转向机构，转向时车轮不发生偏转，始终与车身保持平行，通过车轮的左右平移实现滑动转向。按照转向半径，其可以分为大半径转向、小半径转向及原地转向。四轮滑移转向的优点是转向灵敏度高，机械结构简单可靠，可以在狭小的范围内完成转向。

两轮差速转向是最简单的转向方式。这种方式需要在底盘的左右两边平行安装 2 个由电机驱动的动力轮，考虑到至少需要 3 点才能稳定支撑，底盘上还需要安装用于支撑的万向轮。最简单的方式就是在底盘前面安装 1 个万向轮或者全向轮，后面安装 2 个动力轮，组成三轮结构，如图 5-3(e)所示。这种结构理论上可以实现转弯半径为 0 的原地旋转，但是原地旋转时的速度瞬心位于 2 个动力轮轴线的中点上，而不是底盘的几何中心上。因此，有的两轮差速机器人被设计为四轮结构（前面 2 个轮用万向轮或者全向轮作为支撑轮，动力轮轴线的中心点与底盘的几何中心重叠），以便底盘的速度瞬心与底盘的几何中心相重叠，简化底盘的运动学和动力学模型。

一般底盘的速度受到约束的原因是普通的轮子不能侧向移动，只有切向移动 1 个自由度。包含切向与侧向 2 个自由度的轮子被称为麦克纳姆轮，其轮表面装有滚柱，依据滚柱的不同安装方式，麦克纳姆轮又分为不同型号，如滚柱 45°型麦克纳姆轮和滚柱 90°型麦克纳姆轮。

将 4 个滚柱 45°型麦克纳姆轮平行安装在底盘上，形成的转向方式如图 5-3(f)所示（4 个轮子中，2 个称为左手轮，2 个称为右手轮，左手轮的滚轮角度为 45°，右手轮的滚轮角度为 –45°），当 4 个轮子电机锁死时，底盘可以自锁在原地不动。

将 4 个滚柱 90°型麦克纳姆轮平行安装在底盘上，就无法让底盘自锁在原地不动，因为当所有电机锁死时，底盘横向是可以被推动的，如果底盘停止在斜坡上，底盘就会往下滑动。因此，在采用滚柱 90°型麦克纳姆轮时，车轮必须按一定的角度排列，如图 5-3(g)和图 5-3(h)所示。这种排列方式使得底盘无论朝哪个方向移动，必定有轮子按照非切线方向移动，降低了电机的动力转化效率，影响了底盘的移动速度。因此，仅从效率而言，滚柱 45°型麦克纳姆轮构成的全向运动底盘效率较高。

5.3 轮式移动机器人的运动学模型

轮式移动机器人的底盘按照转向方式或者驱动方式的不同，可以分为两轮差速模型、四轮差速模型、阿克曼模型、四轮完全转向模型、四轮滑移转向模型、全向模型等。其中，两轮差速模型、四轮差速模型、阿克曼模型又称为运动受约束模型，全向模型又称为运动不受约束模型。

5.3.1 两轮差速模型

两轮差速模型是在轮式移动机器人中使用最广泛和最简单的底盘模型。该模型在底盘的左右两边平行安装 2 个由电机驱动的动力轮，考虑到底盘至少要有 3 个与地面的接触点才可以稳定支撑，所以底盘上一般还会安装 1 个或 2 个被动脚轮用于维持底盘的平衡和稳定。常用的最简单的移动机器人底盘，就是如图 5-4(a)所示的三轮底盘结构，该结构理论上可以实现转弯半径为 0 的原地旋转，因为其从动轮为全向轮或者万向轮，可以进行全向移动。如果左右 2 个主动轮以相同的速度转动，则机器人沿着直线前后移动，如图 5-4(b)所示。机器人前进时，如果左边的主动轮比右边的主动轮转得更快，则机器人沿着右边圆弧线行驶，如图 5-4(c)所示；如果右边的主动轮比左边的主动轮转得更快，则机器人沿着左边圆弧线行驶，如图 5-4(d)所示。机器人后退时，道理与之相似。如果 2 个主动轮转动速度相同但方向相反，则机器人绕 2 个主动轮的中点原地旋转，如图 5-4(e)所示。

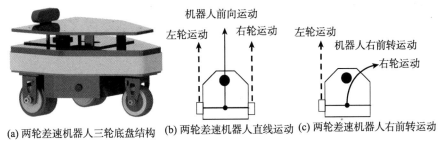

(a) 两轮差速机器人三轮底盘结构　(b) 两轮差速机器人直线运动　(c) 两轮差速机器人右前转运动

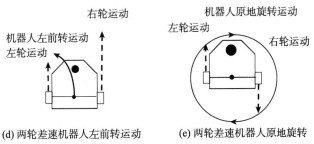

(d) 两轮差速机器人左前转运动　　(e) 两轮差速机器人原地旋转

图 5-4　两轮差速机器人的运动

下面通过对两轮差速机器人的前向运动学、逆向运动学和轮式里程计的内容分析，详细介绍两轮差速模型的原理。

1. 前向运动学

移动机器人底盘中各个动力轮的速度可以通过编码器的值计算得到。通过各个动力轮的速度求底盘整体的运动速度称为前向运动学，其运动学分析图如图 5-5 所示（图中参数的含义见表 5-1）。

表 5-1　两轮差速机器人的运动学模型中所使用变量的含义

变量名称	变量含义
W	两个驱动轮的距离，距离中心为 O 点，单位：m
V_x	机器人在 O 点的目标前进速度，前进为正，单位：m/s
V_z	机器人绕 O 点的目标旋转速度，逆时针为正，单位：rad/s
R	机器人同时前进和旋转产生的转弯半径，单位：m
V_L、V_R	机器人左右轮速度，配合实现目标速度 V_x 和 V_z，前进为正，单位：m/s
Arc_L、Arc_M、Arc_R	机器人左轮、O 点、右轮在一定时间 t 内走过的路径长度，单位：m
θ	机器人在一定时间 t 内旋转的角度，单位：rad

根据以下假设，讨论表 5-1 中各变量之间的关系，并导出两轮差速机器人的前向运动学解。为了简单理解两轮差速机器人的前向运动学模型，我们假定：

①车轮做无滑动的纯滚动；

②转向轴垂直于平面（机器人运动的平面）；

③驱动轮中心点 O 与机器人底盘的几何中心重合。

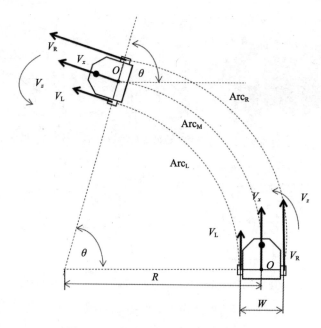

图 5-5　两轮差速机器人运动学分析图

由于机器人运动时，传感器的采样周期比较短，即运动时间 t 很小，利用极限思想：θ 趋近于 0，机器人运动的距离可以等效为底盘速度瞬心轨迹圆弧切线方向的一小段位移。由图 5-5 可知，车轮转速对时间的积分等于车轮滚动的距离，即

$$\mathrm{Arc_L} = V_L \times t,\ \mathrm{Arc_M} = V_x \times t,\ \mathrm{Arc_R} = V_R \times t \tag{5-1}$$

由弧长除以机器人转向的半径 R 等于弧度可得

$$\theta = \frac{\mathrm{Arc_L}}{R - \dfrac{W}{2}} = \frac{\mathrm{Arc_M}}{R} = \frac{\mathrm{Arc_R}}{R + \dfrac{W}{2}}$$

$$\theta = \frac{V_L \times t}{R - \dfrac{W}{2}} = \frac{V_x \times t}{R} = \frac{V_R \times t}{R + \dfrac{W}{2}} \tag{5-2}$$

公式（5-2）两边同时除以 t，即将机器人的旋转角度对时间做积分，可得

$$V_z = \frac{\theta}{t} = \frac{V_L}{R - \dfrac{W}{2}} = \frac{V_x}{R} = \frac{V_R}{R + \dfrac{W}{2}} \tag{5-3}$$

对公式（5-3）进行因式分解，若已知目标速度 V_x 和 V_z，则可以求出两个驱动轮的当前速度

$$V_L = V_x - \frac{W}{2} \times V_z$$

$$V_R = V_x + \frac{W}{2} \times V_z \tag{5-4}$$

同理，若已知驱动轮的当前速度 V_L 和 V_R，则可以求出机器人当前的实时速度

$$V_x = \frac{V_L + V_R}{2}$$

$$V_z = \frac{V_R - V_L}{W} \tag{5-5}$$

公式（5-5）可进一步转换成矩阵表达式，即

$$
\begin{bmatrix} V_x \\ V_z \end{bmatrix} = \begin{bmatrix} \dfrac{1}{2} & \dfrac{1}{2} \\ -\dfrac{1}{W} & \dfrac{1}{W} \end{bmatrix} \begin{bmatrix} V_{\mathrm{L}} \\ V_{\mathrm{R}} \end{bmatrix} \tag{5-6}
$$

2. 逆向运动学

前向运动学是利用各个动力轮的速度求解底盘整体的速度（线速度和角速度），而逆向运动学是前向运动学的逆过程，即利用底盘整体的速度求解各个轮子的速度，转换成矩阵表达式则为

$$
\begin{bmatrix} V_{\mathrm{L}} \\ V_{\mathrm{R}} \end{bmatrix} = \begin{bmatrix} 1 & -\dfrac{W}{2} \\ 1 & \dfrac{W}{2} \end{bmatrix} \begin{bmatrix} V_x \\ V_z \end{bmatrix} \tag{5-7}
$$

3. 轮式里程计

里程计是一种利用从移动传感器中获得的数据来估计物体位置随时间变化而改变的装置。该装置被用在许多机器人系统中来估计机器人相对于初始位置移动的距离。常用的里程计有轮式里程计、视觉里程计及视觉惯性里程计。

机器人主机通过通信接口向机器人底盘发送机器人的运动控制量目标值（V_x 和 V_z），经过公式（5-7）的逆向运动学分析，可以分解为底盘左右动力轮应该转动的目标速度，并通过底盘电机控制板中的 PID 控制算法（该算法是把一个系统的误差分解成比例段、积分段和微分段三个部分，并分别把它们的作用叠加形成一个控制量，使系统更稳定）实现每个动力轮的转速控制。

机器人在运动时，轮子上安装的轮式编码器（常用的有光电编码器和霍尔编码器）可以反馈每个轮子的转速，经过机器人的前向运动学公式的解算，可以获得底盘整体的实际运动速度 V_x 和 V_z。根据底盘整体的实际运动速度，可以通过前一时刻的底盘位姿 $\boldsymbol{P}_{k-1}$ 推算出当前时刻的底盘位姿 $\boldsymbol{P}_k$，这个过程又称为航迹推演算法。

两轮差速机器人的轮式编码器的反馈值可以通过以下方法来获取：

假设获取的两轮差速机器人的左轮编码器的原始数据为 Encoder_A_pr，Control_Frequency 是控制频率（单位：Hz），Encoder_Precision 为编码器的精度（与电机结构、编码器的种类和编码器芯片有关），Wheel_Perimeter 为机器人所安装轮子的周长（单位：m），则可通过公式（5-8）求得该编码器的反馈值 V_{L}。反馈值 V_{L} 表示机器人左轮的实际运动速度（单位：m/s）。

$$
V_{\mathrm{L}} = \frac{\mathrm{Encoder\_A\_pr} \times \mathrm{Control\_Frequency} \times \mathrm{Wheel\_Perimeter}}{\mathrm{Encoder\_Prescision}} \tag{5-8}
$$

利用轮式编码器的反馈值 V_{L}，以及公式（5-5），可以获得机器人当前的实时速度 V_x 和 V_z，再经过航迹推演算法，便得到了底盘当前时刻的位姿，下面我们进一步具体描述计算过程。

在机器人学中，描述机器人本体的坐标系为右手坐标系，如图 5-6(a)所示，底盘的正前方为 x 轴正方向，底盘的正上方为 z 轴正方向，底盘的正左方为 y 轴的正方向，机器人的转

向角 θ 以 x 轴正方向为 0 度，逆时针为正，顺时针为负。

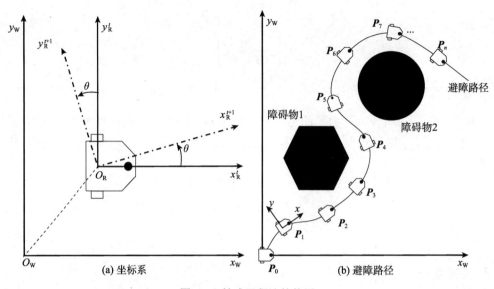

图 5-6　轮式里程计的使用

　　一般在机器人上电之初，在底盘初始位姿处建立起机器人的里程计坐标系，随着时间的推移，机器人底盘的实时位姿分别为 P_0、P_1、P_2、P_3、…、P_n，将它们连接起来就形成了机器人的运动轨迹。机器人的运动轨迹也被称为避障路径，如图 5-6(b)所示。此时，机器人的自身坐标系建立在其速度瞬心处。

　　根据上文建立的机器人坐标系中的速度 V_x 和 V_z 与机器人里程计坐标系中底盘的位姿 P_n 之间的关系，就可以解算出轮式里程计的值。在二维平面中运动的机器人，可以用 $P = [x \ y \ \theta]^{\mathrm{T}}$ 表示底盘的位姿（坐标和航向），即

$$\dot{P} = \begin{bmatrix} \dot{x} \\ \dot{y} \\ \dot{\theta} \end{bmatrix} = \begin{bmatrix} \cos\theta & -\sin\theta & 0 \\ \sin\theta & \cos\theta & 0 \\ 0 & 0 & 1 \end{bmatrix} \begin{bmatrix} V_x \\ V_y \\ V_z \end{bmatrix} \tag{5-9}$$

式中，假定两轮差速机器人底盘不发生侧向滑移，即 $V_y = 0$。

　　将机器人底盘的位姿 P 对时间 t 做积分，借助机器人的速度，可以得到底盘的实时位姿，也就是里程计信息。由于求解底盘相邻时刻位姿的时间间隔 Δt 很小，所以对时间 t 的积分也可以转换成离散累加运算

$$P_k = P_{k-1} + \dot{P}_{k-1} \times \Delta t \tag{5-10}$$

　　从公式（5-10）中可以看出，轮式里程计提供机器人运动过程中底盘的相对位姿，随着时间的推移，里程计数据可能会存在较大的累计误差，需要结合环境地图或者 SLAM 等相关技术来修正误差，获取机器人的绝对位姿（或者称为全局位姿）。

5.3.2　四轮差速模型

　　四轮差速模型和两轮差速模型非常相似，并且在载重能力和越野性能上，比两轮差速模

型更有优势。图 5-7(a)展示了四轮差速机器人的运动学结构，图 5-7(b)为具有自主导航功能的美国 Pioneer AT2 四轮差速机器人。

与两轮差速底盘一样，四轮差速底盘也是依靠驱动轮的差速实现转弯的，但是转弯的同时还需要控制前轮的转角进行配合，否则前轮与地面的摩擦力将会非常大，严重磨损轮子。四轮差速模型中，由于同一边的两个轮子的转速是完全一样的，即前轮和后轮的速度是完全同步的，因此有时又把这种四轮差速模型称为同步驱动模型。该转向模式的优点是可以使用普通的轮子，不需要使用全向轮，从而可以提高机器人的整体强度并降低成本，缺点则是受限于前轮的转角幅度，无法进行 0 半径转弯，而且容易发生轮子的侧向滑移。

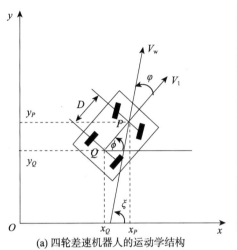

(a) 四轮差速机器人的运动学结构　　(b) 美国Pionner AT2四轮差速机器人

图 5-7　四轮差速机器人的运动学结构及原型

四轮差速机器人的运动状态由向量 $\boldsymbol{p}$ 表示，有

$$\boldsymbol{p} = [x_Q \quad y_Q \quad \phi \quad \varphi]^{\mathrm{T}} \tag{5-11}$$

式中，x_Q，y_Q 是四轮差速机器人后轮轴中点 Q 的笛卡尔坐标；ϕ 是机器人的方位角；φ 是机器人的转向角。四轮差速机器人属于非完整性机器人，满足以下两个非完整性约束方程。

$$-\dot{x}_Q \sin\phi + \dot{y}_Q \cos\phi = 0 \tag{5-12}$$

$$-\dot{x}_P \sin(\phi + \varphi) + \dot{y}_P \cos(\phi + \varphi) = 0 \tag{5-13}$$

式中，x_P 和 y_P 是四轮差速机器人前轮轴中点 P 的笛卡尔坐标。从图 5-7(a)所示的四轮差速机器人的运动学结构中可以得出

$$x_P = x_Q + D \times \cos\phi , \quad y_P = y_Q + D \times \sin\phi \tag{5-14}$$

式中，D 是四轮差速机器人前后轮轴中点 P 和 Q 之间的距离。将公式（5-14）中的 x_P 和 y_P 对时间 t 做积分，可得

$$\dot{x}_P = \dot{x}_Q - D \times \sin\phi \times \dot{\phi} , \quad \dot{y}_P = \dot{y}_Q + D \times \cos\phi \times \dot{\phi} \tag{5-15}$$

将公式（5-15）代入公式（5-13），可得

$$-\dot{x}_Q \sin(\phi + \varphi) + \dot{y}_Q \cos(\phi + \varphi) + D \times \cos\varphi \times \dot{\phi} = 0 \tag{5-16}$$

两个非完整性约束方程，即公式（5-12）和公式（5-13），可以采用矩阵的形式描述为

$$M(p)\dot{p} = 0 \tag{5-17}$$

式中

$$M(p) = \begin{bmatrix} -\sin\phi & \cos\phi & 0 & 0 \\ -\sin(\phi+\varphi) & \cos(\phi+\varphi) & D\times\cos\varphi & 0 \end{bmatrix} \tag{5-18}$$

综上所述，根据图 5-7(a)所示的四轮差速机器人的运动学结构，后轮驱动的四轮差速机器人的运动学方程可以表示为

$$
\begin{aligned}
\dot{x}_Q &= V_1 \times \cos\phi \\
\dot{y}_Q &= V_1 \times \sin\phi \\
\dot{\phi} &= \frac{1}{D}V_w \times \sin\varphi = \frac{1}{D}V_1 \times \tan\varphi \\
\dot{\varphi} &= V_2
\end{aligned}
\tag{5-19}
$$

式中，V_1 表示机器人的线速度；V_w 表示机器人的角速度；V_2 和 $\dot{\varphi}$ 表示机器人的转向角速度；$\dot{\phi}$ 表示机器人的方位角速度。公式（5-19）可以表示为

$$
\begin{bmatrix} \dot{x}_Q \\ \dot{y}_Q \\ \dot{\phi} \\ \dot{\varphi} \end{bmatrix} = \begin{bmatrix} \cos\phi \\ \sin\phi \\ \frac{1}{D}\tan\varphi \\ 0 \end{bmatrix} V_1 + \begin{bmatrix} 0 \\ 0 \\ 0 \\ 1 \end{bmatrix} V_2
\tag{5-20}
$$

5.3.3 四轮阿克曼模型

四轮阿克曼机器人（又称四轮类车机器人）其实采用了现代汽车的转向结构，其前轮负责转向，后轮负责驱动，如图 5-8 所示。四轮阿克曼模型与两轮差速模型类似，都是依靠驱动轮的差速实现转弯的，但是在转弯时还需要控制前轮的转角进行配合，否则前轮与地面的摩擦力将会非常大，严重影响机器人的转向运动，车轮的磨损也会很严重。

类车机器人和真实轿车的外形相似度高、运动机理相似，区别是体积偏小、运动速度偏低、可自主运动，常作为室内外的无人驾驶或者自主导航的研究平台，其实际应用场景相比于一般的四轮差速机器人更广泛，涵盖物流配送、农业耕种、家庭服务及教育等领域。图 5-8(a) 中的 MIT RACECAR 的体积和普通玩具四驱车相近，保留了车的运动特性，可搭载各种传感器（激光雷达、RGBD 视觉、立体视觉、单目视觉、超声波、红外测距、IMU 等），由两个电机驱动，也可由遥控器控制。

上述类车机器人的运动模型可简化表示为如图 5-8(b)所示的构型，其中两大核心部件决定了类车机器人的运动机理：（1）转向机构，控制前轮转向；（2）差速器，驱动后轮差速运动。转向机构 ABCD 是一个常规四连杆机构，连杆 AB 是基座，起到固定作用，连杆 CD 可左右摆动，同时带动连杆 AC 和 BD 转动，其中连杆 AC 绕点 A 转动，点 A 的轴固定连接在左前轮上，当连杆 AC 转动时，左前轮也随之转动，同样，连杆 BD 绕点 B 转动，右前轮也随之转动。由此可见，类车机器人的左前轮和右前轮是联动的，且都是被动轮，仅有一个自由度，这也意味着类车机器人只需一个驱动。这种转向机构也称为阿克曼转向机构。差速器

的输入端连接着驱动电机，输出端连接着左右后轮，其作用是将电机输出功率自动分配到左右后轮，根据前轮转向角自动调节两后轮的速度，因此两后轮是主动轮。

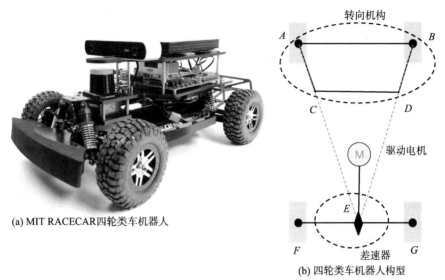

(a) MIT RACECAR四轮类车机器人

(b) 四轮类车机器人构型

图 5-8 四轮类车机器人

类车机器人的优点是可以使用普通的轮子，不需要使用全向轮，从而可以提高机器人的整体强度并降低成本，缺点则是受限于前轮的转角幅度，无法进行 0 半径转弯。图 5-9 展示了类车机器人的运动学模型，给出了其转向时的状态，在左前轮转向角 δ_L 和右前轮转向角 δ_R 不变的瞬时状态下，四个轮子运动方向的垂线相交于一点，即四个轮子围绕同一个圆心（Instantaneous Center of Rotation，ICR，速度瞬时中心）进行旋转，做圆周运动。左后轮和右后轮的线速度分别为 V_L 和 V_R，后轮中轴位置点 E 为底盘的速度瞬心，点 E 处的线速度 V_E 和角速度 ω_E 代表底盘的整体运动速度。将四轮类车机器人（以下简称四轮机器人）的四个轮子与地面的接触简化为点接触（实际是面接触，或者多点接触），点 H 和点 E 描述的模型为四轮机器人等效而成的两轮自行车模型。在该模型中，将左/右前轮合并成一个点，位于点 H 处；将左/右后轮合并成为一个点，位于点 E 处；点 O_{Center} 为机器人的质心点；β 为机器人的滑移角，表示机器人速度方向和车身朝向两者之间的夹角；Ψ 为机器人的航向角，主要指机器人车身与 x 轴的夹角。

对于虚拟两轮自行车模型，其运动学方程可以构造为

$$\frac{\sin(\beta - \delta_b)}{d_b} = \frac{\sin\left(\dfrac{\pi}{2} + \delta_b\right)}{R_{\text{Center}}} \tag{5-21}$$

$$\frac{\sin(\delta_f - \beta)}{d_f} = \frac{\sin\left(\dfrac{\pi}{2} - \delta_f\right)}{R_{\text{Center}}} \tag{5-22}$$

式中，δ_f 为前轮转向角；δ_b 为后轮转向角；当四轮机器人属于前轮驱动时，可以假定 δ_b 恒为 0；d_f 为前轮到质心点的轴间距；d_b 为后轮到质心点的轴间距；R_{Center} 为质心点的转弯半径（质心到速度瞬心的距离）。

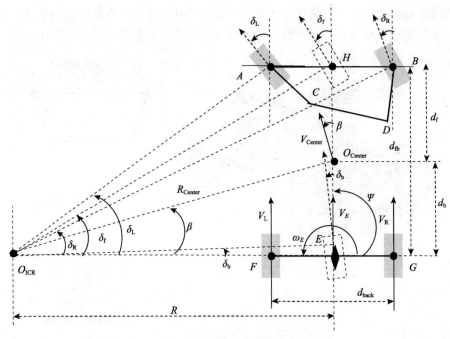

图 5-9　类车机器人的运动学模型

展开公式（5-22）可得

$$(\tan\delta_f - \tan\delta_b)\cos\beta = \frac{d_f + d_b}{R_{Center}} = \frac{d_{fb}}{R_{Center}} \tag{5-23}$$

式中，d_{fb} 为前后轮之间的轴间距。

在低速环境下，四轮机器人行驶时的转弯半径变化缓慢，此时可以假设机器人的方向变化率等于机器人的角速度，则机器人的角速度可以表示为

$$\dot\psi = \frac{V_{Center}}{R_{Center}} \tag{5-24}$$

式中，V_{Center} 为质心处的线速度。进一步可得

$$\dot\psi = \frac{V_{Center}\cos\beta}{d_{fb}}(\tan\delta_f - \tan\delta_b) \tag{5-25}$$

于是可以得到惯性坐标系 $Oxyz$ 下的车辆运动学模型（两轮自行车等效模型）

$$\begin{cases} \dot x = V_{Center}\cos(\psi+\beta) \\ \dot y = V_{Center}\sin(\psi+\beta) \\ \dot\psi = \dfrac{V_{Center}\cos\beta}{d_{fb}}(\tan\delta_f - \tan\delta_b) \end{cases} \tag{5-26}$$

公式（5-26）中的滑移角 β 可以表示为

$$\beta = \tan^{-1}\left(\frac{d_f\tan\delta_b + d_b\tan\delta_f}{d_f + d_b}\right) \tag{5-27}$$

在两轮自行车等效模型中，将四轮机器人转向时的左右前轮转向角假定为同一角度。虽

然四轮机器人转向时，左右前轮的两个偏转角度大致相等，但实际上转向过程中内侧轮的偏转角度更大（比如图 5-9 中，δ_L 和 δ_R 分别表示内侧前轮转向角和外侧前轮转向角）。当以四轮机器人的后轴中心为参考点时，转向半径 R 为图 5-9 中的线段 EO_{ICR}，两后轮的转向角始终为 0。

同时，在图 5-9 中还可以将点 A、点 B、点 F 和点 G 分别看作四轮机器人的左前轮、右前轮、左后轮和右后轮与地面的接触点，对应的两前轮的线速度为 $[V_A \ V_B]$，转向角为 $[\delta_L \ \delta_R]$；其速度方向为车轮的滚动方向，车轮的线速度的法线均须与后轮轴线 FG 交于同一点，即速度瞬心 O_{ICR}，也就是说左前轮的转弯半径为线段 AO_{ICR} 的长度，右前轮的转弯半径为线段 BO_{ICR} 的长度，左后轮的转弯半径为 FO_{ICR} 的长度，右后轮的转弯半径为 GO_{ICR} 的长度。在直角三角形 AFO_{ICR} 中，存在 $\|AO_{ICR}\| = d_{fb} / \sin\delta_L$；在直角三角形 BGO_{ICR} 中，存在 $\|BO_{ICR}\| = d_{fb} / \sin\delta_R$；在直角三角形 HEO_{ICR} 中，存在 $\|HO_{ICR}\| = d_{fb} / \sin\delta_f$。同理，两前轮的线速度和自行车等效模型中前轮的线速度可分别表示为

$$\begin{cases} V_A = \omega \times \|AO_{ICR}\| = \omega \times d_{fb} / \sin\delta_L \\ V_B = \omega \times \|BO_{ICR}\| = \omega \times d_{fb} / \sin\delta_R \\ V_E = \omega \times \|HO_{ICR}\| = \omega \times d_{fb} / \sin\delta_f \end{cases} \tag{5-28}$$

式中，ω 为机器人转弯时的角速度；V_E 为自行车等效模型中前轮的线速度（等同于后轮的线速度）。对于直角三角形 AFO_{ICR} 和直角三角形 BGO_{ICR}，可以得到

$$\begin{cases} \|FO_{ICR}\| = d_{fb} / \tan\delta_L \\ \|GO_{ICR}\| = d_{fb} / \tan\delta_R \\ d_{back} = \|GO_{ICR}\| - \|FO_{ICR}\| \end{cases} \tag{5-29}$$

进一步可以得出

$$\frac{1}{\tan\delta_R} - \frac{1}{\tan\delta_L} = \frac{d_{back}}{d_{fb}} \tag{5-30}$$

当滑移角 β 很小且后轮转向角为 0 时，可以得出

$$\frac{\dot{\psi}}{V_E} \approx \frac{1}{R} = \frac{\sin\delta_f}{d_{fb}} \approx \frac{\delta_f}{d_{fb}} \tag{5-31}$$

由于内外侧轮子的转向半径不同，因此有

$$\delta_L = \frac{d_{fb}}{R - \dfrac{d_{back}}{2}}$$

$$\delta_R = \frac{d_{fb}}{R + \dfrac{d_{back}}{2}} \tag{5-32}$$

于是前轮平均转向角为

$$\delta = \frac{\delta_L + \delta_R}{2} = \frac{2R d_{fb}}{R^2 - \dfrac{d_{back}^2}{4}} \approx \frac{d_{fb}}{R} \tag{5-33}$$

当机器人的转向半径 R 远大于机器人的轮间距 d_{back} 时，内外侧前轮转向角之差为

$$\Delta\delta = \delta_L - \delta_R = \frac{d_{back}d_{fb}}{R^2 - \dfrac{d_{back}^2}{4}} \approx \delta^2 \frac{d_{back}}{d_{fb}} \tag{5-34}$$

因此，两个前轮的转向角之差 $\Delta\delta$ 与平均转向角 δ 的平方成正比，也与四轮机器人底盘的长宽比成正比。

由此等效模型可以获得阿克曼结构的运动学模型为

$$\begin{cases} \omega = \dfrac{V_R - V_L}{d_{back}} \\ V_b = \dfrac{V_R + V_L}{2} \\ \delta = \arctan\left(d_{fb} \times \dfrac{\omega}{V_b} \right) \end{cases} \tag{5-35}$$

式中，V_b 为机器人后轴中心速度。

由公式（5-34）可知，δ_L 与 δ_R 之间的大小关系与 d_{back} 和 d_{fb} 的比值存在非线性约束关系。在四轮机器人转向时，只有满足该约束方程，才能使四轮机器人的四个轮子的线速度法线交于一点。四轮机器人在转向过程中，两前轮的转向角需时时刻刻满足上述公式，否则会出现轮胎异常磨损情况，因此需要设计转向梯形机构。对于图 5-9 中的梯形转向机构 ABCD 而言，在机器人双前轮回正状态下，如图 5-8(b)所示，线段 AC 和线段 BD 相交于差速器的点 E，且点 D 和点 C 位于等腰三角形 ABE 的两腰等位点上。这种结构也称为阿克曼转向梯形结构。

对后轮驱动、前轮转向的类车机器人，以后轴中心为参考点，以两轮自行车等效模型为基础，建立其相应的运动学模型：定义 (x_b, y_b) 为后轴中心坐标；(x_f, y_f) 为前轴中心坐标；Ψ 为机器人航向角；V_b 为后轴中心速度；V_f 为前轴中心速度；δ_f 为前轮转向角；后轮转向角 δ_b 恒为 0；ω 为机器人姿态航向角速度（即转向角速度）；滑移角 β 极小，可以假设为 0。

后轴中心处的速度为合成后平行于机器人速度方向的分量

$$V_b = \dot{x}_b \cos\psi + \dot{y}_b \sin\psi \tag{5-36}$$

而其运动学约束为合成后垂直于机器人速度方向的分量

$$\dot{x}_b \sin\psi = \dot{y}_b \cos\psi \tag{5-37}$$

联立公式（5-36）和公式（5-37）可得

$$\begin{cases} \dot{x}_b = V_b \cos\psi \\ \dot{y}_b = V_b \sin\psi \end{cases} \tag{5-38}$$

车辆两前轮的运动学约束同样可合成为垂直于车辆速度方向的分量

$$\dot{x}_f \sin(\psi + \delta_f) = \dot{y}_f \cos(\psi + \delta_f) \tag{5-39}$$

根据前后轮的几何关系，可以得到

$$\begin{cases} x_f = x_b + d_{fb} \times \cos\psi \\ y_f = y_b + d_{fb} \times \sin\psi \end{cases} \tag{5-40}$$

对公式（5-40）两边求导得

$$\begin{cases} \dot{x}_f = \dot{x}_b - d_{fb} \times \sin\psi \times \omega = V_b \times \cos\psi - d_{fb} \times \sin\psi \times \omega \\ \dot{y}_f = \dot{y}_b + d_{fb} \times \cos\psi \times \omega = V_b \times \sin\psi + d_{fb} \times \cos\psi \times \omega \end{cases} \quad (5\text{-}41)$$

当状态量为 $[x_b \ y_b \ \psi]^T$，被控量为 $[V_b \ \delta_f]^T$ 时，将其代入两轮自行车等效模型并转换为

$$\begin{bmatrix} \dot{x}_b \\ \dot{y}_b \\ \dot{\psi} \end{bmatrix} = \begin{bmatrix} \cos\psi \\ \sin\psi \\ \dfrac{\tan\delta_f}{d_{fb}} \end{bmatrix} V_b \quad (5\text{-}42)$$

在机器人的控制过程中，控制对象一般定义为 $[V_b \ \omega]^T$，所以公式（5-42）可进一步改写为

$$\begin{bmatrix} \dot{x}_b \\ \dot{y}_b \\ \dot{\psi} \end{bmatrix} = \begin{bmatrix} \cos\psi \\ \sin\psi \\ 0 \end{bmatrix} V_b + \begin{bmatrix} 0 \\ 0 \\ 1 \end{bmatrix} \omega \quad (5\text{-}43)$$

对速度 V_b 的控制主要通过刹车、油门和挡位（对应于 PWM 的输入值）等来实现，姿态航向角速度 ω 主要通过转动方向盘来控制。

5.3.4 四轮驱动（SSMR）机器人运动学模型

四轮独立驱动机器人的四个轮子分别由各自的电机独立驱动，通过内外侧轮子的速度差实现机器人的滑移差速转向，其原理类似履带式转向原理。该类机器人的转向方式主要分为两类：（1）滑动转向，即四个轮子都是普通轮；（2）麦克纳姆轮转向，即四个轮子采用麦克纳姆轮（此种运动学模型后文详细给出）。

滑动转向包括大半径转向、小半径转向和原地转向。当两侧车轮转速大小相等且转速方向相同时，可实现车辆的前进与后退；当两侧车轮转速大小不相等但方向相同时，可实现大半径转向；当两侧车轮转速大小不相等且方向也不相同时，可实现小半径转向；当两侧车轮一侧向前一侧向后且转速大小相等时，可实现原地转向。

为了简化模型的复杂度，可以假定四轮独立驱动机器人是对称的，即其结构几何中心就是其速度瞬心，四个轮子只能绕着轮心轴线旋转，不能左右偏转，只能通过控制每个轮子的转速大小来实现该机器人的转向。

一般地，采用滑移转向的四轮独立驱动机器人的运动学模型如图 5-10 所示，其结构非常简单，只需要控制四个电机转动，便可控制机器人灵活运动。

考虑到四轮独立驱动机器人的底盘可以侧向滑动的情况，可以用图 5-10 所示的模型来进行分析。底盘几何中心点 C 以 y 轴方向上的点 O_{ICR} 作为圆心进行圆周运动，点 O_{ICR} 与点 C 的距离与圆周运动的角速度大小有关。四个轮子到点 O_{ICR} 的距离分别为 d_A、d_B、d_D 和 d_E，轮子的实际速度是侧向滑移速度和纵向目标速度的合成速度，分别是 $(V_{A,x}, V_{A,y})$、$(V_{B,x}, V_{B,y})$、$(V_{D,x}, V_{D,y})$ 和 $(V_{E,x}, V_{E,y})$。在侧向滑移的四轮机器人底盘中，可以假定底盘的

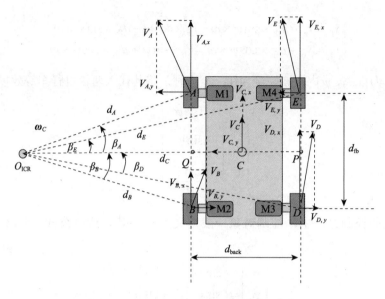

图 5-10　四轮独立驱动机器人的运动学模型

速度瞬心与其质心 C 重合（当然一般情况下，速度瞬心和几何中心是不重合的），可以用点 C 处的线速度 V_C 和角速度 ω_C 表示整个机器人底盘的运动速度，其中点 C 到点 O_{ICR} 的距离为 d_C。V_C 垂直于 $O_{ICR}C$ 线段，不仅包含预设的目标速度 $V_{C,x}$ 分量，还包含侧向滑移速度 $V_{C,y}$ 分量。底盘左右轮之间的轴距为 d_{back}，前后轮之间距离为 d_{fb}。

两个左侧轮与地面接触点处的速度可以表示为

$$\frac{V_A}{d_A} = \frac{V_B}{d_B} \tag{5-44}$$

式中，V_A 和 V_B 分别为点 A 和点 B 处的线速度；d_A 和 d_B 分别为其对应的转弯半径。

在直角三角形 AQO_{ICR} 和直角三角形 BQO_{ICR} 中，对公式（5-44）使用三角变换，则有

$$\frac{V_A}{\|QO_{ICR}\|/\cos\beta_A} = \frac{V_B}{\|QO_{ICR}\|/\cos\beta_B} \tag{5-45}$$

式中，β_A 和 β_B 分别为 AO_{ICR}、BO_{ICR} 与 QO_{ICR} 的夹角。

进一步对公式（5-45）进行化简，可得

$$V_{A,x} = V_A\cos\beta_A = V_B\cos\beta_B = V_{B,x} \tag{5-46}$$

式中，$V_{A,x}$ 和 $V_{B,x}$ 分别表示 V_A 和 V_B 的纵向分速度。

基于以上分析可知，点 A 和点 B 的纵向分速度是相同的。同理，点 D 和点 E 的纵向分速度也是相同的，但左侧轮和右侧轮的纵向分速度是不相同的。

两个前轮与地面接触点处的速度可以表示为

$$\frac{V_A}{d_A} = \frac{V_E}{d_E} \tag{5-47}$$

式中，V_A 和 V_E 分别为点 A 和点 E 处的线分速度；d_A 和 d_E 分别为其对应的转弯半径。

在直角三角形 AQO_{ICR} 和直角三角形 EPO_{ICR} 中，对公式（5-47）使用三角变换，则有

$$\frac{V_A}{\|AQ\|/\sin\beta_A} = \frac{V_E}{\|EP\|/\sin\beta_E} \tag{5-48}$$

式中，β_A 和 β_E 分别为 AO_{ICR}、EO_{ICR} 与 PO_{ICR} 的夹角。

因为 $\|AQ\|=\|EP\|$，所以可以进一步将公式（5-48）简化为

$$V_{A,y} = V_A \sin\beta_A = V_E \sin\beta_E = V_{E,y} \tag{5-49}$$

式中，$V_{A,y}$ 和 $V_{E,y}$ 分别表示 V_A 和 V_E 的横向分速度。

基于以上分析可知，点 A 和点 E 的横向分速度是相同的。同理，点 B 和点 D 的横向分速度也是相同的，但前轮和后轮的横向分速度是不同的。

对于绕圆心做圆周运动的物体，其线速度 V、角速度 ω 和圆周半径 d 之间满足关系 $\omega = \dfrac{V}{d}$。

因此，可以建立底盘中的约束关系为

$$\omega_C = \frac{V_C}{d_C} = \frac{V_C\cos\beta_C}{d_C\cos\beta_C} = \frac{V_{C,x}}{d_{C,y}} = \frac{V_{C,y}}{d_{C,x}} \tag{5-50}$$

式中，$d_{C,y}$ 和 $d_{C,x}$ 分别为 d_C 在 y 轴和 x 轴上的投影长度。

对于四个轮子，也同样存在约束关系

$$\omega_C = \frac{V_{A,x}}{d_{A,y}} = \frac{V_{A,y}}{d_{A,x}} = \frac{V_{B,x}}{d_{B,y}} = \frac{V_{B,y}}{d_{B,x}} = \frac{V_{D,x}}{d_{D,y}} = \frac{V_{D,y}}{d_{D,x}} = \frac{V_{E,x}}{d_{E,y}} = \frac{V_{E,y}}{d_{E,x}} \tag{5-51}$$

式中，$V_{A,x}$ 和 $V_{A,y}$ 分别为 V_A 的纵向和横向分速度；$d_{A,x}$ 和 $d_{A,y}$ 分别为 d_A 在 x 轴和 y 轴上的投影长度；以此类推。

同时，四个轮子的旋转半径和底盘中心点 C 的旋转半径在 y 轴上的投影长度满足约束关系

$$d_{A,y} = d_{B,y} = d_{C,y} - \frac{d_{\text{back}}}{2} \tag{5-52}$$

$$d_{D,y} = d_{E,y} = d_{C,y} + \frac{d_{\text{back}}}{2} \tag{5-53}$$

当四轮驱动差速底盘设定左轮和右轮速度分别为 V_L 和 V_R，且前轮和后轮速度严格同步时，可建立关系

$$V_L = V_{A,x} = V_{B,x}$$
$$V_R = V_{D,x} = V_{E,x} \tag{5-54}$$

结合上述约束关系可进一步得出

$$V_L = \omega_C \times \left(d_{C,y} - \frac{d_{\text{back}}}{2}\right) = V_{C,x} - \omega_C \times \frac{d_{\text{back}}}{2}$$
$$V_R = \omega_C \times \left(d_{C,y} + \frac{d_{\text{back}}}{2}\right) = V_{C,x} + \omega_C \times \frac{d_{\text{back}}}{2} \tag{5-55}$$

对公式（5-55）进行进一步整理，可以得到四轮独立驱动机器人的前向运动学模型为

$$\begin{bmatrix} V_{C,x} \\ \omega_C \end{bmatrix} = \begin{bmatrix} \dfrac{1}{2} & \dfrac{1}{2} \\ -\dfrac{1}{d_{\text{back}}} & \dfrac{1}{d_{\text{back}}} \end{bmatrix} \begin{bmatrix} V_L \\ V_R \end{bmatrix} \tag{5-56}$$

机器人的前向运动学是利用各个轮子的速度求解底盘的整体速度，逆向运动学是前向运动学的逆过程，即利用底盘的整体速度求解各个轮子的速度。于是可以得到四轮独立驱动机器人的逆向运动学模型为

$$\begin{bmatrix} V_L \\ V_R \end{bmatrix} = \begin{bmatrix} 1 & -\dfrac{d_{\text{back}}}{2} \\ 1 & \dfrac{d_{\text{back}}}{2} \end{bmatrix} \begin{bmatrix} V_{C,x} \\ \omega_C \end{bmatrix} \tag{5-57}$$

5.3.5　全向移动机器人运动学模型

全向移动意味着可以在平面内做出任意方向平移同时自转的动作。为了实现全向移动，一般机器人会使用全向轮或者麦克纳姆轮这两种特殊的轮子。全向轮如图 5-11(a)所示，主要由轮毂和辊子组成，轮毂是整个轮子的主体支架，辊子则是安装在轮毂上的鼓状物。全向轮的轮毂轴（轮轴）与辊子转轴（辊轴）相互垂直，如图 5-11(b)所示，而麦克纳姆轮的轮毂轴与辊子转轴呈 45°角，并且分为左旋轮和右旋轮。全向轮和麦克纳姆轮的安装一般采用三轮或者四轮方式，较常见的为三轮全向轮组和四轮麦克纳姆轮组。近年来，麦克纳姆轮的应用逐渐增多，这是因为麦克纳姆轮可以和传统的车轮一样安装在相互平行的轴上。

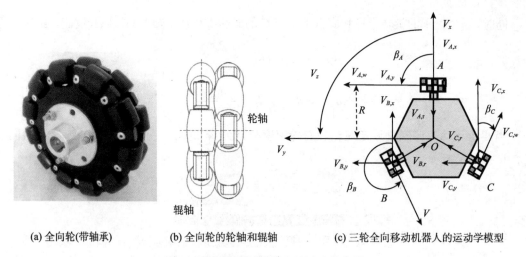

(a) 全向轮(带轴承)　　　　(b) 全向轮的轮轴和辊轴　　　　(c) 三轮全向移动机器人的运动学模型

图 5-11　全向移动机器人的运动学分析

1. 三轮全向移动机器人

三轮全向移动机器人的运动学模型如图 5-11(c)所示，其三个全向轮分别绕机器人的几何中心呈等边三角形分布，三个轮轴间相隔 120°。设三个全向轮与地面的接触点分别为 A、B、C，后文这三个点代表三个全向轮。图 5-11(c)中各参数代表的含义如下。

R：旋转半径，机器人的全向轮到机器人的几何中心点的距离，单位：m；

V_x：机器人的前后移动速度，前进方向为正，单位：m/s；

V_y：机器人的左右移动速度，前进方向为正，单位：m/s；

V_z：机器人绕其几何中心点 O 的旋转速度，逆时针为正，单位：rad/s；

$V_{A,w}$、$V_{B,w}$ 和 $V_{C,w}$：分别是全向轮 A、B、C 的线速度，由电机带动全向轮的轮毂产生，绕 O 点逆时针为正，单位：m/s；

$V_{A,r}$：全向轮 A 与地面接触的辊子（roll）的线速度，由全向轮与地面的相对滑动产生（不是全向轮 A 的转动所产生的 $V_{A,w}$），垂直辊轴向前为正，单位：m/s；

$V_{B,r}$：全向轮 B 与地面接触的辊子的线速度，由全向轮与地面的相对滑动产生（不是全向轮 B 的转动所产生的 $V_{B,w}$），垂直辊轴向前为正，单位：m/s；

$V_{C,r}$：全向轮 C 与地面接触的辊子的线速度，由全向轮与地面的相对滑动产生（不是全向轮 C 的转动所产生的 $V_{C,w}$），垂直辊轴向前为正，单位：m/s；

$V_{A,x}$、$V_{B,x}$、$V_{C,x}$：全向轮 A、B、C 质心的前后移动速度，与机器人的前后移动速度 V_x 和机器人绕 O 点旋转速度 V_z 相关，前进为正，单位：m/s；

$V_{A,y}$、$V_{B,y}$、$V_{C,y}$：全向轮 A、B、C 质心的左右移动速度，与机器人的左右移动速度 V_y 和机器人绕 O 点的旋转速度 V_z 相关，左移为正，单位：m/s；

β_C：机器人的前进方向与全向轮 C 的前进方向的夹角，因为是等边三角形构型，从图 5-11 中可知 $\beta_C = -30°$；

β_A：机器人的前进方向与全向轮 A 的前进方向的夹角，因为是等边三角形构型，从图 5-11 中可知 $\beta_A = 90°$；

β_B：机器人的前进方向与全向轮 B 的前进方向的夹角，因为是等边三角形构型，从图 5-11 中可知 $\beta_B = 210°$。

根据以上参数的定义，可以求解出三轮全向移动机器人的前向运动学和逆向运动学公式。

首先，求解全向轮 C 质心的前后移动速度 V_{Cx} 和左右移动速度 V_{Cy} 与机器人的前后移动速度 V_x、左右移动速度 V_y 和绕 O 点的旋转速度 V_z 之间的关系。机器人本体与三个全向轮质心可以认为是一个刚体，则速度分解可得

$$V_{C,x} = V_x + V_z \times R \times \cos\beta_C$$
$$V_{C,y} = V_y + V_z \times R \times \sin\beta_C$$
（5-58）

公式（5-58）描述的是全向轮 C 的质心速度与机器人整体速度的关系，而全向轮 C 的质心速度与 $V_{C,w}$ 和 $V_{C,r}$ 相关。通过速度分解可得

$$V_{C,x} = -V_{C,r} \times \sin\beta_C + V_{C,w} \times \cos\beta_C$$
$$V_{C,y} = V_{C,r} \times \cos\beta_C + V_{C,w} \times \sin\beta_C$$
（5-59）

联立公式（5-58）和公式（5-59）可得

$$V_{C,w} = V_x \times \cos\beta_C + V_y \times \sin\beta_C + V_z \times R$$
（5-60）

然后，采用类似的推导方式可以求出 $V_{A,w}$ 和 $V_{B,w}$ 与 V_x、V_y、V_z 的关系

$$V_{B,w} = V_x \times \cos\beta_B + V_y \times \sin\beta_B + V_z \times R$$
$$V_{A,w} = V_x \times \cos\beta_A + V_y \times \sin\beta_A + V_z \times R$$
（5-61）

根据三轮全向移动机器人的底盘构型，可知 $\beta_A = 90°$，$\beta_B = 210°$，$\beta_C = -30°$，进一步求

得三个全向轮的目标速度为

$$V_{A,w} = V_y + V_z \times R$$

$$V_{B,w} = -\frac{\sqrt{3}}{2}V_x - \frac{1}{2}V_y + V_z \times R \qquad (5\text{-}62)$$

$$V_{C,w} = \frac{\sqrt{3}}{2}V_x - \frac{1}{2}V_y + V_z \times R$$

公式（5-62）可用矩阵形式可改写为

$$\begin{bmatrix} V_{A,w} \\ V_{B,w} \\ V_{C,w} \end{bmatrix} = \begin{bmatrix} 0 & 1 & R \\ -\dfrac{\sqrt{3}}{2} & -\dfrac{1}{2} & R \\ \dfrac{\sqrt{3}}{2} & -\dfrac{1}{2} & R \end{bmatrix} \begin{bmatrix} V_x \\ V_y \\ V_z \end{bmatrix} \qquad (5\text{-}63)$$

对公式（5-63）进一步整理，可以得到机器人的前向运动学（即由三个轮子的实时速度求解机器人的整体速度）的公式为

$$\begin{bmatrix} V_x \\ V_y \\ V_z \end{bmatrix} = \begin{bmatrix} 0 & -\dfrac{\sqrt{3}}{3} & \dfrac{\sqrt{3}}{3} \\ \dfrac{2}{3} & -\dfrac{1}{3} & -\dfrac{1}{3} \\ \dfrac{1}{3 \times R} & \dfrac{1}{3 \times R} & \dfrac{1}{3 \times R} \end{bmatrix} \begin{bmatrix} V_{A,w} \\ V_{B,w} \\ V_{C,w} \end{bmatrix} \qquad (5\text{-}64)$$

2. 四轮全向移动机器人

图 5-12 为四轮全向移动机器人的运动学模型，其车轮相对于车辆坐标系 x_R 轴的角度分别为 $\beta_i (i = 1, 2, 3, 4)$，车轮到机器人中心点 Q 的距离为 D，相对于局部坐标系 Qx_Ry_R 的车轮速度的单位方向矢量为 $u_i (i = 1, 2, 3, 4)$。下面我们推导四轮全向移动机器人的运动学方程。

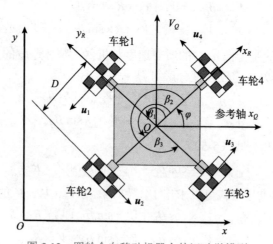

图 5-12　四轮全向移动机器人的运动学模型

设 $\dot{\varphi}$ 为机器人的角速度，V_Q 为机器人的线速度，机器人的世界坐标分别为 $\dot{x}_Q$ 和 $\dot{y}_Q$。当车轮 4 的轴线与轴线 x_R 重合时（与机器人的底盘构型有关，为了计算简单，在设计底盘时令车轮 4 的轴线与轴线 x_R 重合），车轮速度的单位方向矢量为

$$\boldsymbol{u}_1 = \begin{bmatrix} -\sin\beta_1 \\ \cos\beta_1 \end{bmatrix}, \boldsymbol{u}_2 = \begin{bmatrix} -\sin\beta_2 \\ \cos\beta_2 \end{bmatrix}, \boldsymbol{u}_3 = \begin{bmatrix} -\sin\beta_3 \\ \cos\beta_3 \end{bmatrix}, \boldsymbol{u}_4 = \begin{bmatrix} 0 \\ 1 \end{bmatrix} \quad （5\text{-}65）$$

$\dot{x}_Q$、$\dot{y}_Q$ 和 $\dot{x}_R$、$\dot{y}_R$ 之间的关系由旋转矩阵 $\boldsymbol{R}(\varphi)$ 给出，即

$$\begin{bmatrix} \dot{x}_Q \\ \dot{y}_Q \end{bmatrix} = \begin{bmatrix} \cos\varphi & -\sin\varphi \\ \sin\varphi & \cos\varphi \end{bmatrix} \begin{bmatrix} \dot{x}_R \\ \dot{y}_R \end{bmatrix} = \boldsymbol{R}(\varphi) \begin{bmatrix} \dot{x}_R \\ \dot{y}_R \end{bmatrix} \quad （5\text{-}66）$$

进一步可得

$$
\begin{aligned}
V_1 &= r\dot{\theta}_1 = \boldsymbol{u}_1^{\mathrm{T}} \begin{bmatrix} \dot{x}_R \\ \dot{y}_R \end{bmatrix} + D\dot{\varphi} = \boldsymbol{u}_1^{\mathrm{T}} \boldsymbol{R}^{-1}(\varphi) \begin{bmatrix} \dot{x}_Q \\ \dot{y}_Q \end{bmatrix} + D\dot{\varphi} \\
V_2 &= r\dot{\theta}_2 = \boldsymbol{u}_2^{\mathrm{T}} \begin{bmatrix} \dot{x}_R \\ \dot{y}_R \end{bmatrix} + D\dot{\varphi} = \boldsymbol{u}_2^{\mathrm{T}} \boldsymbol{R}^{-1}(\varphi) \begin{bmatrix} \dot{x}_Q \\ \dot{y}_Q \end{bmatrix} + D\dot{\varphi} \\
V_3 &= r\dot{\theta}_3 = \boldsymbol{u}_3^{\mathrm{T}} \begin{bmatrix} \dot{x}_R \\ \dot{y}_R \end{bmatrix} + D\dot{\varphi} = \boldsymbol{u}_3^{\mathrm{T}} \boldsymbol{R}^{-1}(\varphi) \begin{bmatrix} \dot{x}_Q \\ \dot{y}_Q \end{bmatrix} + D\dot{\varphi} \\
V_4 &= r\dot{\theta}_4 = \boldsymbol{u}_4^{\mathrm{T}} \begin{bmatrix} \dot{x}_R \\ \dot{y}_R \end{bmatrix} + D\dot{\varphi} = \boldsymbol{u}_4^{\mathrm{T}} \boldsymbol{R}^{-1}(\varphi) \begin{bmatrix} \dot{x}_Q \\ \dot{y}_Q \end{bmatrix} + D\dot{\varphi}
\end{aligned}
\quad （5\text{-}67）
$$

式中，$V_i(i=1,2,3,4)$ 为 4 个全向轮的线速度；r 为全向轮的轮半径；$\dot{\theta}_i(i=1,2,3,4)$ 为 4 个全向轮的角速度。公式（5-67）可以进一步用矩阵形式改写为

$$\dot{\boldsymbol{q}} = \boldsymbol{J}^{-1} \dot{\boldsymbol{p}}_Q \quad （5\text{-}68）$$

式中，

$$\dot{\boldsymbol{q}} = \begin{bmatrix} \dot{\theta}_1 \\ \dot{\theta}_2 \\ \dot{\theta}_3 \\ \dot{\theta}_4 \end{bmatrix}, \quad \dot{\boldsymbol{p}}_Q = \begin{bmatrix} \dot{x}_Q \\ \dot{y}_Q \\ \dot{\varphi} \end{bmatrix}, \quad \boldsymbol{J}^{-1} = \frac{1}{r}(\boldsymbol{U}^{\mathrm{T}} \boldsymbol{R}^{-1}(\varphi) + \overline{\boldsymbol{D}}) \quad （5\text{-}69）$$

式中，

$$\boldsymbol{U} = [\boldsymbol{u}_1 \ \boldsymbol{u}_2 \ \boldsymbol{u}_3 \ \boldsymbol{u}_4], \quad \overline{\boldsymbol{D}} = [D \ \ D \ \ D \ \ D]^{\mathrm{T}} \quad （5\text{-}70）$$

3. 带有麦克纳姆轮的四轮全向移动机器人

带有麦克纳姆轮的四轮全向移动机器人的运动学模型如图 5-13 所示。可以从麦克纳姆轮的角速度来分析机器人的速度组成，车轮的角速度向量 $\dot{\boldsymbol{q}}_i(i=1,2,3,4)$ 由以下三部分组成。

$\dot{\theta}_{i,x}$：周围轮毂的转速；

$\dot{\theta}_{i,\mathrm{roll}}$：麦克纳姆轮与地接触的辊子的转速；

$\dot{\theta}_{i,z}$：车轮绕轴与地接触点的转速。

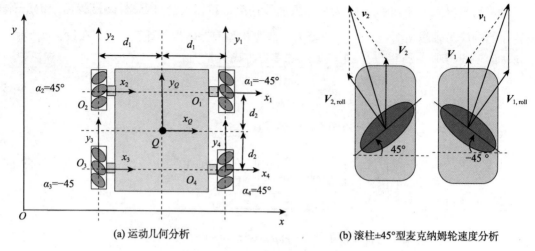

(a) 运动几何分析　　　　　　(b) 滚柱±45°型麦克纳姆轮速度分析

图 5-13　带有麦克纳姆轮的四轮全向移动机器人的运动学模型

坐标系 $O_ix_iy_i$ 中的车轮速度向量为

$$
\boldsymbol{v}_i = \begin{bmatrix} \dot{x}_i \\ \dot{y}_i \\ \dot{\varphi}_i \end{bmatrix} = \begin{bmatrix} 0 & r_i \sin\alpha_i & 0 \\ R_i & -r_i \cos\alpha_i & 0 \\ 0 & 0 & 1 \end{bmatrix} \begin{bmatrix} \dot{\theta}_{i,x} \\ \dot{\theta}_{i,\text{roll}} \\ \dot{\theta}_{i,z} \end{bmatrix} \tag{5-71}
$$

式中，$i=1,2,3,4$；$\dot{x}_i$，$\dot{y}_i$，$\dot{\varphi}_i$ 代表第 i 个麦克纳姆轮中心在 x、y 和 z 轴方向上的速度；R_i 为车轮的半径；r_i 为麦克纳姆轮的辊子半径；α_i 为麦克纳姆轮上的辊子的角度。机器人质心坐标系 Qx_Qy_Q 中机器人的速度向量为

$$
\dot{\boldsymbol{p}}_Q = \begin{bmatrix} \dot{x}_Q \\ \dot{y}_Q \\ \dot{\varphi}_Q \end{bmatrix} = \begin{bmatrix} \cos\varphi_i^Q & -\sin\phi_i^Q & d_{i,y}^Q \\ \sin\varphi_i^Q & \cos\phi_i^Q & -d_{i,x}^Q \\ 0 & 0 & 1 \end{bmatrix} \begin{bmatrix} \dot{x}_i \\ \dot{y}_i \\ \dot{\varphi}_i \end{bmatrix} \tag{5-72}
$$

式中，φ_i^Q 为坐标系 $O_ix_iy_i$ 相对于坐标系 $O_Qx_Qy_Q$ 的旋转角度（方向）；$d_{i,y}^Q$ 和 $d_{i,x}^Q$ 分别是坐标系 $O_ix_iy_i$ 相对于坐标系 $O_Qx_Qy_Q$ 的纵向和横向平移距离。联立公式（5-71）和公式（5-72）可得

$$
\dot{\boldsymbol{p}}_Q = \begin{bmatrix} \dot{x}_Q \\ \dot{y}_Q \\ \dot{\varphi}_Q \end{bmatrix} = \begin{bmatrix} \cos\varphi_i^Q & -\sin\varphi_i^Q & d_{i,y}^Q \\ \sin\varphi_i^Q & \cos\varphi_i^Q & -d_{i,x}^Q \\ 0 & 0 & 1 \end{bmatrix} \begin{bmatrix} 0 & r_i \sin\alpha_i & 0 \\ R_i & -r_i \cos\alpha_i & 0 \\ 0 & 0 & 1 \end{bmatrix} \begin{bmatrix} \dot{\theta}_{i,x} \\ \dot{\theta}_{i,\text{roll}} \\ \dot{\theta}_{i,z} \end{bmatrix} = \boldsymbol{J}_i\dot{\boldsymbol{q}}_i \tag{5-73}
$$

式中，$\dot{x}_Q$，$\dot{y}_Q$，$\dot{\varphi}_Q$ 代表机器人质心 Q 在 x，y 和 z 轴方向上的速度；$\dot{\boldsymbol{q}}_i = [\dot{\theta}_{i,x}\ \ \dot{\theta}_{i,\text{roll}}\ \ \dot{\theta}_{i,z}]^{\mathrm{T}}$；$\boldsymbol{J}_i$ 为车轮 i 的雅可比矩阵。$\boldsymbol{J}_i$ 是一个可逆的方阵，可以表示为

$$
\boldsymbol{J}_i = \begin{bmatrix} -R_i\sin\varphi_i^Q & r_i\sin(\varphi_i^Q+\alpha_i) & d_{i,y}^Q \\ R_i\cos\varphi_i^Q & -r_i\cos(\varphi_i^Q+\alpha_i) & -d_{i,x}^Q \\ 0 & 0 & 1 \end{bmatrix} \tag{5-74}
$$

如果图 5-13 中的机器人的四个轮子都相同（麦克纳姆轮上的辊子方向不同，可以为 45°和–45°），则上述构型的机器人的运动参数满足约束条件

$$\begin{cases} R_i = R \\ r_i = r \\ \varphi_i^O = 0 \\ |d_{i,x}^O| = d_1 \\ |d_{i,y}^O| = d_2 \\ \alpha_1 = \alpha_3 = -45^o \\ \alpha_2 = \alpha_4 = 45^o \end{cases} \qquad (5\text{-}75)$$

可以将公式（5-74）所示的雅可比矩阵化简为

$$\boldsymbol{J}_1 = \begin{bmatrix} 0 & -\dfrac{\sqrt{2}}{2}r & d_2 \\ R & -\dfrac{\sqrt{2}}{2}r & d_1 \\ 0 & 0 & 1 \end{bmatrix} \qquad (5\text{-}76)$$

$$\boldsymbol{J}_2 = \begin{bmatrix} 0 & \dfrac{\sqrt{2}}{2}r & d_2 \\ R & -\dfrac{\sqrt{2}}{2}r & -d_1 \\ 0 & 0 & 1 \end{bmatrix} \qquad (5\text{-}77)$$

$$\boldsymbol{J}_3 = \begin{bmatrix} 0 & -\dfrac{\sqrt{2}}{2}r & -d_2 \\ R & -\dfrac{\sqrt{2}}{2}r & -d_1 \\ 0 & 0 & 1 \end{bmatrix} \qquad (5\text{-}78)$$

$$\boldsymbol{J}_4 = \begin{bmatrix} 0 & \dfrac{\sqrt{2}}{2}r & -d_2 \\ R & -\dfrac{\sqrt{2}}{2}r & d_1 \\ 0 & 0 & 1 \end{bmatrix} \qquad (5\text{-}79)$$

带有麦克纳姆轮的四轮全向移动机器人的运动是通过所有麦克纳姆轮的同步运动完成的。底盘的整体运动速度由线速度 $\boldsymbol{v}$ 和角速度 $\boldsymbol{\omega}$ 组成，所以将每个麦克纳姆轮的速度也可分解成两个分量：一个分量对应底盘的线速度 $\boldsymbol{v}$；另一个分量对应底盘的角速度 $\boldsymbol{\omega}$。每个车

轮的速度可分解为

$$\boldsymbol{v}_1 = \boldsymbol{v} + \boldsymbol{v}_{1,\text{roll}} = \begin{bmatrix} \boldsymbol{v}_{1,x} \\ \boldsymbol{v}_{1,y} \end{bmatrix} = \begin{bmatrix} \boldsymbol{v}_x \\ \boldsymbol{v}_y \end{bmatrix} + \begin{bmatrix} d_2 \cdot \boldsymbol{\omega} \\ d_1 \cdot \boldsymbol{\omega} \end{bmatrix}$$

$$\boldsymbol{v}_2 = \boldsymbol{v} + \boldsymbol{v}_{2,\text{roll}} = \begin{bmatrix} \boldsymbol{v}_{2,x} \\ \boldsymbol{v}_{2,y} \end{bmatrix} = \begin{bmatrix} \boldsymbol{v}_x \\ \boldsymbol{v}_y \end{bmatrix} + \begin{bmatrix} d_2 \cdot \boldsymbol{\omega} \\ -d_1 \cdot \boldsymbol{\omega} \end{bmatrix}$$

$$\boldsymbol{v}_3 = \boldsymbol{v} + \boldsymbol{v}_{3,\text{roll}} = \begin{bmatrix} \boldsymbol{v}_{3,x} \\ \boldsymbol{v}_{3,y} \end{bmatrix} = \begin{bmatrix} \boldsymbol{v}_x \\ \boldsymbol{v}_y \end{bmatrix} + \begin{bmatrix} -d_2 \cdot \boldsymbol{\omega} \\ -d_1 \cdot \boldsymbol{\omega} \end{bmatrix}$$

$$\boldsymbol{v}_4 = \boldsymbol{v} + \boldsymbol{v}_{4,\text{roll}} = \begin{bmatrix} \boldsymbol{v}_{4,x} \\ \boldsymbol{v}_{4,y} \end{bmatrix} = \begin{bmatrix} \boldsymbol{v}_x \\ \boldsymbol{v}_y \end{bmatrix} + \begin{bmatrix} -d_2 \cdot \boldsymbol{\omega} \\ d_1 \cdot \boldsymbol{\omega} \end{bmatrix}$$

（5-80）

式中，$\boldsymbol{v}_{1,x}$ 和 $\boldsymbol{v}_{1,y}$ 表示第 1 个轮子的速度在 x 轴和 y 轴上的分量；$\boldsymbol{v}_1$ 表示第 1 个轮子的合成速度；$\boldsymbol{v}_x$ 表示机器人在 x 轴方向上的速度分量；$\boldsymbol{v}_y$ 表示机器人在 y 轴方向上的速度分量；式中其他变量以此类推。

在轮子坐标系 $O_ix_iy_i(i=1,2,3,4)$ 中，轮子包含切向和侧向两个自由度，切向速度分量 V_i 由电机提供，侧向速度分量 $V_{i,\text{roll}}$ 是由辊子从动产生的（常常难于直接确定其值）。根据图 5-13(b)可以得出

$$\boldsymbol{v}_i = V_i + V_{i,\text{roll}} \tag{5-81}$$

公式（5-81）可进一步用矩阵形式表示为

$$\boldsymbol{v}_1 = \begin{bmatrix} \boldsymbol{v}_{1,x} \\ \boldsymbol{v}_{1,y} \end{bmatrix} = \begin{bmatrix} 0 \\ V_1 \end{bmatrix} + \begin{bmatrix} -V_{1,\text{roll}} \cdot \sin(-45°) \\ V_{1,\text{roll}} \cdot \cos(-45°) \end{bmatrix}$$

$$\boldsymbol{v}_2 = \begin{bmatrix} \boldsymbol{v}_{2,x} \\ \boldsymbol{v}_{2,y} \end{bmatrix} = \begin{bmatrix} 0 \\ V_2 \end{bmatrix} + \begin{bmatrix} -V_{2,\text{roll}} \cdot \sin(45°) \\ V_{2,\text{roll}} \cdot \cos(45°) \end{bmatrix}$$

$$\boldsymbol{v}_3 = \begin{bmatrix} \boldsymbol{v}_{3,x} \\ \boldsymbol{v}_{3,y} \end{bmatrix} = \begin{bmatrix} 0 \\ V_3 \end{bmatrix} + \begin{bmatrix} -V_{3,\text{roll}} \cdot \sin(-45°) \\ V_{3,\text{roll}} \cdot \cos(-45°) \end{bmatrix}$$

$$\boldsymbol{v}_4 = \begin{bmatrix} \boldsymbol{v}_{4,x} \\ \boldsymbol{v}_{4,y} \end{bmatrix} = \begin{bmatrix} 0 \\ V_4 \end{bmatrix} + \begin{bmatrix} -V_{4,\text{roll}} \cdot \sin(45°) \\ V_{4,\text{roll}} \cdot \cos(45°) \end{bmatrix}$$

（5-82）

联立公式（5-80）和公式（5-82）可得

$$V_1 = \boldsymbol{v}_{1,x} + \boldsymbol{v}_{1,y} = \boldsymbol{v}_x + \boldsymbol{v}_y + (d_1 + d_2) \cdot \boldsymbol{\omega}$$

$$V_2 = -\boldsymbol{v}_{2,x} + \boldsymbol{v}_{2,y} = -\boldsymbol{v}_x + \boldsymbol{v}_y - (d_1 + d_2) \cdot \boldsymbol{\omega}$$

$$V_3 = \boldsymbol{v}_{3,x} + \boldsymbol{v}_{3,y} = \boldsymbol{v}_x + \boldsymbol{v}_y - (d_1 + d_2) \cdot \boldsymbol{\omega}$$

$$V_4 = -\boldsymbol{v}_{4,x} + \boldsymbol{v}_{4,y} = -\boldsymbol{v}_x + \boldsymbol{v}_y + (d_1 + d_2) \cdot \boldsymbol{\omega}$$

（5-83）

将公式（5-83）转换为矩阵形式，即带有麦克纳姆轮的四轮全向机器人的逆运动学方程：

$$\begin{bmatrix} V_1 \\ V_2 \\ V_3 \\ V_4 \end{bmatrix} = \begin{bmatrix} -1 & 1 & (d_1 + d_2) \\ 1 & 1 & -(d_1 + d_2) \\ -1 & 1 & -(d_1 + d_2) \\ 1 & 1 & (d_1 + d_2) \end{bmatrix} \begin{bmatrix} \boldsymbol{v}_x \\ \boldsymbol{v}_y \\ \boldsymbol{\omega} \end{bmatrix} \tag{5-84}$$

将公式（5-84）中四个轮子的切向速度 V_i 转换成车轮绕其轴的转速 $\theta_{i,x}$，可得

160

$$\begin{bmatrix} \dot{\theta}_{1,x} \\ \dot{\theta}_{2,x} \\ \dot{\theta}_{3,x} \\ \dot{\theta}_{4,x} \end{bmatrix} = \frac{1}{R} \begin{bmatrix} -1 & 1 & (d_1+d_2) \\ 1 & 1 & -(d_1+d_2) \\ -1 & 1 & -(d_1+d_2) \\ 1 & 1 & (d_1+d_2) \end{bmatrix} \begin{bmatrix} \dot{x}_Q \\ \dot{y}_Q \\ \dot{\varphi}_Q \end{bmatrix} \tag{5-85}$$

公式（5-85）给出了为获得机器人的目标速度 $[\dot{x}_Q \ \dot{y}_Q \ \dot{\varphi}_Q]^{\mathrm{T}}$ 所需的车轮旋转的角速度。

对公式（5-85）求逆，便可得到带有麦克纳姆轮的四轮全向移动机器人的前向运动学方程：

$$\begin{bmatrix} \dot{x}_Q \\ \dot{y}_Q \\ \dot{\varphi}_Q \end{bmatrix} = \frac{R}{4} \begin{bmatrix} -1 & 1 & -1 & 1 \\ 1 & 1 & 1 & 1 \\ \dfrac{1}{d_1+d_2} & \dfrac{-1}{d_1+d_2} & \dfrac{-1}{d_1+d_2} & \dfrac{1}{d_1+d_2} \end{bmatrix} \begin{bmatrix} \dot{\theta}_{1,x} \\ \dot{\theta}_{2,x} \\ \dot{\theta}_{3,x} \\ \dot{\theta}_{4,x} \end{bmatrix} \tag{5-86}$$

在世界坐标系 Oxy 中，机器人的速度矢量为

$$\boldsymbol{\dot{p}} = \begin{bmatrix} \dot{x} \\ \dot{y} \\ \dot{\varphi} \end{bmatrix} = \begin{bmatrix} \cos\varphi & -\sin\varphi & 0 \\ \sin\varphi & \cos\varphi & 0 \\ 0 & 0 & 1 \end{bmatrix} \begin{bmatrix} \dot{x}_Q \\ \dot{y}_Q \\ \dot{\varphi}_Q \end{bmatrix} \tag{5-87}$$

式中，φ 为机器人底盘绕坐标系 $O_Q x_Q y_Q$ 的 z 轴旋转的角度。

5.4　基于 Sysplorer 的机器人仿真实例

5.4.1　基于 TADynamics 模型库的四轮阿克曼模型构建

对于四轮阿克曼模型，我们可以直接使用 TADynamics 模型库提供的模型组件（如图 5-14 所示）结合 Modelica 库进行构建。

图 5-14　TADynamics 模型库

1. 主要组件描述

在本模型中，我们将首次见到一些模型组件，比如道路（FlatRoad）、轮胎（Wheel_Pac2002）等，它们在 Sysplorer 中的图标如图 5-15 所示。接下来我们对这些模型组件进行简单的介绍。

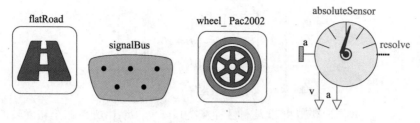

图 5-15　模型组件

1）FlatRoad

路径：TADynamics.Roads.RoadModel.FlatRoad

描述：道路组件，目前仅作为车辆驾驶的道路工况建模组件，可覆盖直线跑道和斜坡，为斜坡时，需要设置坡度 grad。需要注意的是，设置道路组件的参数（长度/宽度）时不需要考虑道路的方向，道路的方向通过参数 direction 来判断：true 表示道路朝向为 x 轴正方向；false 表示道路朝向为 x 轴负方向。

2）SignalBus

路径：TADynamics.SignalBus.SignalBus

描述：信号总线组件，用于处理车辆的信号交互，包括车轮信号总线、驾驶员信号总线、车身信号总线、制动信号总线、转动总线、悬架总线、动力总线和传动总线。

3）Wheel_Pac2002

路径：TADynamics.Vehicle.Wheels.WheelModel.Wheel_Pac2002

描述：采用 Pac2002 计算六分力的轮胎组件，轮胎参数通过读取外部文件定义，包括魔术轮胎参数、轮胎半径、轮胎刚度和阻尼系数等。

4）AbsoluteSensor

路径：Modelica.Mechanics.MultiBody.Sensors.AbsoluteSensor

描述：绝对传感器组件，用于测量车辆的速度和加速度、机架连接件的绝对运动量。参数 frame_a 的绝对运动量由条件输出信号连接器决定并提供。例如，如果参数 get_r 为 true，则连接器 r 被启用，并且连接器 r 将提供从世界坐标系原点到 frame_a 的绝对向量。

2. 模型描述

使用 TADynamics 模型库构建的四轮阿克曼模型的拓扑结构原理图如图 5-16 所示。模型包括车辆的轮胎、转向系统、车身结构、道路、传感器和电机等组件；模型的两个前轮分别用两个电机进行驱动，与车身通过两个转动关节连接，从而控制轮胎的转向；同时，模型添加了 World 和 TADynamics 模型库中的道路组件（flatRoad）来模拟现实路况。模型代码见本书配套资源包。

3. 模型仿真

这里我们仅展示模型仿真的动画演示效果，如图 5-17 和图 5-18 所示。

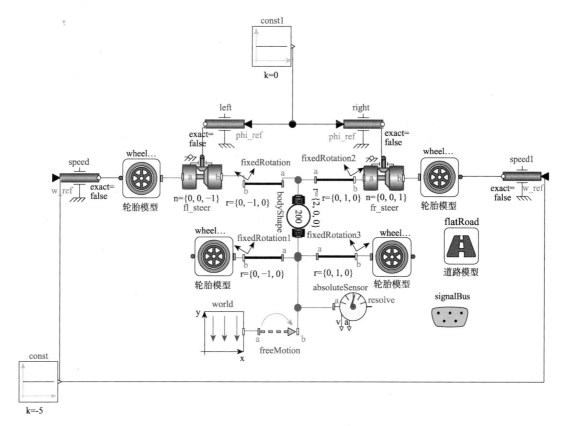

图 5-16　四轮阿克曼模型的拓扑结构原理图

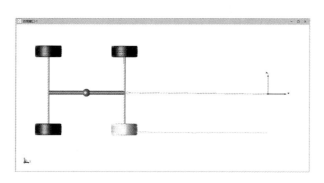

图 5-17　四轮阿克曼模型动画演示图一

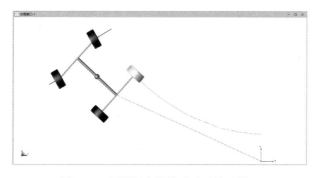

图 5-18　四轮阿克曼模型动画演示图二

5.4.2　基于 Modelica 模型库的三轮全向机器人模型构建

在不使用 TADynamics 模型库构建模型的情况下，我们也可以使用 Modelica 里面的 Mechanics 模型库来构建三轮或四轮全向机器人。

1. 主要组件描述

在前面的章节中，我们已经介绍了一些组成本模型的组件，如 BodyShape、Revolute 和 World 等。下面我们对前文尚未提及的本模型中使用的组件进行简单的介绍，这些模型组件如图 5-19 所示。

图 5-19　模型组件

1）Fixed

路径：Modelica.Mechanics.MultiBody.Parts.Fixed

描述：由一个在世界坐标系中固定的框架组成，其位置由参数向量 r（从世界坐标系原点到 frame_b 的向量，解析在世界坐标系中）定义。

2）Prismatic

路径：Modelica.Mechanics.MultiBody.Joints.Prismatic

描述：具有一个平移自由度的关节，它可以使 frame_b 沿着固定在 frame_a 上的轴 n 进行平移。Prismatic 模型的拓扑结构原理图如图 5-20 所示。

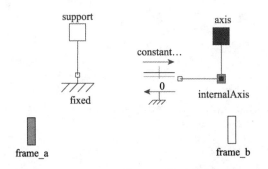

图 5-20　Prismatic 模型的拓扑结构原理图

3）VoluminousWheel

路径：Modelica.Mechanics.MultiBody.Visualizers.VoluminousWheel

描述：一个用于可视化轮胎的简单模型，使用了一个圆环和一个管道形状对象，轮子的中心位于连接器 frame_a 处。VoluminousWheel 仅仅是一个可视化模型，不包含轮胎的力学和动力学计算。VoluminousWheel 模型的拓扑结构原理图如图 5-21 所示。

4）FixedRotation

路径：Modelica.Mechanics.MultiBody.Parts.FixedRotation

描述：用于实现 frame_b 相对于 frame_a 的固定平移和固定旋转关系，FixedRotation 模型的拓扑结构原理图如图 5-22 所示。

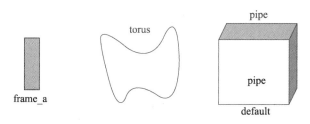

图 5-21　VoluminousWheel 模型的拓扑结构原理图

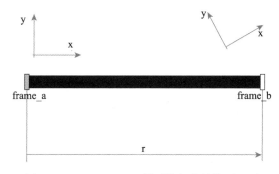

图 5-22　FixedRotation 模型的拓扑结构原理图

5）RollingConstraintVerticalWheel

路径：Modelica.Mechanics.MultiBody.Joints.Internal.RollingConstraintVerticalWheel

描述：用于模拟轮子在 x-y 平面上滚动的约束关系，应用于理想化的轮子集，轮子与地面始终保持垂直，并且轮子在与地面接触的纵向方向上不会发生滑动。

2. 模型描述

图 5-23 为三轮全向移动机器人模型的拓扑结构原理图，两个 Prismatic 使构建的模型能够在 x 轴和 y 轴方向上自由移动；FixedRotation 提供一个固定的旋转轴作为输入；Revolute 一端与 FixedRotation 连接进行旋转运动，另一端与 VoluminousWheel、RollingConstraint VerticalWheel 和 BodyShape 连接，其中，VoluminousWheel 模拟轮胎形状、BodyShape 提供质量、RollingConstraintVerticalWheel 模拟轮子在 x-y 平面上滚动的约束关系。我们通过设置 FixedRotation 的参数将三个轮子按照如图 5-23 所示的相对位置进行放置，通过对关节施加速度或力矩、角加速度等就可以实现三轮全向移动机器人的运动了。模型代码见本书配套资源包。

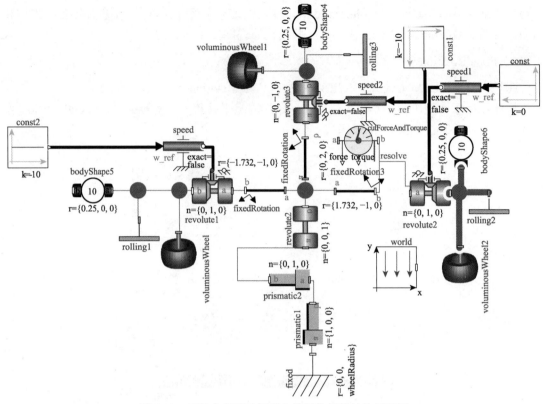

图 5-23　三轮全向移动机器人模型的拓扑结构原理图

VoluminousWheel 由于不提供轮胎的力学和动力学计算，所以无法准确地描述轮胎的物理特性和行为，但可以用作直观展示和初步分析的工具。对于更精确和详细的轮胎建模，可以使用 TADynamics 模型库中的轮胎、底盘、道路、环境等组件构建更复杂的仿真模型。

3. 模型仿真

对于创建好的三轮全向移动机器人机械模型，设置 A 轮、B 轮，以相同的速度 10 rad/s 旋转移动，同时将 C 轮的角速度设置为零。仿真结果、移动状态、仿真数据如图 5-24、图 5-25 和图 5-26 所示。

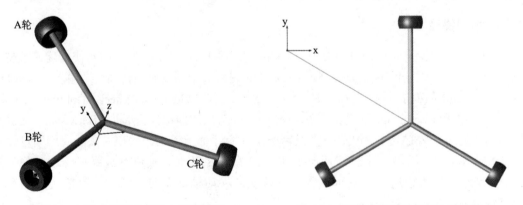

图 5-24　三轮全向移动机器人仿真结果　　　　图 5-25　三轮全向移动机器人移动状态

通过图 5-25，可以观测到机器人沿 C 轮方向移动。

图 5-26(a)展示了仿真过程中车轮中心坐标随时间变化的情况。图 5-26(b)展示了仿真过程中三个轮子的角速度随时间变化的情况，其中，speed1.w 是 C 轮的角速度，speed2.w 和 speed.w 分别是 A 轮和 B 轮的角速度。

构建四轮全向移动机器人模型时，仅需要在三轮全向移动机器人模型的基础上添加一组旋转关节模型并适当调整 FixedRotation 的参数即可，四轮全向移动机器人模型的拓扑结构原理图如图 5-27 所示。

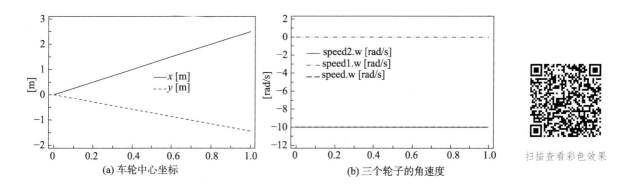

扫描查看彩色效果

图 5-26 三轮全向移动机器人仿真数据

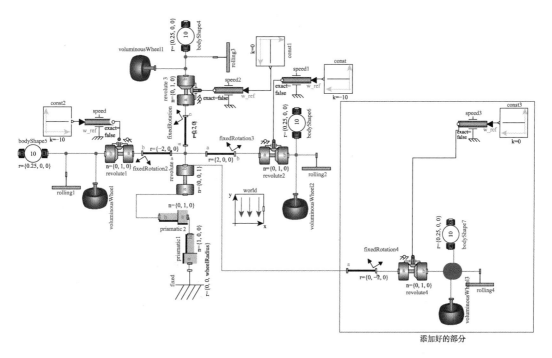

图 5-27 四轮全向移动机器人模型的拓扑结构原理图

本 章 小 结

　　本章首先对轮式移动机器人本体的运动学模型进行了分析，主要讨论了两轮差速、四轮差速、四轮阿克曼、四轮独立驱动、三轮全向和四轮全向模型。模型中涉及了前向运动学和逆向运动学的相关内容，这些内容对于掌握移动机器人的自主导航很重要。然后给出了基于 MWORKS 的两个仿真实例，分别是基于 TADynamics 模型库的四轮阿克曼运动模型的构建和基于 Modelica 模型库的三轮全向移动机器人模型的构建。

习 题

1. 移动机器人常用的驱动方式有哪些？
2. 简述两轮差速驱动移动机器人的运动学模型。
3. 对于如图 5-12 所示的四轮全向移动机器人，请推导出机器人的运动学方程。
4. 基于 Modelica 模型库构建两轮差速移动机器人点到点的运动控制模型。

第6章
轮式移动机器人的 SLAM 导航

本章通过对 ROS 的基础知识、SLAM 的具体实现框架等的讨论，带领读者了解 SLAM 的内在理论，以及目前主流的激光 SLAM、视觉 SLAM 等算法；并进一步了解 ROS 中经典的基于粒子滤波的 Gmapping、基于优化的 Cartographer 等激光 SLAM 算法的原理、具体框架及核心源代码的分析；同时，对视觉 SLAM 的典型代表算法 ORB-SLAM3、SVO2 等的源代码进行了探讨和分析。

通过本章学习，读者可以了解（或掌握）：

❖ ROS 的架构和基本操作。

❖ ROS 开发环境的搭建。

❖ 一些典型的 SLAM 算法。

6.1　ROS 入门必备知识／／／／／／／／／／／／／／／／

6.1.1　ROS 简介

ROS（Robot Operating System）是一种流行的机器人操作系统与控制系统。它是一个分布式的通信框架，帮助程序进程之间更方便地通信，是工具、库和协议的集合，用于简化机器人软件的开发、部署和管理。ROS 采用基于节点（Node）的架构，每个节点可独立执行特定任务，并通过消息传递机制进行通信；节点可以在单个计算机或多个计算机上运行，形成分布式系统。在此基础上，开发人员可以使用 C++、Python 等常见的编程语言开发机器人的各种算法和应用程序，也可以使用基于 ROS 社区的大量开源软件包和第三方工具，这使得人们开发机器人的难度和成本大大降低。

1. ROS 性能特色

（1）跨平台支持：ROS 可以在多种操作系统上运行，包括 Linux、Windows、Mac 等。

（2）通信机制：ROS 提供了基于发布/订阅（Publish/Subscribe）模式的消息传递机制，节点可以通过发布和订阅消息进行通信。此外，ROS 还支持服务调用和参数服务器，用于更复杂的通信。

（3）软件包管理：ROS 使用软件包（package）作为代码和资源的组织单元。软件包可以包含节点、库、配置文件、数据集等内容。ROS 提供了强大的软件包管理工具（如 rospack 和 rosdep），使开发者能够轻松管理和共享软件包。

（4）开放和共享：ROS 是一个开源项目，任何人都可以访问、使用和贡献代码。ROS 社区拥有庞大的用户和开发者群体，他们共享代码、问题和解决方案，并通过 ROS Wiki、邮件列表、论坛等渠道进行交流。

（5）丰富的库支持：ROS 提供了众多功能强大的库，涉及机器人的感知、运动控制、导航、仿真等领域。一些常用的库包括 OpenCV、PCL（Point Cloud Library）、MoveIt、Gazebo 等。

（6）强大的工具集：ROS 提供了丰富的生态系统和工具集，适用于机器人开发的不同方面。工具集中有调试工具（如 roslaunch、rosbag）、可视化工具（如 rviz、rqt）和仿真工具（如 Gazebo）等。

ROS 的应用领域广泛，包括工业机器人、服务机器人、移动机器人、无人机等。ROS 已成为机器人领域最为常用的软件开发平台，为机器人的快速开发和创新提供了重要支持。

2. ROS 发行版本

与 Linux 发行版本类似，ROS 发行版本内置了一系列常用功能包，即将 ROS 系统打包安装到原生系统中。

ROS 最初是基于 Ubuntu 系统开发的，其发行版本名称也和 Ubuntu 采用了同样的规则，即版本名称的首字母按照字母表递增顺序选取，如图 6-1 所示。Ubuntu 和 ROS2 的版本对应关系见表 6-1。

Ubuntu 版本	ROS版本	Logo
Ubuntu 20.04	Noetic	
Ubuntu 18.04	Melodic	
Ubuntu 16.04	Kinetic	

图 6-1 ROS 的主要版本

表 6-1 Ubuntu 和 ROS2 的版本对应关系

Ubuntu 版本	ROS2 版本	发行日期	生命周期结束时间
20.04 LTS	Foxy Fitzroy	2020.06.05	2023.05
20.04 LTS	Galactic Geochelone	2021.02.23	2022.11
20.04 LTS 22.04 LTS	Humble Hawksbill (Recommended)	2022.05.23	2027.05
22.04 LTS	Iron Irwini (Recommended)	2023.05.23	2024.11

6.1.2 ROS 系统架构

ROS 系统架构主要包括以下三个部分，每个部分代表一个层级的概念。

（1）文件系统级：在该层级中可以使用一组概念来解释 ROS 的内部构成、文件夹结构及工作所需的核心文件。

（2）计算图级：该层级体现的是进程和系统之间的通信，包括建立系统、处理各类进程、与多台计算机通信等相关的概念和功能。

（3）开源社区级：该层级包括开发人员之间如何共享知识、算法与代码。

1. 从文件系统级视角理解 ROS 架构

与其他操作系统类似，ROS 程序的不同组件要被放在不同的文件夹下，这些文件夹是根据功能的不同来组织的，如图 6-2 所示。ROS 文件系统级涉及的重要概念如下。

（1）功能包（package）：功能包是 ROS 中软件组织的基本形式。功能包具有最小的结构和最少的内容，用于创建 ROS 程序，它可以包括 ROS 运行的进程（节点）、配置文件等。

（2）功能包清单（package manifest）：功能包清单提供关于功能包、许可信息、依赖关系、编译标志等的信息。功能包清单在文件 package.xml 中定义，通过这个文件能够实现对功能包的管理。

（3）功能包集（stack）：将几个具有某些功能的功能包组织在一起，可以获得一个功能包集。在 ROS 系统中，存在大量的不同用途的功能包集，如导航功能包集。

（4）功能包集清单（stack manifest）：功能包集清单提供关于功能包集的清单，包括开源代码的许可证信息、与其他功能包集的依赖关系等。功能包集清单在文件 stack.xml 中定义。

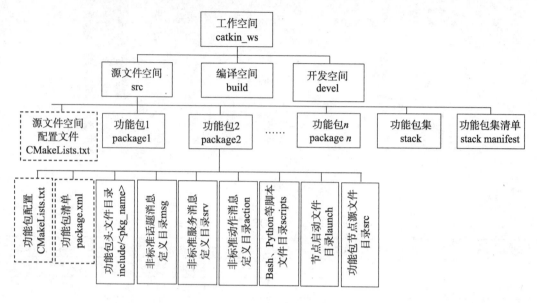

图 6-2　ROS 的文件系统级结构

（5）消息类型（message /msg type）：消息是一个进程发送给其他进程的信息。ROS 系统中有许多标准消息类型。消息类型的描述说明存储在 my_package/msg/MyMessageType.msg 中，也就是对应的功能包的 msg 目录下。

（6）服务类型（service/srv type）：服务类型的描述说明存储在 my_package/srv/MyServiceType.srv 中，也就是对应的功能包的 srv 目录下，该文件定义了在 ROS 系统中服务请求和响应的数据结构。

2. 从计算图级视角理解 ROS 架构

ROS 会创建一个连接所有进程的网络，在系统的任意节点上都可以访问此网络，并通过此网络与其他节点交互，获取其他节点发布的消息，并将自身数据发布到网络上。在 ROS 中，可执行程序的基本单位称为节点，节点之间通过消息机制进行通信，这些节点之间的连接形成网络，也称为计算图级，其结构如图 6-3 所示。

在这一层级中最基本的概念包括节点、节点管理器、参数服务器、消息、服务、话题和消息记录包，这些概念都可以以不同的方式向计算图级提供数据。

（1）节点：节点是可执行程序，通常也叫进程。如果你想要拥有一个可以与其他节点进行交互的进程，那么就需要创建一个节点，并将其连接到 ROS 网络，如图 6-3 中的节点 1、节点 2、节点 3 等。节点之间通过收发消息进行通信，消息的收发机制分为话题（topic）、服务（service）和动作（action）三种，图 6-3 中，节点 2 与节点 3、节点 2 与节点 5 之间采用话题通信；节点 2 与节点 4 之间采用服务通信；节点 1 与节点 2 之间采用动作通信。计算图中的节点、话题、服务、动作都使用唯一的名称作为标识。节点可以使用不同的库进行编写，如 roscpp 和 rospy。ROS 提供了处理节点的工具，比如，主要用于显示节点信息的命令行工具 rosnode，该工具的用法如下。

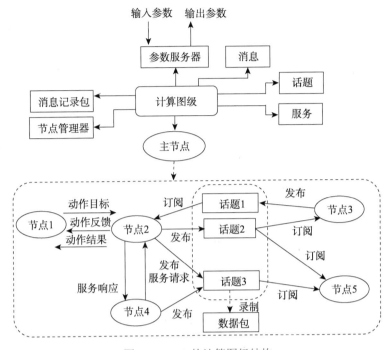

图 6-3　ROS 的计算图级结构

rosnode info node：输出当前节点的信息。

rosnode kill node：结束当前运行节点或发送给定信号。

rosnode list：列出当前的活动节点。

rosnode ping node：测试节点间的连通性。

rosnode cleanup：将无法访问节点的注册信息清除。

（1）节点管理器：节点管理器用于节点的名称注册和查找等。如果系统中缺少了节点管理器，节点、服务和消息之间的通信就不能完成。ROS 节点管理器非常像 DNS 服务器，其将唯一的名称和 ID 与系统中活跃的 ROS 元素关联起来。当一个节点在 ROS 系统中启动时，它就会查找 ROS 节点管理器，并在其中注册节点的名称。因此，ROS 节点管理器记录了目前 ROS 中运行的所有节点的详细信息。

当节点开始发布话题时，节点将话题的详细信息（如名称和数据类型）提供给 ROS 节点管理器；ROS 节点管理器将检查是否有其他节点订阅了同一话题，如果有，ROS 节点管理器会将发布者节点详细信息共享给订阅节点；获取节点详细信息后，这两个节点将使用基于 TCP/IP 套接字的 TCPROS 协议进行互连，两个节点连接后，ROS 节点管理器就不再起作用了。我们可以根据需要停止发布者节点或订阅者节点，停止任何一个节点都会再次检查 ROS 节点管理器。

（2）参数服务器：参数服务器能够使数据通过关键词存储于系统的核心位置。通过使用参数，其能够在运行时配置节点或改变节点的工作任务。参数被认为是节点中可供外部修改的全局变量，分为静态参数和动态参数。其中，静态参数一般用于在节点启动时设置节点的工作模式；动态参数用于在节点运行时动态配置或改变节点的工作状态，如电机控制节点里的 PID 控制参数。

（3）消息（message）：消息是构成计算图级的关键，包括消息机制和消息类型两部分，表示一个节点发送到其他节点的数据信息。节点间通过消息完成彼此的沟通。

（4）话题（topic）：话题是 ROS 计算图级的重要元素，其为节点间交换消息的总线。一个节点发送数据也是该节点向话题发布消息；节点可以通过订阅某个话题接收来自其他节点的消息。一个节点可以订阅一个话题，而不需要同时发布该话题。一个节点可以将消息发布到任意数量的话题中，也可以进行对任意数量话题的订阅。话题是节点间数据交互的重要方式，同样也适用于系统各种不同模块之间的交互，其名称必须是独一无二的，否则同名话题之间会发生路由信息的错误。

（5）服务（service）：在发布话题时，正在发送的数据能够以多对多的方式交互。服务可以实现一对一的双向通信：客户端请求服务；服务端响应服务，处理得到的反馈，并将反馈返回给请求服务的客户端。当一个节点提供某种服务时，所有的节点都可以通过基于 ROS 客户端库编写的代码与它通信。

（6）消息记录包（bag）：消息记录包是一种用于保存和回放 ROS 消息数据的文件格式，也是一种存储数据的重要机制。它能够获取并记录各种难以收集的传感器数据。用户可以通过消息记录包反复获取实验数据，从而进行必要的开发和算法测试。

3. 从开源社区级视角理解 ROS 架构

开源社区级主要是 ROS 相关资源的来源。ROS 主要依赖于开源或共享软件的源代码，但是这些代码是不同的机构共享与发布的，所以开源社区级就是用于表达 ROS 软件代码库的各个独立的网络社区分布形式。

6.1.3 ROS 调试工具

虽然 ROS 系统很复杂，但其附带了大量用于开发调试的工具。这些调试工具大致可以分为命令行工具和可视化工具两种，掌握这些工具能够大大提高开发效率。

1. 命令行工具

ROS 提供了命令行工具，用户能在 shell 终端直接输入命令并使用它们，其类似于 Linux 命令。

（1）信息显示相关的命令主要包括：

rostopic：显示系统中所有与话题相关消息的命令。

```
$ rostopic list                                    #打印出当前所有话题的列表
$ rostopic pub 话题名 话题消息类型 话题消息内容        #向话题发布内容，输入话题名后可以使用 Tab 补齐
$ rostopic pub -r 频率 话题名 话题消息类型 话题消息内容   #-r：消息发布；频率：一分钟发布的次数
```

rosservice：显示系统中所有与服务相关消息的命令。

$ rosservice list	#打印出当前所有服务的列表
$ rosservice call 服务名 服务内容	#调用服务
$ /spawn	#产生海龟的服务
$ /clear	#刷新服务

rosnode：显示系统中所有与节点相关消息的命令。

$ rosnode list	#列出系统中所有节点
$ rosnode info /xxx	#查看 xxx 节点信息

rosmsg：显示系统中所有与消息相关消息的命令。

$rosmsg show xxx	#显示 xxx 的数据结构

rosparam：显示系统中所有与参数相关消息的命令。

$ rosparam list	#列出当前所有参数
$ rosparam get xxx	#显示某个参数值
$ rosparam set xxx	#设置某个参数值
$ rosparam dump xxx.xxx	#保存参数到文件
$ rosparam load xxx.xxx	#从文件读取参数
$ rosparam delete xxx	#删除参数

（2）运行相关的命令主要包括：

roscore：启动主节点的命令。

rosrun：启动单个节点的命令。

roslaunch：同时启动多个节点的命令。

（3）操作相关的命令主要包括：

catkin_init_workspace：初始化 catkin 工作空间的命令。

catkin_create_pkg：创建功能包的命令。

catkin_make：编译功能包的命令。

（4）功能包操作相关的命令主要包括：

rospack：查询功能包信息的命令。

rosinstall：安装功能包更新的命令。

rosdep：功能包依赖的命令。

2. 可视化工具

除了上面提到的命令行工具，还有一些可视化工具。下面介绍两个开发过程中频繁使用的可视化工具，rviz 和 rqt。

1）rviz

rviz 是一款 ROS 自带的三维可视化工具，可以很好地兼容基于 ROS 的机器人平台，用于可视化显示激光雷达、深度相机、超声波等传感器的数据，机器人的三维几何模型、路径规划实时轨迹与发送导航目标等。在 rviz 中，可以使用可扩展标记语言 XML 对机器人、周围物体等任何实物进行尺寸、质量、位置、材质、关节等属性的描述，并在界面中呈现出来。

rviz 还可以通过图形化的方式，实时显示机器人传感器的信息、机器人的运动状态、周围环境的变化等信息。rviz 通过机器人模型参数、机器人发布的传感器信息等数据，进行所有可监测信息的图形化显示。用户和开发者也可以在 rviz 界面下，通过按钮、滑动条、数值等方式控制机器人的行为。

启动 rviz 的命令如下：

```
$ rosrun rviz rviz #通过 rosnode 方式启动 rviz
```

rviz 主界面如图 6-4 所示。

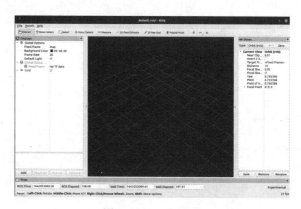

图 6-4　rviz 主界面

2）rqt

ROS 支持用户自己开发的可视化工具 rqt。rqt 是基于 Qt 开发的，因此 rqt 用户可以自由添加和编写插件来实现自己的功能。启动 rqt 主界面的方法很简单，命令如下：

```
$ roscore    #在终端先启动 roscore
$ rqt        #在另一个终端启动 rqt
```

rqt 包含的插件非常丰富，一些常用的 rqt 插件包括 rqt_graph、rqt_tf_tree、rqt_plot、rqt_reconfigure、rqt_image_view、rqt_bag 和 rqt_console。rqt_graph 用于显示 ROS 网络中节点的连接关系图，rqt_tf_tree 用于显示 ROS 网络中 tf 关系树状图，rqt_plot 用于为 ROS 中的消息数据绘制曲线图，rqt_reconfigure 用于在图形界面中配置 ROS 参数，rqt_image_view 用于显示 ROS 中的图像数据，rqt_bag 用于显示 rosbag 文件中的数据结构，rqt_console 用于输出日志。

3. Gazebo

Gazebo 是一款免费的机器人仿真软件，可以提供世界模型、传感器模型、动力学模型、运动学模型、机器人模型仿真等。它能够在复杂的室内和室外环境中准确高效地模拟机器人的功能，通常与 ROS 联合使用，为开发者提供优异的仿真环境。Gazebo 支持 urdf/sdf 格式文件，它们均用于描述仿真环境。官方也提供了一些集成好的常用的模型模块，可以直接导入 Gazebo 使用。

初始启动 Gazebo 的时候，默认是没有模型的，需要手动下载配置。向 Gazebo 导入模型库的步骤如下：

①下载模型文件：需要导入的模型库可在 GitHub 中搜索 gazebo_models 并下载，其中包含许多常用模型。

②创建 models 文件夹：./gazebo 文件夹默认被隐藏，需要按下【Ctrl+H】键才能看到被隐藏的文件。

```
$ cd ~/.gazebo/
$ mkdir -p models
```

③复制模型文件：将步骤①下载的压缩包复制至新建的 models 文件夹下并解压。再次启动 Gazebo 便可以加载我们下载的模型了。

④测试：启动 Gazebo，在【insert】面板中选择模型导入，查看效果。图 6-5 是在 Gazebo 主界面中导入模型 ambulance 的场景。

启动 Gazebo 的命令如下：

```
$ gazebo
```

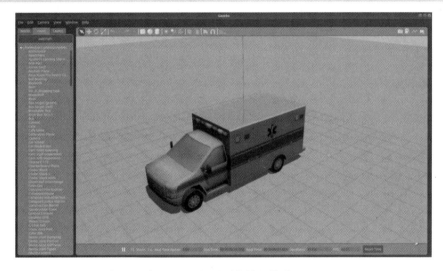

图 6-5　在 Gazebo 主界面中导入模型 ambulance

6.1.4　ROS 节点通信

ROS 代码的编写通常围绕节点通信过程中的消息机制和消息类型两个核心点展开，因此，本章首先详细阐述话题、服务和动作三种消息机制的原理，然后介绍这三种消息机制中使用的消息类型，最后使用 C++编写基于这三种消息机制的示例代码。

1. 消息机制

1）话题通信

消息通过发布/订阅的方式传递，发布者节点（Talker）针对一个给定的话题发布消息，订阅者节点（Listener）订阅某个话题及其特定数据。话题通信是单向异步通信，无反馈，有缓冲，弱实时，发布者只负责将消息发布到话题中，订阅者只从话题中订阅消息，发布者与订阅者之间无须事先确定各自的身份，话题充当消息存储容器的角色。话题通信常常应用在实时性要求不高，数据量比较大，接口变动不明显且不需要进行数据反馈的场景，如雷达数据通信或图像数据通信等。

2）服务通信

服务通信是基于服务器/客户端（Server/Client）模式的双向且一问一答阻塞式的数据通信方式，客户端向服务器发送请求，服务器在收到请求后立即进行处理并返回响应信息。服务通信是同步通信，有反馈，无缓冲，强实时，节点关系一对多，适用于实时性要求比较高且使用频次低的场景，比如获取全局静态地图。服务通信可以使用 ROS 提供的服务类型，也可以使用 .srv 文件自定义的服务类型。

3）动作通信

动作通信是双向异步的通信。动作客户端向动作服务器发送目标，而动作服务器要完成指定目标需要一个过程，在此过程中动作服务器实时反馈消息，并在目标完成后返回结果给动作客户端。动作通信是以 actionlib 库函数为基础实现的一种通信机制，其通信过程是可以进行定时反馈的，并且任务在执行过程中是可以终止的。这使得动作通信特别适合那些需要在执行过程中对目标进行实时调度的任务，比如让智能机器人按照规划后的路径进行运动，以及对目标对象进行抓取、导航等。

2. 消息类型

消息类型就是一种数据结构，类似各类编程语言中的变量和常量等，可以分为 ROS 定义的标准消息类型和用户利用标准消息类型自己封装的非标准消息类型。ROS 中消息类型按照通信机制可以分为话题消息类型、服务消息类型和动作消息类型。

1）话题消息类型

ROS 提供了很多预定义的话题消息类型。如果创建了一种新的话题消息类型，那么就要把话题消息类型的定义放到功能包的 msg 文件夹下，在该文件夹中有用于定义各种消息的文件，这些文件都以.msg 为扩展名，包括 std_msgs、sensor_msgs 等，用于表示不同类型的数据结构。常用的消息类型包括整型、浮点型、字符串型等，以满足不同场景下的数据传输需求。除了内置的消息类型外，用户还可以根据自身需要创建自定义的消息类型。

一个 msg 文件中定义的消息类型示例如下：

```
int32 id
float32 vel
string name
```

比如，有消息类型 geometry_msgs/Twist，我们利用 rosmsg show 命令来查看这个消息类型的细节：

```
$ rosmsg show geometry_msgs/Twist
geometry_msgs/Vector3 linear
        float64 x
        float64 y
        float64 z
geometry_msgs/Vector3 angular
        float64 x
```

```
        float64 y
        float64 z
```

rostopic pub 命令允许我们通过命令行的方式向话题发布消息，其语法结构如下：

```
$rostopic pub [topic] [msg_type] [args]
```

其中，[topic] 表示话题名称；[msg_tpye]表示话题的消息类型；[args]表示要发布的该消息类型对应的参数。我们输入如下命令进行演示：

```
$ rostopic pub -r 10 /topic_name std_msgs/String "hello"
```

这条命令将会以每秒 10 次的频率发布一条内容为"hello"的 std_msgs/String 消息到 /topic_name 话题上。

2）服务消息类型

ROS 使用了一种简化的服务描述语言来描述 ROS 的服务消息类型，直接借鉴了 ROS 的话题消息类型的数据格式，以实现节点之间的服务请求/响应通信。服务的描述存储在功能包的 srv 文件夹下的 srv 文件中，所有服务消息类型的定义文件都以.srv 为扩展名。若要调用服务，需要使用功能包的名称及服务名称。ROS 中有一些执行某些功能与服务的工具，如 rossrv 工具，其能输出服务说明、srv 文件所在的功能包名称，并可以找到使用某一服务消息类型的源代码文件。

服务通信的例程如下。

①自定义服务消息类型

首先编写 srv 文件<package_name>/srv/AddTwoInts.srv，在该文件中填充以下内容：

```
        int64 a
        int64 b
        —
        int64 sum
```

接着对文件 AddTwo Ints.srv 进行编译设置。在 package.xml 中添加包依赖（同自定义消息）：

```
<build_depend>message_generation</build_depend>
        <run_depend>message_runtime</run_depend>
```

在 CMakeLists.txt 文件中添加编译选项：

```
# 在 find_package 中添加 message_generation
find_package(catkin REQUIRED COMPONENTS
    geometry_msgs
    roscpp
    rospy
    std_msgs
    message_generation)
# catkin 依赖设置
catkin_package(#    INCLUDE_DIRS include
    CATKIN_DEPENDS geometry_msgs roscpp rospy std_msgs message_runtime)
```

179

```
# 设置需要编译的 srv 文件
add_service_files(
  FILES
  AddTwoInts.srv)
```

②创建 server：服务器端文件所在的路径为<package_name>/src/server.cpp。

【代码清单 6-1】服务器端文件 server.cpp。

```
1    #include "ros/ros.h"
2    #include "learning_communication/AddTwoInts.h"
3    // service 回调函数，输入参数 req，输出参数 res
4    bool add(learning_communication::AddTwoInts::Request  &req,
5            learning_communication::AddTwoInts::Response &res){
6    // 将输入参数中的请求数据相加，结果放到应答变量中
7    res.sum = req.a + req.b;
8        ROS_INFO("request: x=%ld, y=%ld", (long int)req.a, (long int)req.b);
9        ROS_INFO("sending back response: [%ld]", (long int)res.sum);
10       return true;}
11   int main(int argc, char **argv){
12   // ROS 节点初始化
13   ros::init(argc, argv, "add_two_ints_server");
14   // 创建节点句柄
15   ros::NodeHandle n;
16   // 创建一个名为 add_two_ints 的 server，注册回调函数 add()
17   ros::ServiceServer service = n.advertiseService("add_two_ints", add);
18   // 循环等待回调函数
19   ROS_INFO("Ready to add two ints.");
20       ros::spin();
21   return 0;
22   }
```

③创建 client：客户端文件所在的路径为<package_name>/src/client.cpp。

【代码清单 6-2】客户端文件 client.cpp。

```
1    #include <cstdlib>
2    #include "ros/ros.h"
3    #include "learning_communication/AddTwoInts.h"
4    int main(int argc, char **argv){
5    // ROS 节点初始化
6    ros::init(argc, argv, "add_two_ints_client");
7    // 从终端命令行中获取两个加数
8    if (argc != 3)
9        {
10           ROS_INFO("usage: add_two_ints_client X Y");
11           return 1;
12       }
13   // 创建节点句柄
14   ros::NodeHandle n;
```

```
15    // 创建一个 client，请求 add_two_int service
16    // service 消息类型是 learning_communication::AddTwoInts
17    ros::ServiceClient client =n.serviceClient<learning_communication::AddTwoInts>("add_two_ints");
18    // 创建 learning_communication::AddTwoInts 类型的 service 消息
19    learning_communication::AddTwoInts srv; srv.request.a = atoll(argv[1]);
20    srv.request.b = atoll(argv[2]);
21    // 发布 service 请求，等待加法运算的应答结果
22    if (client.call(srv))
23        {
24            ROS_INFO("Sum: %ld", (long int)srv.response.sum);
25        }
26    else
27        {
28            ROS_ERROR("Failed to call service add_two_ints");
29            return 1;
30        }
31    return 0;
32    }
33
```

④编写 CMakeLists.txt 文件，代码如下：

```
add_executable(server src/server.cpp)
target_link_libraries(server ${catkin_LIBRARIES})
add_dependencies(server ${PROJECT_NAME}_gencpp)
add_executable(client src/client.cpp)
target_link_libraries(client ${catkin_LIBRARIES})
add_dependencies(client ${PROJECT_NAME}_gencpp)
```

⑤编译运行，代码如下：

```
$ catkin_make        #编译
$ roscore            #启动 ROS 的节点管理器
#使用 rosrun 命令启动功能包 package_name 中的节点 server，为别的节点提供两个整数求和的服务
$ rosrun <package_name> server
#使用 rosrun 命令启动功能包 package_name 中的节点 client，向 server 发起请求
#在启动 client 节点后，输入整数 2 和 4 可得到求和结果
$ rosrun <package_name> client 2 4
```

3）动作消息类型

与服务通信类似，动作通信只是在响应中多了一个反馈机制。与服务通信例程一样，动作通信例程也使用自定义的消息类型，其实现过程如下。

①创建功能包：在 ROS 工作空间 catkin_ws 的 src 文件夹下创建一个功能包，命名为 ActionTask。

创建该功能包的命令如下：

```
$ catkin_create_pkg ActionTask roscpp rospy std_msgs geometry_msgs
```

②节点编程与动作消息类型定义：客户端发送一个动作目标，模拟机器人运动到目标位置的过程，包含服务器端和客户端的代码实现，要求带有实时位置反馈。

在功能包下创建一个新的文件夹，命名为 action，并在此文件夹中创建一个空文件 Motion.action。

在 Motion.action 文件中输入以下代码，定义动作消息类型。

```
//定义机器人运动终点坐标 end_x，end_y
uint32 end_x
uint32 end_y
—
//定义机器人动作完成标志位
uint32 Flag_Finished
—
//定义机器人当前位置坐标 coordinate_x，coordinate_y
uint32 coordinate_x
uint32 coordinate_y
```

说明：动作通信接口提供了五种消息定义，分别为 goal、cancel、status、feedback 和 result，而 action 文件用来定义其中三种消息，按顺序分别为 goal、result 和 feedback，与 srv 文件中的服务消息定义方式一样，使用"—"作为分隔符。

Motion.action 文件经过编译后生成 MotionAction.h、MotionActionFeedback.h 和 MotionGoal.h 等多个头文件，这些文件存放在 ROS 工作空间 cotkin_ws 下的 devel/include/action_task 文件夹内。

③动作客户端编程：在功能包下的 action 文件夹下创建一个空文件 RobotClient.cpp，并在文件 RobotClient.cpp 中输入以下代码。

【代码清单 6-3】动作客户端文件 RobotClient.cpp。

```
1    #include <ros/ros.h>
2    #include <actionlib/client/simple_action_client.h>
3    #include "action_task/MotionAction.h"
4    typedef actionlib::SimpleActionClient<action_task::MotionAction> Client;
5    //当动作完成后，调用该回调函数一次
6    void doneCb(const actionlib::SimpleClientGoalState& state,
7                     const action_task::MotionResultConstPtr& result)
8    {
9         ROS_INFO("The robot has arrived at the destination.");
10        ros::shutdown();
11   }
12   //当动作被激活时，调用该函数一次
13   void activeCb()
14   {
15        ROS_INFO("Goal just went active");
16   }
17   //接收到 feedback 后，调用该回调函数
18   void feedbackCb(const action_task::MotionFeedbackConstPtr& feedback)
19   {
```

```
20          ROS_INFO(" The place of robot : (%d , %d) ", feedback->coordinate_x, feedback->coordinate_y);
21    }
22    int main(int argc, char** argv)
23    {
24          //初始化 ROS 节点
25          ros::init(argc, argv, "robot_client");
26          //创建一个动作客户端
27          Client client("robot_motion", true);
28          //等待动作服务器响应
29          ROS_INFO("Waiting for action server to start.");
30          client.waitForServer();
31          ROS_INFO("Action server started, sending goal.");
32          //创建一个动作目标
33          action_task::MotionGoal goal;
34          goal.endx = 5;
35          goal.endy = 4;
36          //发送动作目标给服务器，并设置回调函数
37          client.sendGoal(goal, &doneCb, &activeCb, &feedbackCb);
38
39          ros::spin();
40          return 0;
41    }
```

④动作服务器编程：在功能包下的 action 文件夹下创建一个空文件 RobotServer.cpp，输入以下代码。

【代码清单 6-4】动作服务器文件 RobotServer.cpp。

```
1     #include <ros/ros.h>
2     #include <actionlib/server/simple_action_server.h>
3     #include "action_task/MotionAction.h"
4     #define wid 5
5     #define hig 5
6     typedef actionlib::SimpleActionServer<action_task::MotionAction> Server;
7     //定义结构体
8     struct note
9     {
10          int x;//横坐标
11          int y;//纵坐标
12          int f;//父节点在队列中的编号
13          int s;//步数
14    };
15    //接收到动作的目标之后，调用该回调函数一次
16    void execute(const action_task::MotionGoalConstPtr& goal, Server* as)
17    {
18          struct note que[40];//定义一个 note 结构体的队列
19          //定义地图大小及形式，1 为障碍物，0 为正常道路
20          int map[6][6]={{0, 0, 1, 0, 0, 1},
21                                {1, 0, 1, 0, 0, 0},
```

```
22                              {1, 0 ,0, 1, 0, 1},
23                              {0, 1, 0, 0, 0, 0},
24                              {0, 0, 0, 1, 1, 0},
25                              {1, 0, 0, 1, 0, 0}};
26      //记录哪些点已经在队列中，防止一个点被重复扩展
27      int book[6][6]={0};
28      //定义一个表示走的方向的数组
29      int next[4][2]={{0,1},              //向右
30                      {1,0},              //向下
31                      {0,-1},             //向左
32                      {-1,0}};            //向上
33      int head, tail;
34      int j, k, l;
35      int start_x = 0, starty = 0;
36      int p,q,t_x,t_y,flag;
37      ros::Rate r(1);                     //设置 ROS 系统延时频率
38      action_task::MotionFeedback feedback; //创建一个 feedback 对象
39      //初始化队列
40      head=0;
41      tail=0;
42      //定义起点坐标
43      que[tail].x=start_x;
44      que[tail].y=start_y;
45      que[tail].f=0;
46      que[tail].s=0;
47      tail++;
48      book[start_x][start_y]=1;
49      flag=0;                             //用来标记是否到达目标点，0 表示还没有到达，1 表示已到达
50      //当队列不为空时，循环
51      while(head<tail)
52      {
53              //枚举四个方向
54              for(k=0;k<=3;k++)
55              {
56                      //计算下一个点的坐标
57                      t_x=que[head].x+next[k][0];
58                      t_y=que[head].y+next[k][1];
59                      //判断是否越界
60                      if(t_x<0 || t_x>wid || t_y<0 || t_y>hig)
61                              continue;
62                      //判断是否为障碍物或已经在路径中
63                      if(map[t_x][t_y]==0 && book[t_x][t_y]==0)
64                      {
65                              //标记这个点已经被走过
66                              book[t_x][ty]=1;
67                              //插入新的坐标到队列中
68                              que[tail].x=t_x;
```

```
69                          que[tail].y=t_y;
70                          que[tail].f=head;
71                          que[tail].s=que[head].s+1;
72                          tail++;
73                      }
74                  feedback.coordinate_x = t_x;
75                  feedback.coordinate_y = t_y;
76                  as->publishFeedback(feedback);//按照 1Hz 的频率发送机器人当前坐标位置
77                  r.sleep();                      //延时至 1s
78                  if(t_x==goal->endx && t_y==goal->endy)
79                  {
80                      flag=1;                     //到达目标点后，将标志位 flag 置为 1
81                      break;
82                  }
83              }
84          if(flag==1)
85              break;
86          head++;
87      }
88      //表示已经发送成功
89      as->setSucceeded();
90  }
91  int main(int argc, char** argv)
92  {
93      //初始化 ROS 节点
94      ros::init(argc, argv, "robot_server");
95      //创建节点句柄
96      ros::NodeHandle n;
97      //创建一个动作服务器
98      Server server(n, "robot_motion", boost::bind(&execute, _1, &server), false);
99      //启动动作服务器
100     server.start();
101     ros::spin();
102     return 0;
103 }
```

6.2 SLAM 经典算法简述 ///////////////////////

SLAM（Simultaneous Localization And Mappimg，同步定位与地图构建）算法是一种集成了传感器测量和计算机视觉技术的自主导航技术。

西方哲学有三大问题，分别是我是谁、我在哪、我要去哪。同样在机器人导航领域也有着相似的问题：第一个问题是"我在哪"，即机器人的定位问题；第二个问题是"我要去哪"，即机器人的目标点设置问题；第三个问题是"我要走什么路线到达目标点"，即机器人的路径规划问题。显然，对于移动机器人来说，第一个问题即定位问题更加重要，它为后两个问题提供了基础和前提，同时也是地图构建的第一步。处于陌生环境中的移动机器人，要通过各种传感器感知周围的环境来判断自身的位置。移动机器人的定位研究可以分为室内和室外两类，对于室外使用的机器人，可以通过 GPS 定位系统来获取自己的绝对坐标；但是对于室内移动机器人来说，建筑物的阻挡使得 GPS 的信号偏弱，想要通过 GPS 来完成对自身的准确定位和位姿估计很难，但是机器人定位这个问题必须要解决，于是出现了各种传感器，如激光雷达传感器和视觉相机传感器，助力室内移动机器人完成自身的定位和位姿估计，并进一步完成地图构建的任务。

1）以激光雷达为传感器的 SLAM 算法（激光 SLAM 算法）

激光雷达传感器通常具备精度高，处理速度快，且不需要对环境进行修改的特点，其累计误差也通常比较小。激光雷达所具备的优势使其备受青睐，目前在移动机器人领域被广泛应用。当前激光雷达主要分为二维激光雷达和三维激光雷达，三维激光雷达可以获取更加准确的点云信息，但其价格高昂，常用于室外或者无人驾驶等领域；在室内使用的移动机器人多采用二维激光雷达，虽然其获取的信息相对于三维激光雷达较少，但价格较低且室内环境信息也相对较少。

二维激光雷达应用广泛，目前已有多位专家学者在使用二维激光雷达作为移动机器人主要传感器的研究中取得突破，从最开始的基于滤波器的 SLAM 算法到后来的基于图优化的算法，都是相关研究的成果。激光 SLAM 算法主要包括 FastSLAM、Gmapping、Karto-SLAM 和 Cartographer 等。FastSLAM 算法是由 Montemerlo 等人将粒子滤波与 EKF 结合研究的产物，实现了粒子滤波与 EKF 的优势互补，具有广泛适用性和稳定性。Gmapping 算法由 Giorgio Grisetti 等人提出，采用激光雷达和里程计融合的方法，并加入自适应重采样技术解决了粒子耗散问题，开辟了二维激光 SLAM 算法的里程碑。Cartographer 是由 Google 公司在 Karto-SLAM 的基础上进行优化的激光 SLAM 算法，该算法首先通过相关扫描匹配梯度优化检测模块完成子地图的构建，接着完成一次闭环检测，在完成所有子地图的构建后再进行全局的闭环检测，并完成建图。

2）以视觉相机为传感器的 SLAM 算法（视觉 SLAM 算法）

以视觉信息为主的机器人位姿估计系统通常被称为视觉里程计（Visual Odometry，VO），视觉传感器发展初期，通常以单目相机为主，但随着人们对建图精度的要求越来越高，双目相机渐渐占据了主导地位。单目相机通过获取一连串图像来估计机器人的运动参数，前期因为其便于安装和数据相对较少的特点而大受欢迎，但是单目相机最大的缺点就是只能处理位于一个平面上的点，而对于多个平面上的场景点就无能为力了，这样是没有办法获取场景的三维信息的。此时双目相机应运而生，其可以同时获取两幅图像，并基于三角原理对图像进行处理，以获得环境的三维信息。当前视觉里程计似乎已成为智能机器人定位不可或缺的传感器了。

经典的视觉 SLAM 算法主要有基于直接法和基于特征点法的视觉 SLAM 算法。基于直接法的视觉 SLAM 算法主要有 LSD-SLAM 和 DSO 等，LSD-SLAM 算法能够构建半稠密的全局稳定的环境地图，包含更全面的环境信息，但是对相机内参敏感，对照明条件要求高；DSO 算法是一种半直接法的视觉里程计算法，基于高度精确的直接结构系数和运动公式，该算法完善了直接法位姿估计的误差模型，在无特征区域也可以具有鲁棒性，但是该算法舍弃了闭环检测。基于特征点法的视觉 SLAM 算法主要有 ORB-SLAM 算法等，ORB-SLAM 是一种基于特征点的单目 SLAM 算法，实时估计 3D 特征位置和重建环境地图，其特征计算具有良好的旋转和缩放不变性，具有较高的定位精度，但该算法运算量大，生成的地图仅用于定位，无法满足机器人的导航和避障需求。后来，Mur-Artal 等人在 ORB-SLAM 算法的基础上提出了 ORB-SLAM2 算法，该算法支持使用双目相机和 RGB-D 相机。

SLAM 经典算法分类如图 6-6 所示。

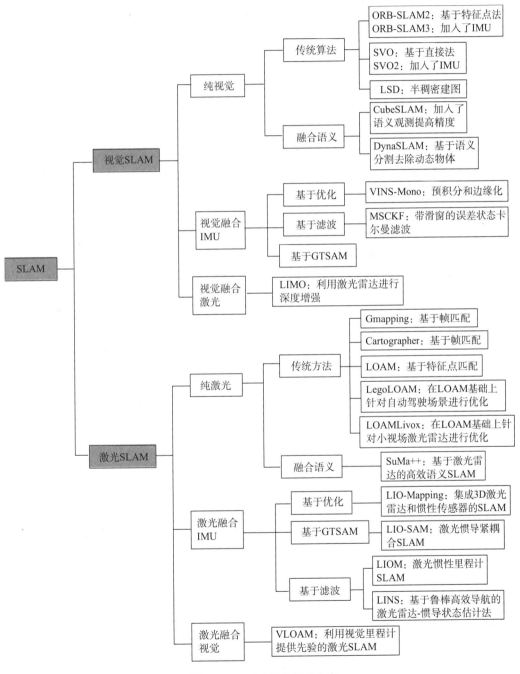

图 6-6 SLAM 经典算法分类

6.3 视觉 SLAM 算法 ///////////////////////////

视觉 SLAM 的核心任务是同时进行定位和建图。定位是指估计机器人在环境中的位置和姿态,而建图则是构建环境的地图。视觉 SLAM 通过相机模型将三维世界中的点映射到二维图像上,利用图像信息推断相机的运动,从而实现定位和建图。视觉 SLAM 技术已经广泛应用于各种场景,包括扫地机器人、无人机、自动驾驶汽车等。例如,扫地机器人通过视觉 SLAM 技术来构建房间地图,确定自身位置,并规划清扫路径。无人机在飞行过程中通过视觉 SLAM 进行定位和避障。

6.3.1 ORB-SLAM3 算法

ORB-SLAM3 是 2020 年开源的视觉惯性 SLAM 框架,定位精度优于其他视觉惯性 SLAM 系统,包含单目、双目、RGB-D、单目+IMU、双目+IMU 和 RGB-D+IMU 六种模式。ORB-SLAM 算法系列(包括 ORB-SLAM、ORB-SLAM2 和 ORB-SLAM3)设计了一套命名规则,整体代码可读性好,包含许多算法原理细节,比如 ORB 特征、对极几何和 PnP 等,而不是直接调用 OpenCV,很值得学习。

ORB-SLAM3 算法以 System 类充当整个系统的枢纽,其整体框架如图 6-7 所示。

System 类在构造的同时,开启了跟踪、局部地图构建、闭环和地图融合、Atlas 地图四个线程,各线程之间通过指针互相指向的方式进行内存共享,便于系统管理。其中 Atlas 地图代表的是一系列不连续的地图,它们可以应用到所有的建图过程中,比如场景重识别、相机重定位、闭环检测和精确的地图融合。

1)跟踪线程(模块)

跟踪线程处理传感器信息并实时计算当前帧在激活地图中的姿态,最小化匹配特征点的重投影误差;同时该线程也决定了是否将当前帧作为关键帧。在视觉惯性模式下,通过在优化中加入惯性残差来估计刚体速度和 IMU 偏差。当跟踪丢失时,跟踪线程会尝试在 Atlas 地图模块中重定位当前帧,若重定位成功,则恢复跟踪,并在需要的时候切换激活地图;若一段时间后仍未重定位成功,则当前激活地图会被存储为未激活地图,并重新初始化一个新的激活地图。

2)局部地图构建线程(模块)

局部地图构建线程完成加入关键帧和地图点到当前激活地图中,删除冗余帧,并通过对当前帧附近关键帧的操作,利用视觉 BA(Bundle Adjustment)或视觉惯性 BA 技术来优化地图。此外,在视觉惯性模式下,局部地图构建线程会利用最大后验(MAP)估计技术来初始化和优化 IMU 参数,并通过引入 IMU 来约束和修正特征缺失带来的偏差,得到尺度信息,这在一定程度上解决了过度依赖特征点的问题。

3)闭环和地图融合线程(模块)

每当加入一个新的关键帧,该线程会在激活地图和整个 Atlas 地图中检测公共区域。如果该公共区域属于激活地图,就执行闭环校正;如果该公共区域属于 Atlas 地图中的其他地图，就把它们融合为一个地图，并把这个融合地图作为新的激活地图。在闭环校正以后，一个独立的线程会进行全局 BA，进一步优化地图，同时并不影响实时性能。

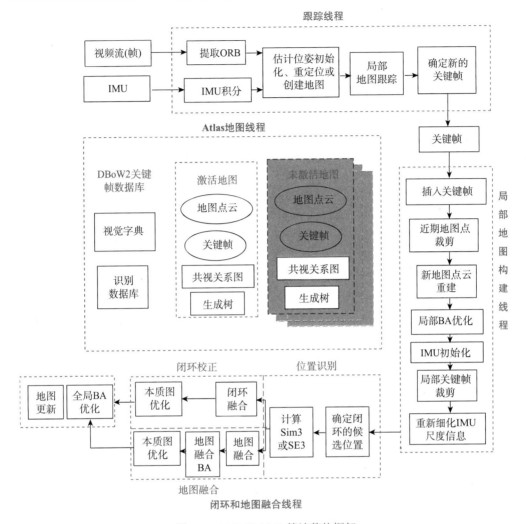

图 6-7　ORB-SLAM3 算法整体框架

4）Atlas 地图线程（模块）

该线程是一个由一系列离散地图组成的混合地图线程。它会维护一个激活地图用于跟踪线程对当前帧的定位，同时局部地图构建线程会利用新的关键帧信息持续对该地图进行优化和更新。Atlas 地图线程中的其他地图被称为未激活地图。系统基于词袋模型对关键帧信息建立数据库，用于重定位、闭环检测和地图融合。在跟踪过程中，如果跟丢了，可以利用当前帧查询 DBoW2 数据库。该查询可以利用所有先验信息在所有地图中查找相似的关键帧，一旦有了候选关键帧，地图和匹配的地图点就可以进行重定位，这极大地提升了性能、提高了鲁棒性。

ORB-SLAM3 算法的最大优势在于，它允许在 BA 中匹配并使用执行三种数据关联的先前观测值。

短期的数据关联：在最新的几秒内匹配地图元素，就像在视觉里程计中做的一样，丢掉那些已经看不到的帧，这会导致累计漂移。

中期的数据关联：匹配相机累计误差小的地图。这也可以用在 BA 中，当系统在已经建好的地图中运行时可以达到零漂移。

长期的数据关联：利用场景重识别来匹配当前观测值和先前观测值，不用管累计误差而且即使跟踪失败也可以实现。长期的匹配可以利用位姿图优化重新设置漂移，为了更准确也可以利用 BA。这是 SLAM 算法在大场景中能够保证精度的关键。

在 ORB-SLAM3 算法中，除了上述的三种数据关联方式，人们还提出了多地图数据融合方式。这允许我们匹配和使用来自以前的地图会话中的 BA 地图元素，实现 SLAM 系统的真正目标——构建一个地图，以便以后可以用来进行准确的定位。

6.3.2 SVO2 算法

SVO2（Semi-direct Visual Odometry for Monocular and Multi-Camera Systems）是苏黎世大学 Scaramuzza 教授的实验室在 2016 年发表的一种视觉里程计算法，它的名称是半直接视觉里程计算法，通俗点说，就是结合了特征点法和直接法的视觉里程计算法，其已经在 GitHub 上面开源。目前 SVO2 算法是一种基于概率的深度估计算法，具有较好的鲁棒性，不仅在低纹理、重复纹理场景中能够实现很好的跟踪，而且可以扩展到广角相机、多相机等系统中。

SVO2 算法包括运动估计线程和地图构建线程，其首先对图像提取 FAST 特征点，但不计算特征点的描述子；然后利用直接法估计一个相机的初始位姿，同时仅对 FAST 特征点进行计算。该算法速度极快，适用于无人机、智能手机等计算资源有限的平台。

SVO2 算法整体框架如图 6-8 所示。

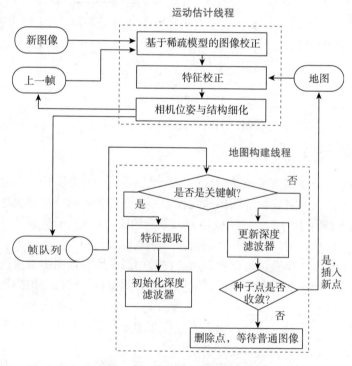

图 6-8　SVO2 算法整体框架

1）运动估计线程

首先，通过图像校正估计一个粗略的相机位姿：每新到一个图像帧，将上一帧图像的特征点重投影回三维空间，再投影到新的图像帧上，优化投影点和原特征点之间的光度误差，计算两帧间的相对相机位姿。然后，将地图中的三维投影点投影到当前图像上，最小化投影点与参考帧之间的光度误差来优化投影点的位置，以便得到更精确的特征位置。最后，通过对投影点和优化后的投影点之间的位置差异的最小化来对相机位姿和三维点位置进行优化。

2）地图构建线程

地图构建线程采用深度滤波器来实现三维点深度的计算，与传统的用三角法来确定三维点的深度不同，该方法中涉及的图像帧分为关键帧和普通图像帧（非关键帧）。当地图构建线程接收到关键帧时，就会进行特征提取，将图像上的特征点初始化为种子点，将种子点的深度初始化为该帧的平均深度，并赋予其一个较大的不确定性。当地图构建线程接收到非关键帧时，就更新深度滤波器，利用图像对还没有收敛的种子点进行更新，更新其深度和不确定性，并判断该种子点是否收敛，若收敛，就将该种子点加入地图中，否则将其删除。

6.3.3 DynaSLAM 算法

大部分 SLAM 算法都假设环境中的物体是静态的或者低运动的，这种假设影响了视觉 SLAM 系统在实际场景中的适用性。当环境中存在动态物体时，如走动的人，反复开关的门窗等，都会给系统带来错误的观测数据，降低系统的精度和鲁棒性。因此，为了提高系统在动态环境下的性能，需要对动态区域进行检测与处理。

DynaSLAM 算法是一种基于视觉里程计和环境地图的 SLAM 算法。该算法建立在 ORB-SLAM2 算法基础上，通过多视图几何、深度学习或两者的结合来检测运动物体，具有动态物体检测和背景修补的能力，对于动态场景具有非常高的稳定性。

DynaSLAM 算法整体框架如图 6-9 所示。对于双目和单目相机数据，首先利用神经网络 Mask R-CNN 进行像素级别的实例分割，得到潜在的运动物体（人、自行车、汽车等）；然后直接将该区域视为动态区域进行剔除，用余下区域的特征点进行跟踪与地图构建。

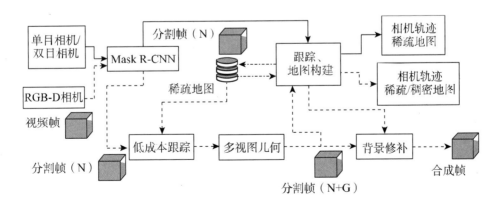

图 6-9 DynaSLAM 算法整体框架

对于 RGB-D 相机数据，首先将其传入 Mask R-CNN 中，对有先验动态性质的物体（如行人和车辆）进行逐像素的实例分割，得到潜在的运动物体；接着将该区域的特征点去除，进行低成本跟踪，得到初始位姿；然后在初始位姿的基础上，使用多视图几何对 Mask R-CNN 输出的动态物体的分割结果进行修补，并对在大多数时间内保持静止的、新出现的动态对象进行标注，提升动态内容的分割效果。进一步地将前面两种方法融合，得到最终的动态区域，并将静态区域的特征点传送给 ORB-SLAM 进行位姿计算和稀疏点云地图构建；最后进行背景修补，将相邻关键帧的图像投影到当前关键帧的动态区域上进行修补，形成合成帧。

1）使用卷积神经网络对潜在的动态物体进行分割

我们的目标是分割那些潜在的动态的或者可能运动的物体（如人、自行车、汽车、猫、狗等）。为了检测动态物体，DynaSLAM 使用 Mask R-CNN 获得逐像素的图片语义分割和实例标号。该网络的输入是大小为 $m \times n \times 3$ 的 RGB 图像，输出是大小为 $m \times n \times l$ 的矩阵，其中 l 是图像中物体的数量。对于每个输出通道 $i \in l$，将得到一个二进制掩码，通过将所有通道合并为一个通道，便可获得场景中出现的所有动态物体的分割结果。

2）低成本跟踪

低成本跟踪是指，在去除潜在动态物体上的特征点（包括内部和周围像素）之后，使用轻量级的 ORB-SLAM2 算法的 Track() 函数对其余的特征点进行跟踪并计算相机位姿。低成本跟踪投影地图特征到图片帧中，搜索图片对应的静态区域，并最小化重投影误差来优化相机位姿。

3）使用 Mask R-CNN 和多视图几何分割动态成分

通过 Mask R-CNN 大多数动态物体可以被分割且不被用于跟踪和建图，但是有一些物体不能被该算法检测到，因为它们不是先验动态的，但是它们是可被移动的。DynaSLAM 提出了一种通过多视图几何区分动态特征点的方法：

①找到与当前帧具有最高重合度的 5 个关键帧，这个重合度是通过考虑当前帧与每个关键帧之间的距离和旋转来考量的；

②把之前关键帧中的每个关键点 x 都投影到当前帧，得到关键点 x'，并根据相机运动计算出它们的投影深度 z_{proj}；

③对于每个关键点，其对应的 3D 点为 X。计算 x 和 x' 反投影之间的夹角，即它们的视角差 α。如果 α 大于 30°，则该点可能被遮挡，之后就会被忽略；

④在当前帧中获取剩余关键点的深度 z'（直接从深度测量中获取），将它们与 z_{proj} 进行比较，计算出关于深度的重投影误差：$\Delta z = z_{proj} - z'$。如果差值 Δz 超过阈值 τ_z，则认为关键点 x' 属于一个动态物体。

4）背景修补

对于每一个被移除的动态物体，可以用先前视图中的静态信息修补被遮挡的背景，以便合成一个没有移动物体的逼真图像。这样的合成帧，包含了环境的静态结构，对于虚拟和增强现实应用及地图构建后的重定位和相机跟踪是有用的。

6.4　激光 SLAM 算法 //////////////////////////

6.4.1　Gmapping 算法

1. Gmapping 算法概述

Gmapping 算法是一种基于滤波 SLAM 框架的 ROS 常用的开源 SLAM 算法，采用基于 RBPF 的粒子滤波算法，将 SLAM 中的定位问题和建图问题解耦，先进行定位再进行建图。Gmapping 算法通过改进提议分布和自适应重采样，融合机器人的车轮里程计信息，解决了小场景地图的实时构建问题。

2. Gmapping 算法流程

Gmapping 算法的流程图如图 6-10 所示，从图中可以看出，ROS 的 slam_gmapping 功能包是依赖于开源的 openslam_gmapping 功能包的，换句话说，ROS 的 slam_gmapping 功能包是对 openslam_gmapping 的再次封装。Gmapping 算法将定位与建图的过程分离：先通过 RBPF 进行定位；再通过粒子与产生的地图进行扫描匹配，通过不断校正里程计误差并添加新的雷达数据帧作为地图，用上一时刻的地图和运动模型预测当前时刻的位姿；然后根据传感器观测值计算权重，进行自适应重采样，维护和更新地图；如此往复。

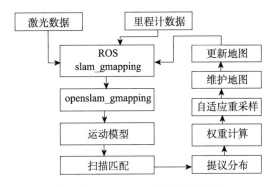

图 6-10　Gmapping 算法的流程图

由上述介绍可知，Gmapping 算法的核心是对 RBPF 的提议分布和自适应重采样的改进，算法的伪代码如算法 1 所示。

算法 1

1	Require:	输入要求
2	S_{t-1}, the sample set of the previous time step	上一时刻的粒子群
3	z_t, the most recent laser scan	最近时刻的雷达数据帧
4	u_{t-1}, the most recent odometry measurement	最近时刻的里程计数据
5	Ensure:	

6	S_t, the new sample set	t 时刻的粒子群，采样子集
7	$S_t = \{\ \}$	初始化粒子群
8	for all $s_{t-1}^{(i)} \in S_{t-1}$ do	遍历上一时刻粒子群中的粒子
9	$\langle x_{t-1}^{(i)}, w_{t-1}^{(i)}, m_{t-1}^{(i)} \rangle = s_{t-1}^{(i)}$	取粒子的位姿、权重和地图
10	$x_t'^{(i)} = x_{t-1}^{(i)} \oplus u_{t-1}$	通过里程计计算位姿更新
11	$\hat{x}_t^{(i)} = \arg\max_x p\left(x \mid m_{t-1}^{(i)}, z_t, x_t'^{(i)}\right)$	通过极大似然估计求得局部极值
12	If $\hat{x}_t^{(i)} ==$ failure then	若没有找到局部极值
13	$x_t^{(i)} \sim p\left(x_t \mid x_{t-1}^{(i)}, u_{t-1}\right)$	提议分布，更新粒子的位姿状态
14	$w_t^{(i)} = w_{t-1}^{(i)} \cdot p\left(z_t \mid m_{t-1}^{(i)}, x_t^{(i)}\right)$	使用观测模型更新权重
15	else	若找到局部极值
16	for $k=1,2,...,K$ do	在局部极值附近取 K 个位姿
17	$x_k \sim \left\{x_j \left\| x_j - \hat{x}^{(i)} \right\| < \Delta \right\}$	
18	end for	
19	$\mu_t^{(i)} = (0,0,0)^{\mathrm{T}}$	假定第 i 个位姿服从高斯分布
20	$\eta^{(i)} = 0$	
21	for all $x_j \in \{x_1,...,x_K\}$ do	
22	$\mu_t^{(i)} = \mu_t^{(i)} + x_j \cdot p\left(z_t \mid m_{t-1}^{(i)}, x_j\right) \cdot p\left(x_t \mid x_{t-1}^{(i)}, u_{t-1}\right)$	计算第 i 个位姿的均值
23	$\eta^{(i)} = \eta^{(i)} + p\left(z_t \mid m_{t-1}^{(i)}, x_j\right) \cdot p\left(x_t \mid x_{t-1}^{(i)}, u_{t-1}\right)$	计算第 i 个位姿的权重
24	end for	
25	$\mu_t^{(i)} = \mu_t^{(i)} / \eta^{(i)}$	均值的归一化处理
26	$\Sigma_t^{(i)} = 0$	均方差置 0
27	for all $x_j \in \{x_1,...,x_K\}$ do	
28	$\Sigma_t^{(i)} = \Sigma_t^{(i)} + \left(x_j - \mu^{(i)}\right)\left(x_j - \mu^{(i)}\right)^T \cdot$ $p\left(z_t \mid m_{t-1}^{(i)}, x_j\right) \cdot p\left(x_j \mid x_{t-1}^{(i)}, u_{t-1}\right)$	计算第 i 个位姿的方差
29	end for	
30	$\Sigma_t^{(i)} = \Sigma_t^{(i)} / \eta^{(i)}$	方差的归一化处理
31	$x_t^{(i)} \sim \mathrm{N}\left(\mu_t^{(i)}, \Sigma_t^{(i)}\right)$	使用多元正态分布近似新位姿
32	$w_t^{(i)} = w_{t-1}^{(i)} \cdot \eta^{(i)}$	计算该位姿粒子的权重
33	end if	
34	$m_t^{(i)} = \mathrm{integrateScan}\left(m_{t-1}^{(i)}, x_t^{(i)}, z_t\right)$	更新地图
35	$S_t = S_t \cup \left\{\langle x_t^{(i)}, w_t^{(i)}, m_t^{(i)} \rangle\right\}$	更新粒子群
36	end for	循环，遍历上一时刻所有粒子
37	$N_{\mathrm{eff}} = \dfrac{1}{\sum\limits_{i=1}^{N} (w^{(i)})^2}$	计算所有粒子权重离散程度
38	If $N_{\mathrm{eff}} < \mathrm{T}$ then	判断阈值，是否进行重采样
39	$S_t = \mathrm{resample}\left(S_t\right)$	重采样
40	end if	

3. ROS 中 Gmapping 算法的调用流程

在 ROS 中，Gmapping 算法的调用流程如图 6-11 所示，主要涉及 SlamGMapping 和 GridSlamProcessor 这两个类。其中 SlamGMapping 类在 gmapping 功能包中实现，GridSlamProcessor 类在 openslam_gmapping 功能包中实现，而 GridSlamProcessor 类以成员变量的形式被 SlamGMapping 类调用。

main()函数很简单，首先创建一个 SlamGMapping 类的对象 gn；然后 SlamGMapping 类的构造函数会自动调用 init()函数执行初始化，包括创建 GridSlamProcessor 类的对象 gsp_和设置 Gmapping 算法参数；接着调用 SlamGMapping 类的 startLiveSlam()函数，进行在线 SLAM 建图。startLiveSlam()函数首先对建图过程中需要的 ROS 订阅话题和发布话题进行了创建，然后开启双线程工作。laserCallback 线程在激光雷达数据的驱使下，对雷达数据进行处理并更新地图，其中 processScan()函数为 RBPF 算法的具体实现，该函数来自 GridSlamProcessor 类；publishLoop 线程主要负责维护 map->odom 之间的 tf（坐标变换）关系。

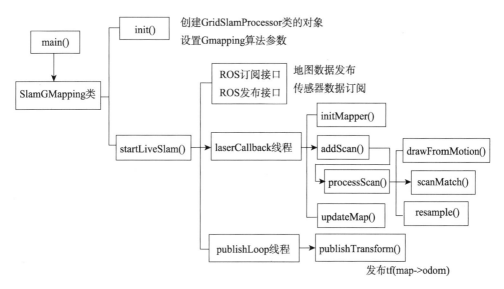

图 6-11　Gmapping 算法的调用流程

6.4.2　Cartographer 算法

Gmapping 算法代码实现相对简洁，非常适合初学者入门学习。但是 Gmapping 算法属于基于滤波的 SLAM 算法，无法构建大规模的环境地图，也无法完成地图构建中的闭环检测，而基于优化方法实现的 SLAM 算法不仅可以构建大规模的环境地图，而且还可以通过闭环检测提高定位与建图的精度，代表性的算法包括 Cartographer、Hector、Karto 等。其中 Cartographer 算法采用 Google 开发的 Ceres 非线性优化方法和基于子地图（Submap）构建全局地图的思想，能够有效地避免建图过程中运动物体的干扰、解决闭环问题。Cartographer 算法工程稳定性高，兼具大规模建图、重定位和闭环检测的功能，深得用户的青睐。

1. Cartographer 算法概述

Cartographer 算法的主要理论是通过闭环检测来消除建图过程中产生的累计误差。用于闭环检测的基本单元是子地图，其中一个子地图由一定数量的雷达数据帧（Laser Scan）构成。将一个激光雷达数据帧插入其对应的子地图时，会基于子地图已有的激光雷达数据帧及其他传感器数据估计其在该子地图中的最佳位置。子地图的创建在短时间内的累计误差被认为是足够小的，但随着时间的推移，越来越多的子地图被创建后，子地图间的累计误差则会越来越大，需要通过闭环检测对这些子地图的位姿进行适当的优化来消除这些误差，至此，闭环检测问题转换为位姿优化问题。当一个子地图创建完成后，也就是不会再有新的激光雷达数据帧插入该子地图时，该子地图就会加入闭环检测中。当一个新的激光雷达数据帧加入地图中时，如果该激光雷达数据帧的估计位姿与地图中某个子地图的某个激光雷达数据帧的位姿比较接近，则用某种扫描匹配（Scan Match）策略就可以找到该闭环。Cartographer 算法中的扫描匹配策略是，在新加入地图的激光雷达数据帧的估计位姿附近选取一个窗口，进而在该窗口内寻找该激光雷达数据帧的可能匹配，如果找到了一个足够好的匹配，则将该匹配的闭环约束加入位姿优化问题中。Cartographer 算法的重点是融合多传感器数据的局部子地图的创建及用于闭环检测的扫描匹配策略的实现。

2. Cartographer 算法整体代码构成

Cartographer 算法的流程通常为数据获取、前端局部建图和后端全局优化，如图 6-12 所示。

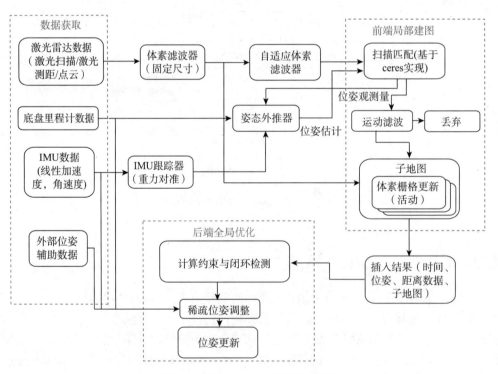

图 6-12　Cartographer 算法的流程

1）数据获取

获取的数据主要包含激光雷达数据、底盘里程计数据、IMU 数据、外部位姿辅助数据。

这些数据由传感器输入，再经过一系列的计算变换得到。

2）前端局部建图

前端局部建图就是机器人利用自身携带的传感器感知环境信息，构建局部地图的过程。从 SLAM 的定义可知，机器人的位姿点、观测数据（感知环境）和地图之间通过数据（约束量）建立联系。在机器人的位姿准确的情况下，可以直接将机器人观测到的路标添加到地图中；但由于来自机器人运动预测模型的机器人位姿存在误差（累计误差），需要先用观测数据对这个预测位姿进行更新或者修正，以更新后的机器人位姿为基准将对应的观测数据添加到地图中，再使用该观测数据对这个预测位姿进行进一步的更新。

在前端局部建图中，首先利用激光雷达数据和给定的初始位姿进行扫描匹配，扫描匹配算法有多种，如 scan-to-scan（帧-帧）匹配、scan-to-map（帧-地图）匹配、pixel-accurate scan（像素精确）匹配等。通过扫描匹配能得到位姿观测量后，需要进行运动滤波。运动滤波的作用是避免重复插入相同激光雷达数据帧，当姿态变化不明显时，新的激光雷达数据帧将不会被插入子地图。

3）后端全局优化

通过扫描匹配得到的位姿估计在短时间内是可靠的，但是长时间使用会有累计误差，因此 Cartographer 算法应用闭环检测对累计误差进行优化（全局优化）。如果闭环检测中匹配得分超过设定阈值，则判定闭环，此时可将闭环约束加入整个建图约束中，并对全局位姿约束进行一次全局优化，获得全局建图效果。

在全局优化中，主要调用函数 optimization_problem_solve()对整个位姿图进行匹配。在优化时，将节点信息、子地图信息和约束信息添加作为 Ceres 优化问题，随后调用优化库进行全局优化求解。经过优化后，每个激光雷达数据帧和子地图的关系都得到了修正，尤其是在闭环中，当构建了激光雷达数据帧和很早的子地图约束时，全局优化可以有效解决累计误差带来的问题。

本 章 小 结

本章首先介绍了 ROS 的架构及相关的一些基础知识；然后对典型的 SLAM 算法进行了概述，包括视觉 SLAM 的典型算法和激光 SLAM 的典型算法。

习 题

1. 基于滤波的 SLAM 算法和基于优化的 SLAM 算法有什么区别？

2. 请通过源代码方式在电脑上安装 Gmapping，利用网上的开源数据集离线建图，并使用 map_server 将地图保存起来。

3. 请查阅相关参考资料，详细阐述 Cartographer 闭环检测时分支定界策略的执行步骤。

4. 请查阅资料，将 ORB-SLAM3 的 ROS 例程中采集数据获取图像的源代码修改成直接从相机设备中获取图像。

第 7 章

机器人 SLAM 导航综合实战平台

本章将以一个真实机器人为例，展示 SLAM 导航的完整实现流程，以便读者能够在真正的机器人平台上开展 SLAM 导航方面的学习和研发。

在学习本章内容之前，我们需要一个移动机器人的底盘。底盘是轮式移动机器人的核心部件，也是业内很多机器人公司的核心技术。机器人底盘不仅集成了传感器、机器视觉相关装置、激光雷达、运动机构等组件，更承载了机器人本身的定位、导航、移动、避障等基础功能，它的开发涉及电气控制系统、运动学模型、软硬件、机械结构、电气设计等交叉学科，难度还是很大的。

通过本章学习，读者可以了解（或掌握）：
❖ 机器人平台 ROS 的启动过程。
❖ 单线激光雷达和多线激光雷达的驱动过程。
❖ 视觉传感器的 ROS 驱动过程。
❖ 实际机器人平台的硬件结构。
❖ 在实际机器人平台上创建地图与自主导航的方法和流程。

7.1　引言

本章将以图 7-1 所示的 msj 移动机器人平台为例，讨论若干传感器的使用、SLAM 建图、自主导航及基于自主导航的应用等内容。

msj 移动机器人平台搭载了必备的传感器、配置了适当的开发环境。其中传感器包括带编码器的轮毂电机模组、电机控制板、单线激光雷达、RGB-D 相机和 9 轴 IMU 等；开发环境包括英伟达的 Jetson Nano 主板上预装的 Ubuntu18.04 和 ROS Melodic 系统。平台使用的 SLAM 导航软件套件包括驱动层（底盘机械构型的 URDF 模型、底盘与上位机通信接口和 ROS 驱动，包括雷达的 ROS 驱动、IMU 的 ROS 驱动、视觉相机的 ROS 驱动等）、核心算法层（激光 SLAM 算法和视觉 SLAM 算法的软件框架及导航软件框架）及应用层（基于 SLAM 导航的应用）。

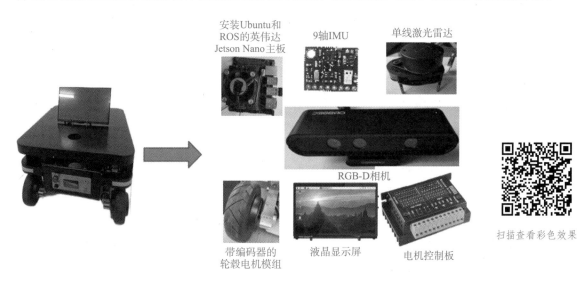

图 7-1　msj 移动机器人平台

7.2　运行机器人平台上的传感器

由于 msj 移动机器人平台已经预先安装配置了四个轮毂电机及电机控制器、单线激光雷达、9 轴 IMU、RGB-D 相机等部件的 ROS 驱动，而且在其主板（英伟达的 Jetson Nano）上预装了 Ubuntu18.04 和 ROS Melodic 系统，因此，读者只要在该机器人平台上开启相应传感器的 ROS 驱动节点，便可获取相应的传感器数据。

7.2.1　运行机器人底盘的 ROS 驱动

机器人底盘的 ROS 驱动，一方面订阅控制机器人移动速度的话题/cmd_vel，并将其根据机器人底盘的机械构型（比如两轮差速、四轮阿克曼、三轮全向、四轮全向等）和运动学模型解析后转发给电机控制板；另一方面从电机控制板获取轮毂电机的编码器数据并将其解析后发布到轮式里程计的话题/odom 及 odom->base_link 的 tf 关系中。不同类型的机器人平台会提供不同的配套底盘 ROS 驱动，msj 移动机器人平台的底盘 ROS 驱动为 msj_driver，其可以通过以下命令启动：

```
#启动底盘 ROS 驱动
$ roslaunch msj_driver driver.launch
```

底盘 ROS 驱动一旦启动，就可以向话题/cmd_vel 发送线速度和角速度控制量来控制机器人底盘的运动；同时，从电机控制板获取到的电机编码器数据将被解析成里程计数据并发布到话题/odom 及 odom->base_link 的 tf 关系中。话题/cmd_vel 的消息类型为 geometry_msgs/Twist。

打开一个新的终端，使用 ROS 命令进行测试（底盘电机不转动）：

```
$ rostopic pub -r 10 /cmd_vel geometry_msgs/Twist "{linear: {x: 0, y: 0, z: 0}, angular: {x: 0, y: 0, z: 0}}"
```

其中 linear 的 x 值对应 base_link 中心线速度（如果是差速小车，则表示差速小车的中心线速度，沿着 base_link 的 x 轴正方向为正，沿着 base_link 的 x 轴负方向为负），angular 的 z 值对应 base_link 中心角速度（如果是差速小车，则表示差速小车的中心角速度，沿着 base_link 的 x 轴正方向为正，沿着 base_link 的 x 轴负方向为负）。

通过修改上述终端命令中的 linear:x 和 angular:z 的值，分别观测小车两侧车轮的转速：

```
$ rostopic pub -r 10 /cmd_vel geometry_msgs/Twist "{linear: {x: 1, y: 0, z: 0}, angular: {x: 0, y: 0, z: 1}}"
```

此时，底盘两侧的车轮都向前转，且右轮速度快于左轮速度，底盘整体向左前方运动。

```
$ rostopic pub -r 10 /cmd_vel geometry_msgs/Twist "{linear: {x: -1, y: 0, z: 0}, angular: {x: 0, y: 0, z: 1}}"
```

此时，底盘两侧的车轮都向后转，且左轮速度快于右轮速度，底盘整体向右后方运动。

```
$ rostopic pub -r 10 /cmd_vel geometry_msgs/Twist "{linear: {x: 1, y: 0, z: 0}, angular: {x: 0, y: 0, z: -1}}"
```

此时，底盘两侧的车轮都向前转，且左轮速度快于右轮速度，底盘整体向右前方运动。

```
$ rostopic pub -r 10 /cmd_vel geometry_msgs/Twist "{linear: {x: -1, y: 0, z: 0}, angular: {x: 0, y: 0, z: -1}}"
```

此时，底盘两侧的车轮都向后转，且右轮速度快于左轮速度，底盘整体向左后方运动。

```
$ rostopic pub -r 10 /cmd_vel geometry_msgs/Twist "{linear: {x: 0, y: 0, z: 0}, angular: {x: 0, y: 0, z: 1}}"
```

此时，底盘左轮向后转，右轮向前转，底盘整体原地左转。

```
$ rostopic pub -r 10 /cmd_vel geometry_msgs/Twist "{linear: {x: 0, y: 0, z: 0}, angular: {x: 0, y: 0, z: -1}}"
```

此时，底盘左轮向前转，右轮向后转，底盘整体原地右转。

7.2.2 运行 2D 激光雷达的 ROS 驱动

2D 激光雷达的 ROS 驱动从单线激光雷达读取扫描数据并将其发布到话题/scan 中。激光雷达的 ROS 驱动由相应厂商提供。

打开终端，输入 roscore 命令，以后只要用到 ROS 命令都建议首先执行 roscore 命令，然后再进行其他的操作。

```
$ roscore
```

打开新的终端，输入以下命令：

```
$ rosparam list
```

在第二个终端中再次输入以下命令，可以得到 ROS 驱动版本号：

```
$ rosparam get /rosdistro
```

得到版本号之后，安装对应版本的 rplidar 驱动，该命令也在第二个终端执行：

```
$ sudo apt-get install ros-melodic-rplidar-ros
```

在自己创建的 ROS 工作空间中安装 rplidar 驱动，如果没有自己的工作空间，就先创建一个工作空间。具体创建过程如下：

```
$ mkdir catkin_ws
$ cd catkin_ws
$ mkdir src
$ catkin_init_workspace
$ cd src
$ git clone   x.x.x
```

使用 git clone 命令在 GitHub 官网下载 rplidar_ros 功能包。

返回到 catkin_ws 目录，编译 rplidar 驱动并生成 devel 和 build 目录，完成后再使用命令生成 install 目录：

```
$ cd ..
$ catkin_make
$ catkin_make install
#让环境变量生效
$ source devel/setup.bash
```

至此，工作空间的创建和 rplidar 驱动的安装就完成了。

msj 移动机器人平台底盘配置的单线激光雷达数据通过 rplidar 驱动发布。rplidar 驱动可以通过以下命令启动：

```
$ ls -l /dev |grep ttyUSB          #检查 rplidar 的串口权限
$ sudo chmod 666 /dev/ttyUSB0      #添加 write 权限
$ roslaunch rplidar_ros rplidar.launch
```

在打开的新终端中输入以下命令，以列表形式显示移动机器人平台的话题相关信息：

```
$ rostopic list
```

如果要查看 frame_id，则可以使用下面的命令，其中/scan 是发布激光雷达数据的话题：

```
$ rostopic echo /scan |grep frame_id
```

7.2.3　运行 3D16 线激光雷达的 ROS 驱动

打开新的终端，进入 catkin_ws/src 目录，下载 3D16 线激光雷达的驱动。

```
$ cd ~/catkin_ws/src
$ git clone    x.x.x
```

使用 git clone 命令在 GitHub 官网下载 lslidar_c16 功能包。

返回到 catkin_ws 目录，编译 lslidar 驱动：

```
$ cd ..
$ catkin_make
```

添加环境变量：

```
$ echo "source ~/catkin_ws/devel/setup.bash" >> ~/.bashrc
```

此时需要配置连接激光雷达 lslidar 主机的网络 IP，我们可以通过 Ubuntu18.04 的 Settings 对话框中的 Network 选项对有线网络进行配置。

插入激光雷达的网线，修改激光雷达的网络配置，在 Wired 对话框的 IPv4 选项卡中进行如下选项配置，如图 7-2 所示。

- IPv4 Method（配置方式）：Manual（手动）。
- Address（IP 地址）：192.168.2.102。
- Netmask（掩码）：255.255.255.0。
- Gateway（网关）：192.168.2.1。
- DNS：223.5.5.5。

图 7-2　配置连接激光雷达 lslidar 主机的网络 IP

用 rostopic 命令打印 ROS 话题/lslidar_point_cloud 接收到的数据：

```
$ rostopic hz /lslidar_point_cloud
```

启动 3D16 线激光雷达的 ROS 驱动：

```
$ source devel/setup.bash
$ roslaunch lslidar_c16_decoder lslidar_c16.launch #启动 c16 雷达 ROS 驱动
```

打开一个新的终端，使用 rviz 命令打开 ROS 的 rviz 窗口；单击 rviz 窗口左下角的 Add

按钮，添加 PointCloud2；为 PointCloud2 的 Topic 选项选择话题/lslidar_point_cloud，并在最上面的 Global Options（全局选项）中修改 Fixed Frame 选项为 laser_link，如图 7-3 所示。3D16 线激光雷达获取的激光点云数据将显示在 rviz 窗口的中间区域，如图 7-4 所示。

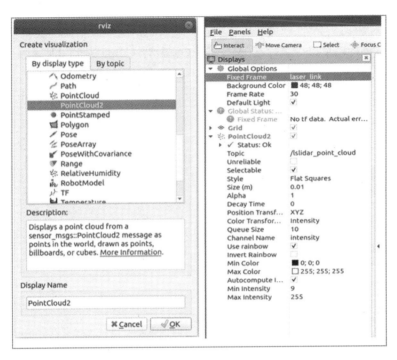

图 7-3　rviz 窗口参数设置

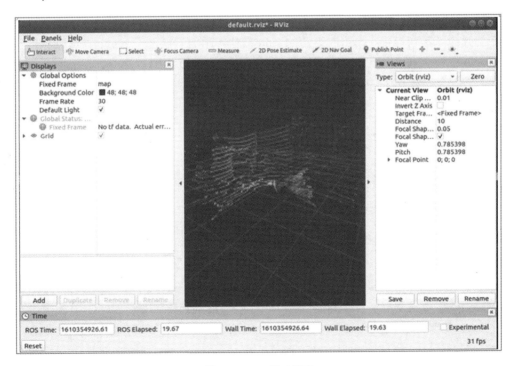

图 7-4　rviz 窗口显示

7.2.4 运行 IMU 的 ROS 驱动

IMU（Inertial Measurement Unit，惯性测量单元）主要用于测量自身位姿（包括位置和姿态）。IMU 传感器包含两个器件，分别是加速计和陀螺仪。

IMU 的 ROS 驱动从 IMU 模块中读取数据并发布到话题/imu 中，主要由相应的厂商提供。可以通过在终端执行以下命令来启动 IMU 的 ROS 驱动（本书以 fdilink_ahrs 包中的 IMU 驱动为例）：

```
#启动 IMU 的 ROS 驱动
$ roslaunch fdilink_ahrs ahrs_data.launch
```

可以通过以下命令在 ROS 上打印 IMU 的值：

```
#打开一个新终端
$ cd ~/catkin_ws/sensor_ws
$ source devel/setup.bash
#打印 IMU 的值
$ rostopic echo /imu
$ rostopic hz /imu
```

同时，还可以启动 rviz 查看 IMU 的值。

首先打开终端，启动 IMU 节点：

```
$ roslaunch fdilink_ahrs ahrs_data.launch
```

然后打开新的终端，启动 rviz：

```
$ rosrun rviz rviz -f gyrolink
```

在打开的 rviz 窗口中，单击左下角的 Add 按钮，添加 rviz_imu_plugin，可以看到有坐标系出现。如果没有 rviz_imu_plugin，则需要安装，可以通过"sudo apt-get install ros-melodic-imu-tools"命令安装 IMU 功能包。

7.2.5 运行 RGB-D 相机的 ROS 驱动

msj 移动机器人平台采用的是奥比中光 3D 体感摄像头（ORBBEC 的 Astra Pro）作为 RGB-D 相机。Astra Pro 驱动的安装过程如下。

（1）安装依赖，命令如下：

```
$ sudo apt-get install build-essential freeglut3 freeglut3-dev
```

检查 udev 版本，需要用到 libudev.so.1，如果没有，则需要先行添加：

```
$ ldconfig -p | grep libudev.so.1
$ cd /lib/x86_64-linux-gnu
$ sudo ln -s libudev.so.x.x.x libudev.so.1
```

在 orbbec3d 官网下载对应版本的 2-Linux.zip。

选择 OpenNI-Linux-x64-2.3，解压并安装：

```
$ unzip OpenNI-Linux-x64-2.3.zip
$ cd OpenNI-Linux-x64-2.2
$ sudo chmod a+x install.sh
$ sudo ./install.sh
```

重新插入设备，加入环境：

```
$ source OpenNIDevEnvironment
```

编译例子：

```
$ cd Samples/SimpleViewer
$ make
```

连接设备，执行例子：

```
$ cd Bin/x64-Release
$ ./SimpleViewer
```

（2）安装 ROS 包中的摄像头软件包依赖项，命令如下：

```
$ sudo apt install ros-melodic-rgbd-launch ros-melodic-libuvc-camera ros-melodic-libuvc-ros
```

（3）单独安装 libuvc 库，命令如下：

```
$ git clone https://github.com/libuvc/libuvc
$ cd libuvc
$ mkdir build
$ cd build
$ cmake ..
$ make && sudo make istall
```

（4）创建 ROS 工作空间，命令如下：

```
$ mkdir -p ~/catkin_ws/src
$ cd ~/catkin_ws/src
$ catkin_init_workspace
$ cd ..
$ catkin_make
$ source devel/setup.bash
```

（5）下载摄像头驱动包，命令如下：

```
$ cd ~/catkin_ws/src
$ git clone https://github.com/orbbec/ros_astra_camera
```

（6）创建 USB 设备名称和权限，命令如下：

```
$ roscd astra_camera
$ sudo chmod 777 scripts/create_udev_rules
$ ./scripts/create_udev_rules
```

成功后，必须重新插拔设备（如 ORBBEC 的 RGB-D 设备），否则检测不到该设备。

（7）编译 astra-camera 功能包，命令如下：

```
$ cd ~/catkin_ws
$ catkin_make --pkg astra_camera #单独编译 astra_camera 功能包
```

（8）测试，首先打开一个终端，运行 ros master；然后打开新的终端，进行如下操作。
①使用 Astra：

```
$ roslaunch astra_camera astra.launch
```

②使用 Astra Stereo S（w/UVC）：

```
$ roslaunch astra_camera stereo_s.launch
```

③使用 rviz：

```
$rosrun rviz rviz
```

在 rviz 窗口中，单击左下角的 Add 按钮，订阅相机的 image 话题就可以看到如图 7-5 所示的图像了。

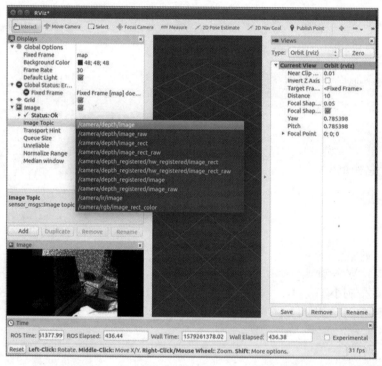

图 7-5　在 rviz 窗口中显示 RGB-D 相机图像

7.3　运行 SLAM 的建图功能

在 msj 移动机器人平台上，推荐读者使用激光 SLAM 中的 Cartographer 算法和视觉 SLAM 中的 ORB-SLAM3 算法来建图，还可以利用 Cartographer 算法和 ORB-SLAM3 算法联合建图来提高定位的稳定性。

7.3.1　运行激光 SLAM 的建图功能

1. 编译

安装 navigation 和 teb 功能包：

```
$ sudo apt-get install ros-melodic-navigation*
$ sudo apt-get install ros-melodic-teb-local-planner*
```

安装完功能包后，直接编译：

```
$ catkin_make
```

2. 建图

（1）先插入小车再插入激光设备，保证二者的串口分别为 /dev/ttyUSB0、/dev/ttyUSB1。

（2）查看两个串口是否为/dev/ttyUSB0、/dev/ttyUSB1，命令如下：

```
$ ll /dev/ttyUSB*
```

（3）赋权，命令如下：

```
$ sudo chmod 777 /dev/ttyUSB*
```

（4）在工作空间目录打开终端进行环境刷新，命令如下：

```
$ source devel/setup.bash
```

（5）打开建图所需的 launch 文件，命令如下：

```
$ roslaunch slam cartographer_mapping.launch
```

（6）在终端中通过 U、I、O、J、K、L、N、M、<键进行键盘控制，其中各键依次对应左前转、向前、右前转、原地左转、停、原地右转、左后转、向后、右后转；另外可以通过 Q/Z 键加减最大速度，W/X 键调整线速度，E/C 键调整角速度。

（7）用键盘控制小车，完成建图。

（8）在工作空间目录中打开一个新终端进行环境刷新，命令如下：

```
$ source devel/setup.bash
```

（9）保存地图。

运行 src/slam/maps/finish_slam_2d.sh 文件：

```
$ cd src/slam/maps
$ ./finish_slam_2d.sh
```

注意：此处要确认 finish_slam_2d.sh 里面地图的保存绝对路径是否正确，若不正确，则要进行修改。

利用 Cartographer 算法进行激光建图的效果如图 7-6 所示。

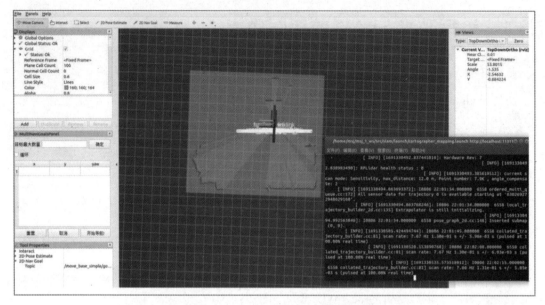

图 7-6　利用 Cartographer 算法进行激光建图的效果

3. 定位与单点导航

（1）先插入小车再插入激光设备，保证二者的串口分别为 /dev/ttyUSB0、/dev/ttyUSB1。

（2）查看两个串口是否为/dev/ttyUSB0、/dev/ttyUSB1，命令如下：

```
$ ll /dev/ttyUSB*
```

（3）赋权，命令如下：

```
$ sudo chmod 777 /dev/ttyUSB*
```

（4）在工作空间目录中打开新的终端进行环境刷新，命令如下：

```
$ source devel/setup.bash
```

（5）确认 localization.launch 文件中地图的绝对路径是否正确。

（6）打开建图所需的 launch 文件，可以选择局部规划方法。

①TEB 局部规划 + move_base 导航：

```
$ roslaunch slam msj_nav_teb.launch
```

②DWA 局部规划 + move_base 导航：

```
$ roslaunch slam msj_nav_dwa.launch
```

（7）在终端中通过 U、I、O、J、K、L、N、M、<键进行键盘控制。

（8）通过键盘控制小车小幅度运动，使激光显示的点框和周围环境中障碍物的轮廓几乎重合，并继续控制小车行走。

（9）在 rviz 窗口中单击 2D Nav Goal 按钮，选定目标位置，进行单点导航，结果如图 7-7 所示。图 7-7 是以 TEB 局部规划 + move_base 导航为例的，DWA 局部规划 + move_base 导航与之同理。

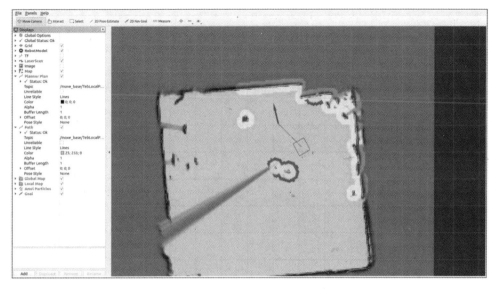

图 7-7　单点导航结果

4. 多点导航

（1）先插入小车再插入激光设备，保证二者的串口分别为 /dev/ttyUSB0、/dev/ttyUSB1。

（2）查看两个串口是否为/dev/ttyUSB0、/dev/ttyUSB1，命令如下：

```
$ ll /dev/ttyUSB*
```

（3）赋权，命令如下：

```
$ sudo chmod 777 /dev/ttyUSB*
```

（4）在工作空间目录中打开新的终端进行环境刷新，命令如下：

```
$ source devel/setup.bash
```

（5）确认 localization.launch 文件中地图的绝对路径是否正确。

（6）打开建图所需的 launch 文件，可以选择局部规划方法。

①DWA 局部规划 + move_base 导航：

```
$ roslaunch slam msj_multi_point_nav_dwa.launch
```

②TEB 局部规划 + move_base 导航：

```
$ roslaunch slam msj_multi_point_nav_teb.launch
```

（7）在终端中通过 U、I、O、J、K、L、N、M、<键进行键盘控制。

（8）通过键盘控制小车小幅度运动，使激光显示的点框和周围环境中障碍物的轮廓几乎重合，并控制小车继续行走。

（9）参考 navi_multi_goals_pub_rviz_plugin 插件的说明文档，设置多个巡航点，进行多点导航，结果如图 7-8 所示。图 7-8 是以 TEB 局部规划 + move_base 导航为例的，DWA 局部规划 + move_base 导航与之同理。

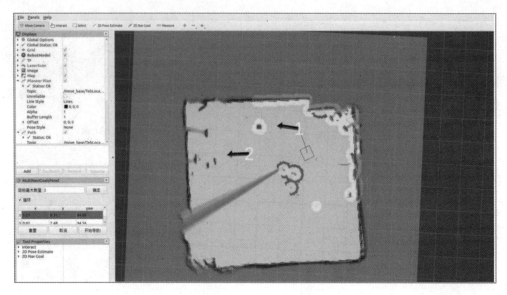

图 7-8　多点导航结果

7.3.2　运行视觉 SLAM 的建图功能

本节介绍如何在 msj 移动机器人平台上安装并运行 ORB-SLAM3，体验算法真实的效果。
本节将详细介绍 ORB-SLAM3 在 Ubuntu18.04 上编译安装及运行的过程。

（1）创建一个工作目录，命令如下：

```
$ cd ..
$ mkdir ORB_SLAM3 && cd ORB_SLAM3
```

（2）安装依赖项，命令如下：

```
$ sudo apt-get update
#安装 git 和 cmake
$ sudo apt-get install git cmake
#安装 opencv
$ sudo apt-get install libopencv-dev
#安装 glew
$ sudo apt-get install libglew-dev
$ sudo apt-get install glew-utils
#安装 boost
$ sudo apt-get install libboost-dev libboost-thread-dev
$ sudo apt-get install libboost-filesystem-dev
$ sudo apt-get install libx11-dev libxmu-dev libglu1-mesa-dev
$ sudo apt-get install libgl2ps-dev libxi-dev g++ libzip-dev libpng12-dev
$ sudo apt-get install libcurl4-gnutls-dev libssl-dev
$ sudo apt-get install libfontconfig1-dev libsqlite3-dev libglew*-dev
```

根据 ORB-SLAM3 的官方提示，DBoW2 和 go2 都不需要自行安装，官方会提供修改版
本，并放置在 thirdparty 目录下，在用户编译安装 ORB-SLAM3 时会自行编译。

（3）编译安装 Pangolin。

Pangolin 的主要作用是提供与可视化、用户界面等相关的 API。

①下载源代码：可在 GitHub 上下载 Pangolin 的稳定发行版，并解压到当前目录下，也可以直接复制 Pangolin 源代码。

②编译：

```
$ cd Pangolin
#安装依赖
$ ./scripts/install_prerequisites.sh
$ mkdir build && cd build
$ cmake -DCPP11_NO_BOOST=1 ..
$ cmake --build .
```

编译完成后，使用以下命令进行安装：

```
$ sudo make install
```

安装完成后，使用以下命令测试 Pangolin 是否安装成功：

```
$ ./HelloPangolin
```

（4）安装 Eigen3：

```
$ sudo apt-get install libeigen3-dev
```

如果在编译 ORB-SLAM3 时报错，提示找不到 Eigen3，则可使用以下的编译方式来安装 Eigen3：

```
#github 有个 mirror，版本 3.3.4 from 2017
$ git clone https://gitlab.com/libeigen/eigen.git
#安装
$ cd eigen-git-mirror
$ mkdir build
$ cd build
$ cmake ..
$ sudo make install
#头文件安装在/usr/local/include/eigen3/文件夹下
```

注意：在编译 ORB-SLAM3 时，如果报错"EIGEN_DEPRECATED const unsigned int AlignedBit=0x80"，则可能是由于 Eigen 的版本过高导致的，可以卸载当前的 Eigen 版本并选择合适的低版本进行安装，也可以直接忽视这个错误。

（5）编译安装 OpenCV。

由于 msj 移动机器人平台在 Jetson Nano 控制板上预装 Ubuntu18.04 的镜像时已经安装了 OpenCV4.1.1，所以无须再安装 OpenCV 的其他版本了。

（6）编译安装 ORB-SLAM3。

①下载 ORB-SLAM3：

```
$ git clone https://github.com/UZ-SLAMLab/ORB_SLAM3
```

②编译：

```
#编译不依赖 ROS 系统的非 ROS 版本
$ cd ORB_SLAM3
$ chmod +x build.sh
$ ./build.sh
#编译 ROS 版本
$ cd ORB_SLAM3
$ chmod +x build_ros.sh
$ ./build_ros.sh
```

③添加环境变量：

```
$ gedit~/.bashrc
#添加下面的环境变量并保存退出
$export ROS_PACKAGE_PATH=${ROS_PACKAGE_PATH}:/home/.../ORB_SLAM3/Examples/ROS
$ source ~/.bashrc
```

注意：上面命令中的 "…" 需替换成编译成功的 ORB-SLAM3 的具体路径。

④错误和解决方案：在编译 ORB-SLAM3 的过程中，不可避免会出现一些错误，需要读者自己通过网络搜索寻找解决方案，本节仅给出笔者在 Jetson Nano 上安装编译 ORB-SLAM3 的过程中碰到的一些错误及解决方案。

● error: no match for "operator/"

解决方案：修改下面的三个 CMakeLists.txt 文件。

```
$ gedit ORB_SLAM3/CMakeLists.txt
$ gedit ORB_SLAM3/Thirdparty/DBoW2/CMakeLists.txt
$ gedit ORB_SLAM3/Examples/ROS/ORB_SLAM3/CMakeLists.txt
```

在上述三个文件中，查找 "find_package(OpenCV xxx QUIET)"，将其修改成 "find_package (OpenCV 4.0 QUIET)"。

● error："CV_LOAD_IMAGE_UNCHANGED" was not declared in this scope

解决方案：将程序文件中对应 error 位置的 "CV_LOAD_IMAGE_UNCHANGED" 修改为 "cv::IMREAD_UNCHANGED"。其他与之类似的错误也可按同样的方式修改，例如：

将 "CV_LOAD_IMAGE_GRAYSCALE" 修改为 "cv::IMREAD_GRAYSCALE"。

将 "CV_LOAD_IMAGE_COLOR" 修改为 "cv::IMREAD_COLOR"。

将 "CV_LOAD_IMAGE_ANYDEPTH" 修改为 "cv::IMREAD_ANYDEPTH"。

● error：opencv/cv.h not found

解决方案：在出错文件中添加头文件。

```
#include <opencv2/imgproc/types_c.h>
#include <opencv2/opencv.hpp>
```

● error："CvMat" has not been declared

解决方案：在出错文件中添加头文件。

```
#include <opencv2/core/types_c.h>
```

● error："CV_REDUCE_SUM" was not declared in this scope

解决方案：在出错文件中添加头文件。

```
#include<opencv2/core/core_c.h>
```

- error："CV_GRAY2BGR" was not declared in this scope

解决方案：将程序文件中对应 error 位置的"CV_BGR2GRAY"修改为"cv::COLOR_BGR2GRAY"，或者在出错文件中添加头文件。

```
#include <opencv2/imgproc/types_c.h>
```

- error："CV_CALIB_CB_ADAPTIVE_THRESH" was not declared in this scope

解决方案：在出错文件中添加头文件。

```
#include <opencv2/calib3d/calib3d_c.h>
```

- error："CV_FONT_HERSHEY_SIMPLEX" was not declared in this scope

解决方案：将程序文件中对应 error 位置的"CV_FONT_HERSHEY_SIMPLEX"修改为"cv::FONT_HERSHEY_SIMPLEX"。

- error："CV_AA" was not declared in this scope

解决方案：在出错文件中添加头文件。

```
#include <opencv2/imgproc/imgproc_c.h>
```

- error：c++: internal compiler error: killed(program cciplus)

解决方案：临时使用交换分区。出现这个问题大概率是因为编译时内存不足，Jetson Nano 的内存为 4G），因此可临时使用交换分区：

```
$ sudo dd if=/dev/zero of=/swapfile bs=20M count=1024 #扩展临时分区为 20G
$ sudo mkswap /swapfile
$ sudo swapon /swapfile
$ free -m #查看内存等使用情况
```

切记，在关闭系统之前一定要先关闭分区，否则容易进不去 Ubuntu 系统。

```
##关闭分区
$ sudo swapoff /swapfile
$ sudo rm /swapfile
```

（7）运行 RGBD-TUM 数据集。

下载数据集并解压缩到 ORB_SLAM3 文件夹中，下面以 rgbd_dataset_freiburg1_desk 为例说明操作步骤。

①创建配准文件 associate.py。

该文件从 rgb.txt 文件和 depth.txt 文件中读取时间戳，并通过查找最佳匹配来连接它们。将以下代码复制到一个空的 associate.py 文件中并保存，便可完成配准文件 associate.py 的创建。

```
import argparse
import sys
import os
import numpy
def read_file_list(filename):
```

```python
        file = open(filename)
        data = file.read()
        lines = data.replace(","," ").replace("\t"," ").split("\n")
        list = [[v.strip() for v in line.split(" ") if v.strip()!=""] for line in lines if len(line)>0 and line[0]!="#"]
        list = [(float(l[0]),l[1:]) for l in list if len(l)>1]
        return dict(list)
    def associate(first_list, second_list,offset,max_difference):
        first_keys = list(first_list.keys())
        second_keys = list(second_list.keys())
        potential_matches = [(abs(a - (b + offset)), a, b)
                            for a in first_keys
                            for b in second_keys
                            if abs(a - (b + offset)) < max_difference]
        potential_matches.sort()
        matches = []
        for diff, a, b in potential_matches:
            if a in first_keys and b in second_keys:
                first_keys.remove(a)
                second_keys.remove(b)
                matches.append((a, b))
        matches.sort()
        return matches
    if __name__ == '__main__':
        # parse command line
        parser = argparse.ArgumentParser(description='''
    This script takes two data files with timestamps and associates them
        ''')
        parser.add_argument('first_file', help='first text file (format: timestamp data)')
        parser.add_argument('second_file', help='second text file (format: timestamp data)')
        parser.add_argument('--first_only', help='only output associated lines from first file', action='store_true')
        parser.add_argument('--offset', help='time offset added to the timestamps of the second file (default: 0.0)',default=0.0)
        parser.add_argument('--max_difference', help='maximally allowed time difference for matching entries (default: 0.02)',
    default=0.02)
        args = parser.parse_args()
        first_list = read_file_list(args.first_file)
        second_list = read_file_list(args.second_file)
        matches = associate(first_list, second_list,float(args.offset),float(args.max_difference))
        if args.first_only:
            for a,b in matches:
                print("%f %s"%(a," ".join(first_list[a])))
        else:
            for a,b in matches:
                print("%f %s %f %s"%(a," ".join(first_list[a]),b-float(args.offset)," ".join(second_list[b])))
```

在 ORB_SLAM3 目录下打开终端，运行下面的命令，可得到 associations.txt 文件。

```
$ python3 ./Examples/RGB-D/associate.py ./rgbd_dataset_freiburg1_desk/rgb.txt ./rgbd_dataset_freiburg1_desk/depth,txt> ./rgbd_dataset_freiburg1_desk/associations.txt
```

②运行 RGBD-TUM 数据集。

在 ORB_SLAM3 目录下打开终端，运行下面的命令。

```
$ ./Examples/RGB-D/rgbd_tum  Vocabulary/ORBvoc.txt  Examples/RGB-D/TUM1.yaml  /rgbd_dataset_freiburg1_desk  rgbd_
dataset_freiburg1_desk/associations.txt
```

其中 TUM1.yaml 为相机内参文件。

（8）使用单目相机实时运行 ORB-SLAM3。

①安装摄像头的 ROS 驱动 usb-cam：

```
$ cd msj_ws/src
$ sudo apt-get install ros-melodic-usb-cam
```

②打开一个新的终端，运行下面的命令：

```
$ roscore
```

③打开一个新的终端，运行下面的命令：

```
$ roslaunch usb_cam usb_cam-test.launch
```

④打开一个新的终端（注意修改为自己的路径），显示 ORB-SLAM3 算法运行的效果：

```
$ rosrun ORB_SLAM3 Mono /home/X/ORB_SLAM3/Vocabulary/ORBvoc.txt /home/X/ORB_SLAM3/Examples/ROS/ORB_
SLAM3/Asus.yaml
```

本 章 小 结

本章首先介绍了实际机器人平台的 ROS 驱动的结构和安装过程；然后介绍了移动机器人硬件构成中较为重要的传感器系统（如单线激光雷达、多线激光雷达、RGB-D 相机和 IMU 等）的驱动方法；最后介绍了在实际机器人平台上运行激光 SLAM 和视觉 SLAM 算法的过程。

习 题

1. 请编写一个 ROS 节点，用该节点向机器人底盘的话题/cmd_vel 发送速度控制命令，让机器人在室内环境下沿着边长为 1m 的正方形路线运动。

2. 请编写一个 ROS 节点，用该节点向机器人底盘的话题/cmd_vel 发送速度控制命令，让机器人在室内环境下完成一个内八字和一个外八字的运动轨迹。

3. 请编写一个 ROS 节点，用该节点向机器人底盘的 move_base 发送导航目标，让机器人自主导航到该目标点。

附录 A
MWORKS.Sysplorer 2023b
教育版安装与配置

A.1 概述

MWORKS.Sysplorer 是面向多领域工业产品的系统建模与仿真验证环境，全面支持多领域统一建模规范 Modelica，按照产品实际物理拓扑结构的层次化组织，支持物理建模、框图建模和状态机建模等多种可视化建模方式，提供嵌入代码生成功能，支持设计、仿真和优化的一体化，是国际先进的系统建模仿真通用软件。

MWORKS.Sysplorer 内置机械、液压、气动、电池、电机等高保真专业模型库，支持用户扩展、积累个人专业库，支持工业设计知识的模型化表达和模块化封装，以知识可重用、系统可重构方式，为工业企业的设计知识积累与产品创新设计提供了有效的技术支撑，对及早发现产品设计缺陷、快速验证设计方案、全面优化产品性能、有效减少物理验证次数等具有重要价值，为数字孪生、基于模型的系统工程以及数字工程等应用提供全面支撑。

MWORKS.Sysplorer 建模环境的布局如图 A-1 所示，用户可以根据需要通过窗口菜单来决定显示哪些子窗口。

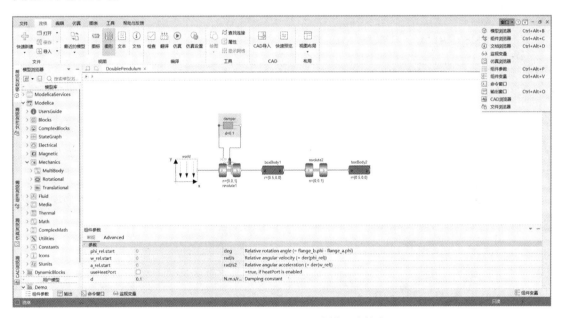

图 A-1　MWORKS.Sysplorer 建模环境的布局

A.1.1 安装激活须知

（1）一个激活码仅可使用一次，用完即毁。

（2）使用许可有效期为 180 天。

（3）如果账号已有软件许可且在有效期内，不可重复申请。

（4）激活码包含 Syslab 和 Sysplorer 教育版许可，支持同时激活两款软件，也支持分次按需激活。

（5）同一个使用许可只能在 3 台设备中使用。

A.1.2　运行环境

MWORKS. Sysplorer 2023b 运行环境要求如表 A-1 所示。

表 A-1　MWORKS. Sysplorer 2023b 运行环境要求

配置类型	最低规格	推荐规格	备注
CPU	1GHz，2 核	2GHz，4 核	主频越高，软件运行速度越快
内存	2GB	8GB	实际需要的内存取决于模型的规模和复杂度
存储	10GB	100GB	用于存储模型及其仿真结果
GPU	显存 128MB OpenGL2.0	显存 1GB OpenGL3.3+	使用三维动画功能需要显卡及对应的显卡驱动
显示分辨率（像素）	1024×768	2560×1440	尚未完美适配 4K 高分辨率屏，部分场景可能出现显示异常
操作系统	Windows 7 64 位（SP1）	Windows 10 64 位 Windows 11 64 位	—

A.1.3　安装包文件

MWORKS. Sysplorer 安装包为 iso 光盘镜像文件，内部包含如图 A-2 所示的文件。

MWORKS.Sysplorer 2023b-x64-5.3.4-Setup.exe

图 A-2　MWORKS. Sysplorer 安装程序

A.2　软件安装

特别提示，为确保 Windows 环境下 MWORKS.Sysplorer 正确部署，安装 MWORKS. Sysplorer 时优先在管理员权限下进行，如图 A-3 所示。

图 A-3　以管理员身份安装 MWORKS.Sysplorer

A.2.1　首次安装

安装时选择安装语言，此处选择中文，如图 A-4 所示。

图 A-4　选择安装语言

进入 MWORKS.Sysplorer 安装向导，如图 A-5 所示。

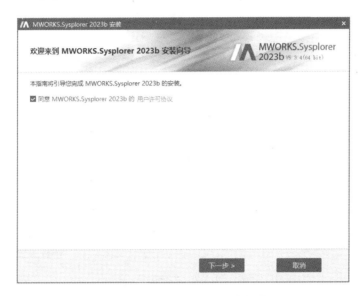

图 A-5　MWORKS.Sysplorer 安装向导

选择安装路径，如图 A-6 所示。

图 A-6　选择安装路径

系统默认将安装文件夹设为 C:\Program Files\MWORKS\Sysplorer 2023b，如果要安装在其他文件夹中，单击 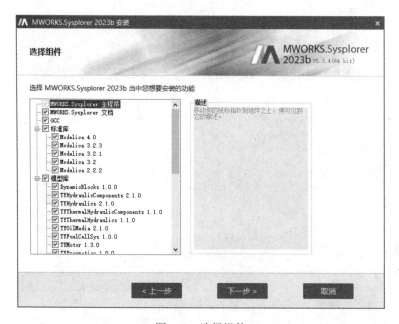 选择文件夹即可。建议 MWORKS.Sysplorer 所在磁盘的空闲空间不少于 10GB。

选择组件，图 A-7 所示为系统默认安装内容。MWORKS.Sysplorer 主程序为必须安装的内容，其他组件建议用户全部安装。

图 A-7　选择组件

若单击"取消"按钮，则弹出取消本次安装对话框信息，如图 A-8 所示。

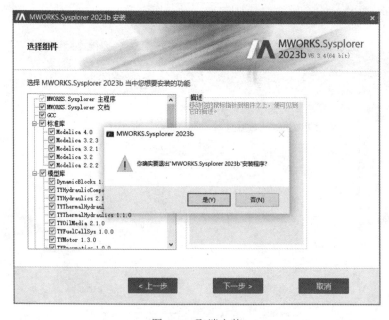

图 A-8　取消安装

在安装过程中，会检测系统必需组件是否存在，若不存在，则弹出如图 A-9 所示的界面，需勾选"我同意许可条款和条件"复选框，安装该组件；若存在，则自动跳过该步骤。若不安装该组件，软件会启动失败。

图 A-9　安装必需的系统组件

正在安装 MWORKS.Sysplorer，如图 A-10 所示。

图 A-10　正在安装 MWORKS.Sysplorer

进行文件关联时，选择需要关联到 MWORKS.Sysplorer 的文件，如图 A-11 所示。软件支持关联 4 种文件：.mo 文件、.mef 文件、.mol 文件和.moc 文件。

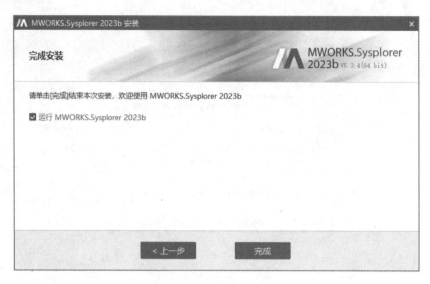

图 A-11 设置文件关联

安装完成，如图 A-12 所示。安装完成后在桌面上生成快捷方式 MWORKS.Sysplorer(x64)，并在 Windows 系统的"开始"程序组中生成 MWORKS.Sysplorer 程序组，其中有 MWORKS.Sysplorer(x64)和 uninstall(x64)两个快捷方式，分别用于启动 MWORKS.Sysplorer 及卸载 MWORKS.Sysplorer。

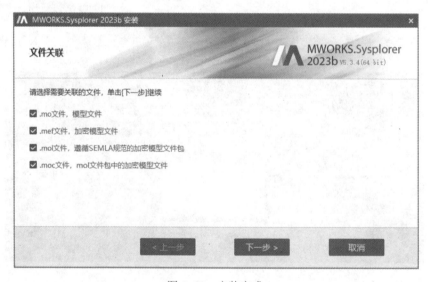

图 A-12 安装完成

至此，MWORKS.Sysplorer 在 Windows 系统上安装完毕。

A.2.2 升/降级安装

系统支持更新本机 MWORKS.Sysplorer 程序到其他版本（高版本或低版本），可直接在原安装目录下覆盖。如果选择不同的安装目录，则多个版本可以共存，但.mo、.mef、.mol 和.moc 文件关联的是最后一次安装的版本。

A.3 授权申请

A.3.1 未授权状态

MWORKS.Sysplorer 在未授权状态下运行时，主窗口标题文字中显示[演示版]字样，如图 A-13 所示。此时仅可使用软件基础功能且方程数量限制在 500 个以内，无法使用软件工具箱、模型库等高级功能。

图 A-13　软件未授权状态

A.3.2 账号注册

在软件授权申请之前，需要先登录同元账号（若无同元账号，则需要注册），以便后续授权申请与授权激活。单击软件右上角"登录"按钮，如图 A-14 所示，打开登录界面。

图 A-14　登录方式 1

也可以依次单击用户界面"工具"-"使用许可"选项，在打开的对话框中的"许可类型"区域选择"同元账号"选项，单击"登录"按钮，如图 A-15 所示，会弹出用户登录窗口，如图 A-16 所示。

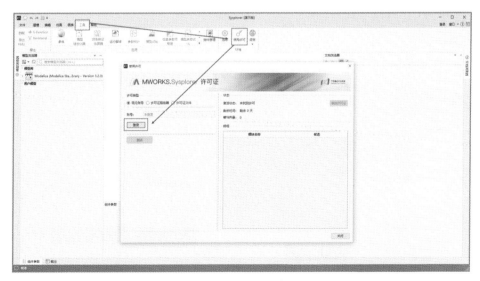

图 A-15　登录方式 2

图 A-16　用户登录窗口

　　若已有同元账号，则可以直接输入账号密码或者使用邮箱验证码登录。

　　若还未注册同元账号，则在用户登录窗口中单击"立即注册"按钮，即可进行账号注册，注册过程如图 A-17 所示。

图 A-17　账号注册过程

注册时，账号与密码由用户自定义，密码必须包含数字，且必须包含字母或其他符号，单击"获取验证码"按钮，所填邮箱会收到如图 A-18 所示的验证码，填写相关验证码，完成账号注册。

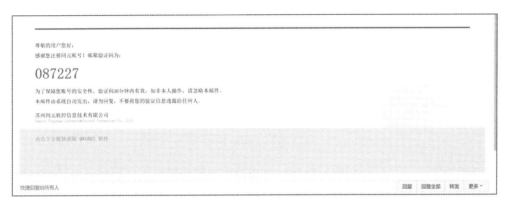

图 A-18　验证码

　　至此，账号注册完成，用户可通过输入账号密码或邮箱验证方式登录，登录成功后可管理与账号关联的许可信息。

A.3.3　许可激活

　　若无与账户关联的有效许可证，窗口左下角会提示没有与账号关联的许可证，如图 A-19 所示。

图 A-19　使用许可界面

单击"管理许可信息"按钮，跳转到许可申请界面，单击"前往兑换"按钮，如图 A-20 所示。

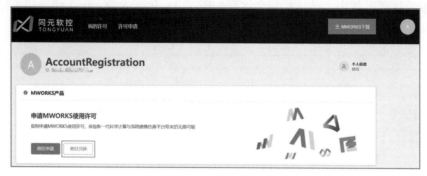

图 A-20　许可兑换

打开激活许可证页面，如图 A-21 所示，根据图中的步骤输入书籍封底涂层中的激活码，然后选择需要激活的软件，单击"立即激活"按钮。激活成功页面如图 A-22 所示。

图 A-21　激活许可证页面

图 A-22　激活成功页面

激活说明：

（1）激活许可证后，软件仅限当前账号使用，若想为其他账号激活，请单击"退出登录"按钮后，登录其他账号。

（2）当前账号中已有许可证时，不支持重复激活。

（3）激活码支持同时激活 MWORKS.Syslab 和 MWORKS.Sysplorer 教育版两款软件，也支持分次按需激活。

查看我的许可，如图 A-23 所示，可以看到新增的 MWORKS.Sysplorer 许可证信息。

图 A-23　查看我的许可

若在图 A-19 所示的界面中，单击"激活"按钮，会看到激活剩余时间与激活模块数量，如图 A-24 所示。

图 A-24　激活状态

至此，MWORKS.Sysplorer 软件激活完成。

A.3.4　授权模块清单

软件授权激活后，可解锁如图 A-25 所示的全部模块。

功能模块	个人版	教育版	企业版
Sysplorer建模仿真环境	✓	✓	✓
Sysblock建模仿真环境	✓	✓	✓
后处理基础模块	✓	✓	✓
数字仪表工具	✓	✓	✓
命令与脚本工具	✓	✓	✓
三维动画工具	—	✓	✓
模型加密工具	—	✓	✓
FMI接口（导入）	—	✓	✓
FMI接口（导出）	—	✓	✓
求解算法扩展接口	—	✓	✓
功能扩展接口	—	✓	✓
报告生成	—	✓	✓
模型试验	—	✓	✓
敏感度分析	—	✓	✓
参数估计	—	✓	✓
响应优化	—	✓	✓
基于模型的控制器设计工具箱	—	✓	✓
半物理仿真接口工具	—	✓	✓
半物理仿真管理工具	—	✓	✓
Sysplorer嵌入式代码生成	—	✓	✓
静态代码检查工具	—	✓	✓
Sysplorer CAD工具箱	—	✓	✓
SysMLToModelica接口工具箱	—	✓	✓
Simulink导入工具	—	✓	✓
模型降阶及融合仿真工具	—	✓	✓
机械系列模型库	—	✓	✓
流体系列模型库	—	✓	✓
电气模型库	—	✓	✓
车辆模型库	—	✓	✓

图 A-25　授权模块清单

A.4　首次使用 MWORKS.Sysplorer

A.4.1　C/C++编译器设置

为了仿真模型，设置编译器是必要的。一般情况下，系统会自动指定一个编译器。若对编译器有要求，或者指定的编译器不存在，则可以单击"工具"-"选项"按钮，在打开的对话框中选择"仿真"-"C编译器"选项卡，并进行设置，如图 A-26 所示。

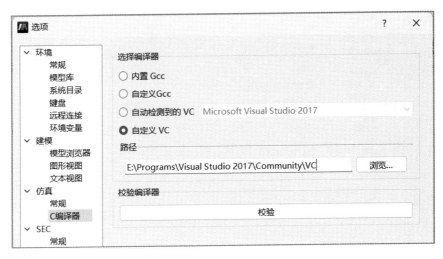

图 A-26　设置编译器

图中：

（1）内置 Gcc：表示默认内置的 GCC 编译器。

（2）自定义 Gcc：表示设置 GCC 编译器目录。

（3）自动检测到的 VC：表示自动检测列出本机已有的 Visual Studio 编译器版本。

（4）自定义 VC：表示设置 Visual Studio 编译器目录。通过单击"浏览"按钮可以选择编译器所在目录。

（5）"校验"按钮用于校验编译器是否设置成功。

MWORKS.Sysplorer 支持以下的编译器：

Microsoft Visual C++ 2019

Microsoft Visual C++ 2017

Microsoft Visual C++ 2015

Microsoft Visual C++ 2013

Microsoft Visual C++ 2012

Microsoft Visual C++ 2010

Microsoft Visual C++ 2008

Microsoft Visual C++ 6.0

GCC（GNU Compiler Collection）

A.4.2　设置界面选项

MWORKS.Sysplorer 提供诸多界面选项，如图 A-27 所示，用于对系统功能进行定制，这些选项对应的配置文件位于安装目录\MWORKS.Sysplorer\Setting 下，首次启动软件后，配置文件自动生成在 C:\Users\(CurrentUser)\AppData\Local\MWORKS2024\setting 中，此后需修改该目录下的配置文件才可生效。

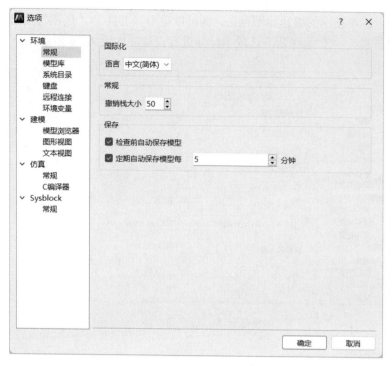

图 A-27　选项设置

A.4.3　帮助文档

单击工具栏中的按钮 ⑦ 可打开使用手册（帮助文档），如图 A-28 所示。

图 A-28　使用手册（帮助文档）

A.5　卸载 MWORKS.Sysplorer

A.5.1　快捷程序卸载

通过快捷程序卸载 MWORKS.Sysplorer 是最简单的方式。安装 MWORKS.Sysplorer 之后创建了两个卸载程序的快捷方式：

（1）程序组 MWORKS.Sysplorer 中包含的 uninstall(x64)快捷方式。

（2）MWORKS.Sysplorer 安装文件夹（如 C:\Program Files\MWORKS.Sysplorer）中包含的 uninstall(x64)快捷方式。

双击运行 uninstall(x64)程序，即可卸载 MWORKS.Sysplorer。此时 MWORKS.Sysplorer 安装文件夹中所有内容都被删除。

A.5.2　通过控制面板卸载

打开控制面板，单击"程序"-"卸载程序"选项，选择 MWORKS.Sysplorer(x64)软件，单击"卸载/更改"按钮，卸载 MWORKS.Sysplorer。

A.6　常见问题与解决方案

A.6.1　软件启动失败

如果软件启动失败，请确认是否安装了如图 A-29 所示的软件的必要组件 Microsoft Visual C++ 2017 Redistributable。

图 A-29　在控制面板中查看是否安装了必要组件

检查方法：在"控制面板"-"程序"-"程序和功能"中查找是否有 Microsoft Visual C++ 2017 x64 Redistributable 或 Microsoft Visual C++ 2017 x86 Redistributable。启动 32 位的 MWORKS.Sysplorer，需安装 Microsoft Visual C++ 2017 x86 Redistributable，启动 64 位的 MWORKS.Sysplorer，需安装 Microsoft Visual C++ 2017 x64 Redistributable。

若 Microsoft Visual C++ 2017 Redistributable 未安装，则需要卸载 MWORKS.Sysplorer，重新安装。

A.6.2　软件仿真失败

软件仿真失败，请确认是否安装了 C 编译器，在软件中单击"工具"-"选项"选项，在弹出的对话框中，选择"仿真"-"C编译器"选项卡，选择"内置 Gcc"选项后单击"校验"按钮，检测是否正确安装 C 编译器，正确安装的结果如图 A-30 所示。

图 A-30　C 编译器校验

A.6.3　无法检测到本地 VC 编译器

在软件中单击"工具"-"选项"选项，在弹出的对话框中，选择"仿真"-"C编译器"选项卡，选择"自动检测到的 VC"选项，在下拉菜单中若缺少本地 VC 编译器的某些版本或使用检测到的 VC 编译器无法仿真，则采用如下解决方法。

解决方法：在系统命令提示符窗口中，使用命令

%Sysplorer 安装目录%\Bin64\vswhere.exe" -legacy -prerelease -format json

查看是否能检测到本地 VC 编译器，如图 A-31 所示。

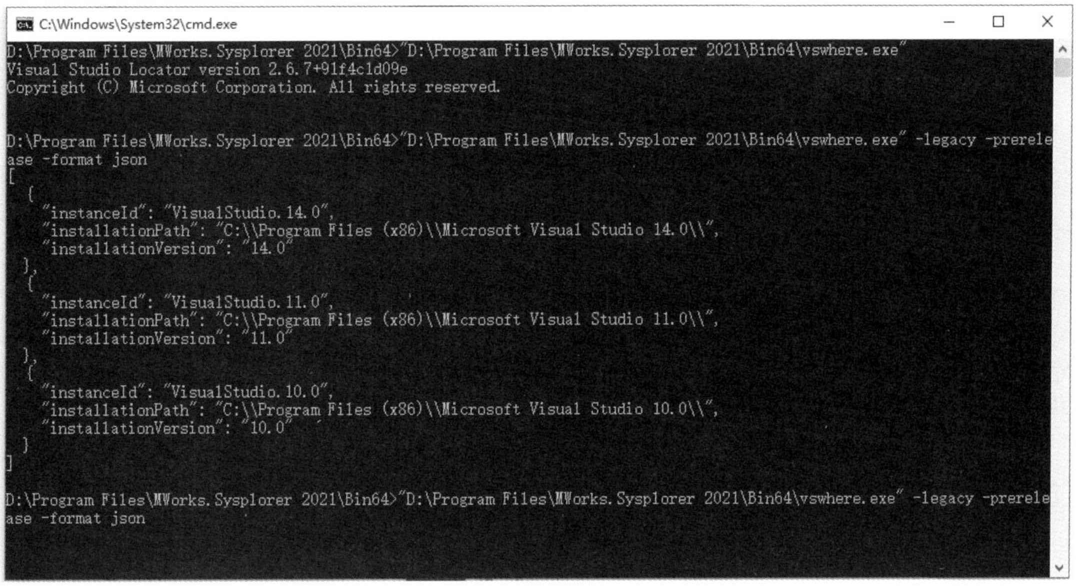

图 A-31　在系统命令提示符窗口中检测本地 VC 编译器

若无法找到本地 VC 编译器，则可以检查本地 VC 文件夹内是否有文件损坏或 VC 编译器没有安装成功，重新安装 VC 编译器后重试。

若可以找到本地 VC 编译器，但使用该 VC 编译器无法进行仿真，则可以在"仿真"-"C编译器"选项卡中校验该编译器，查看本地 VC 编译器是否缺少与仿真所选平台位数相同的版本，例如，仿真平台为 64 位的，本地 VC 编译器为 32 位的。

参 考 文 献

[1] FRITZSON P. MathModelica—An Object-Oriented Mathematical Modeling and Simulation Environment[J]. Mathematica Journal, 2009, 10(7): 187-264.

[2] ELMQVIST H, MATTSSON S E, OTTER M. Object-Oriented and Hybrid Modeling in Modelica[J]. Journal Européen Des Systèmes Automatisés, 2001:395-404.

[3] OBJECTORIENTED U, FRITZSON P, ENGELSON V. Modelica — A unified object-oriented language for system modeling and simulation[J]. Lecture Notes in Computer Science, 1998, 1445(1445). DOI: 10.1007/BFb0054087.

[4] SCIAVICCO L, SICILIANO B. Modelling and Control of Robot Manipulators[M]. Springer London, 2000.

[5] 张奇志, 周亚丽. 机器人简明教程[M]. 西安: 电子科技大学出版社, 2013.

[6] 李开生, 张慧慧, 费仁元, 宗光华. 机器人控制器体系结构研究的现状和发展[J]. 机器人, 2000, 22（3）: 235-240.

[7] 欧青立, 何克忠. 室外智能移动机器人的发展及其相关技术研究[J]. 机器人, 2000, 22（6）: 519-526.

[8] 彭学伦. 水下机器人的研究现状与发展趋势[J]. 机器人技术与应用, 2004, （4）: 43-47.

[9] 张钟俊, 蔡自兴. 机器人化——自动化的新趋势[J]. 自动化, 1986, （6）: 2-3.

[10] CRAIG J J. 机器人学导论[M]. 王负超, 译. 3 版. 北京: 机械工业出版社, 2006.

[11] JOSEPH L. 机器人学导论[M]. 北京: 机械工业出版社, 2017.

[12] 韩建海. 工业机器人[M]. 武汉: 华中科技大学出版社, 2009.

[13] 陈俊风. 多传感器信息融合及其在机器人中的应用[D]. 哈尔滨: 哈尔滨理工大学, 2004.

[14] 高国富, 谢少荣, 罗均. 机器人传感器及其应用[M]. 北京: 化学工业出版社, 2005.

[15] 何友, 王国宏, 陆大金, 等. 多传感器信息融合及应用[M]. 北京: 电子工业出版社, 2007.

[16] 张福学. 机器人学——智能机器人传感技术[M]. 北京: 电子工业出版社, 1996.

[17] 宋健. 智能控制——超越世纪的目标[J]. 中国工程科学, 1999, 1（1）: 1-5.

[18] 邹小兵, 蔡自兴, 孙国荣. 基于变结构的移动机器人侧向控制器的设计[J]. 中南工业大学学报（自然科学版）, 2004, 35（2）: 262-267.

[19] 孙迪生, 王炎. 机器人控制技术[M]. 北京: 机械工业出版社, 1997.

[20] 蔡自兴. 机器人学基础[M]. 北京: 机械工业出版社, 2009.

[21] 蔡自兴. 智能控制导论[M]. 2 版. 北京: 中国水利水电出版社, 2013.

[22] 王耀南. 机器人智能控制工程[M]. 2 版. 北京: 科学出版社, 2004.

[23] 田琦, 张国良, 刘岩. 全方位移动机器人模糊 PID 运动控制研究[J]. 现代电子技术, 2005, 32（5）: 131-133.

[24] 张海荣, 舒志兵. BP 神经网络整定的 PID 在机器人轨迹跟踪中的应用[J]. 电气传动, 2007, 37（9）: 36-39.

[25] 何艳丽, 吴敏, 曹卫华. 自主机器人直线行进过程的数字 PID 控制[J]. 现代电子技术, 2005, 28（13）: 58-60.

[26] 王耀南, 付夏龙. 神经网络与 PID 结合的机器人自适应控制[J]. 湖南大学学报, 1997, 24（6）: 54-61.

[27] 徐建安, 邓云伟, 张铭钧. 移动机器人模糊 PID 运动控制技术研究[J]. 哈尔滨工程大学学报, 2006, 27（z1）: 115-119.

[28] 丁学恭. 机器人控制研究[M]. 杭州: 浙江大学出版社, 2006.

[29] 宋胜利. 智能控制理论概述[M]. 北京: 国防工业出版社, 2008.

[30] 孙增圻. 智能控制理论与技术[M]. 北京: 清华大学出版社, 1997.

[31] 殷跃红, 尉忠信, 朱剑英. 机器人柔顺控制研究[J]. 机器人, 1998, 20（3）: 232-237.

[32] 干东英, 甘建国. 步行机器人述评[J]. 机械工程, 1990（4）: 2-4.

[33] 黄俊军, 葛世荣, 曹为. 多足步行机器人研究状况及展望[J]. 机床与液压, 2008, 36（5）: 187-191.

[34] 王吉岱, 卢坤媛, 徐淑芬, 等. 四足步行机器人研究现状及展望[J]. 制造业自动化, 2009, 31（2）: 4-6.

[35] ZHANG X, ZHENG H, CHEN L. Gait transition for a quadrupedal robot by replacing the gait matrix of a central pattern generator model[J]. Advanced Robotics, 2006, 20(7): 849-866.

[36] 王立鹏, 王军政, 汪首坤, 等. 基于足端轨迹规划算法的液压四足机器人步态控制策略[J]. 机械工程学报, 2013, 49（1）: 39-44.

[37] 梶田秀司. 类人机器人[M]. 管贻生译. 北京：清华大学出版社, 2007：88-94.

[38] 钟秋波. 类人机器人运动规划关键技术研究[D]. 哈尔滨：哈尔滨工业大学, 2011.

[39] WESTERVELT E R, GRIZZLE J W, KODITSCHEK D E. Hybrid Zero Dynamics of Planar Biped Walkers[J]. IEEE Transactions on Automatic Control, 2003, 48(1): 42-56.

[40] WESTERVELT E R, GRIZZLE J W, CHEVALLEREAU C. Feedback Control of Dynamic Bipedal Robot Locomotion[J]. IEEE Transaction on Automatic Control. 2008: 1570-1572.

[41] UGURLU B, KAWAMURA A. ZMP-based online jumping pattern generation for a one-legged robot[J]. IEEE Transaction on Industrial Electronics. 2010, 57(5): 1701-1709.

[42] 康俊峰. 基于嵌入式视觉的仿人机器人点球系统[D]. 哈尔滨：哈尔滨工业大学. 2008.

[43] Goswami. Planar Bipedal Jumping Gaits with Stable Landing[J]. IEEE Transaction on Robotic, 2009: 1030-1046.

[44] VUKOBRATOVIC M, STEPANENKO J. On the stability of anthropomorphic systems[J]. Mathematical Biosciences, 1972, 15: 1-37.

[45] 谢涛, 徐建峰, 张永学, 等. 仿人机器人的研究历史、现状及展望[J]. 机器人, 2002,（4）: 367-374.

[46] HASHIMOTO S, NARITA S, KASAHARA H, et al. Humanoid robot-development of an information assistant robot Hadaly[J]. Autonomous Robots, 2004, 12（1）: 25-38.

[47] HIROSE M, OGAWA K. Honda humanoid robots development[J]. Philosophical Transactions of the Royal Society, 2007, 365(1850): 11-19.

[48] ESPIAU B, SARDAIN P. The anthropomorphic biped robot BIP2000[J]. San Francisea: IEEE International Conference on Robotics and Automation, 2000.

[49] LOHMEIER S, LOFFLER K, GIENGER M, et al. Computer System and Control of Biped[C]//Robotics and Automation, 2004. Proceedings. ICRA '04. 2004 IEEE International Conference on.Robotics and Automation, 2004. Proceedings. ICRA '04. 2004 IEEE International Conference on, 2004.

[50] BUSCHMANN T, LOHMEIER S, ULBRICH H, et al. Dynamics simulation for a biped robot: modeling and experimental verification[J]. Orlando: IEEE International Conference on Robotics and Automation, 2006.

[51] 马培苏, 曹曦, 赵群飞. 两足机器人步态综合研究进展[J]. 西南交通大学学报, 2006, 41（4）: 407-414.

[52] CZARNETZKI S , KERNER S , URBANN O. Observer-based dynamic walking control for biped robots[J]. Robotics and Autonomous Systems, 2009, 57: 839-845.

[53] QIANG, HUANG, NAKAMURA, et al. Sensory reflex control for humanoid walking[J]. IEEE Transactions on Robotics, 2005, 21(5): 977-984.

[54] XIA Z, LIU L, XIONG J, et al. Design aspects and development of humanoid robot THBIP-2[J]. Robotica, 2008, 26(1): 109-116.

[55] SHINICHIRO N, ATSUSHI N, FUMIO K, et al. Task model of lower body motion for a biped humanoid robot to imitate human dances[J]. Edmonton: IEEE/RSJ International Conference on Intelligent Robots and Systems, 2005.

[56] JEFFREY B C, DAVID B G, RAJESH P N, et al. Learning full-body motions from monocular vision: Dynamic imitation in a humanoid robot[J]. San Diego: IEEE/RSJ International Conference on Intelligent Robots and Systems, 2007.

[57] BRAM V, BJORN V, Ronald V H, et al. Objective locomotion parameters based inverted pendulum trajectory generator[J]. Robotics and Autonomous Systems, 2008, 56: 738-750.

[58] KIYOSHI F, SHUUJI K, KENSUKE H, et al. An optimal planning of falling motions of a humanoid robot[J]. San Diego: IEEE/RSJ International Conference on Intelligent Robots and Systems, 2007.

[59] KUN A L, MILLER T W. Adaptive dynamic balance of a biped robot using neural networks[J]. Minneapolis: IEEE International Conference on Robotics and Automation, 1996.

[60] 张明路, 丁承君, 段萍. 移动机器人的研究现状与趋势[J]. 河北工业大学学报 2004, 33（2）: 110-115.

[61] 李磊, 叶涛, 谭民. 移动机器人技术研究现状与未来[J]. 机器人, 2002, 24（5）: 475-480.

[62] JAZAR R N. Theory of applied robotics: Kinematics, dynamics, and control[M]. 2nd ed. Berlin: Springer, 2010.

[63] EGERSTEDT M, HU X, STOTSKY A. Control of mobile platform using a virtual vehicle approach[J]. IEEE Transactions on Automatic Control, 2001, 46(11): 1777-1782.

[64] JIANG Z P, NIJMEUJER H. Tracking control of mobile robots: A case study in backstepping[J]. Automatica, 1997, 33(7): 1393-1399.

[65] WATANABE K, TANG J, NAKAMURA M, KOGA S, FUKUDA T. A fuzzy-ganussian neural network andIts application to mobile robot control[J]. IEEE Transactions On Control System Technology, 1996, 4(2): 193-199.

[66] AILON A , ZOHAR I . Controllers for trajectory tracking and string-like formation in Wheeled Mobile Robots with bounded inputs[C]//Melecon IEEE Mediterranean Electrotechnical Conference. IEEE, 2010.

[67] 张毅, 罗元, 郑太雄. 移动机器人技术及其应用[M]. 北京: 电子工业出版社, 2007.

[68] 洪炳镕, 蔡则苏, 唐好选. 虚拟现实及其应用[M]. 北京: 国防工业出版社, 2005.

[69] 斯皮罗斯·G·扎菲斯塔斯. 移动机器人控制导论[M]. 贾振中, 张鼎元, 王国磊, 曾娅妮译. 北京: 机械工业出版社, 2021.

[70] R·西格沃特, I·R·诺巴克什, D·斯卡拉穆扎. 自主移动机器人导论[M]. 李人厚, 宋青松译. 西安: 西安交通大学出版社, 2021.

[71] 张虎. 机器人 SLAM 导航-核心技术与实战[M]. 北京: 机械工业出版社, 2022.

[72] 蔡自兴, 贺汉根, 陈虹. 未知环境中移动机器人导航控制理论与方法[M]. 北京: 科学出版社, 2009.

[73] 黄振宇. 移动机器人视觉系统的研究与应用[D]. 武汉: 华中科技大学, 2004.

[74] 伍翼. 基于机器视觉的移动机器人控制研究[D]. 武汉: 华中科技大学, 2005.

[75] 陈华华. 视觉导航关键技术研究: 立体视觉和路径规划[D]. 杭州: 浙江大学, 2005.

[76] 庄严. 移动机器人基于多传感器数据融合的定位及地图创建研究[D]. 大连: 大连理工大学, 2006.

[77] 李群明, 熊蓉, 褚健. 室内自主移动机器人定位方法研究综述. 机器人, 2003, 25 (6): 560-573.

[78] ALBERTO V. Mobile robot navigation in outdoor environments: A topological approach[D]. Lisbon: University of Tecnica De Lisboa, 2005.

[79] LISIEN B, MORALES D, SILVER D, et al. The hierarchical atlas[J]. IEEE Transactions on Robotics, 2005, 21(3): 473-481.

[80] KARLSSON N, BERNARDO E, OSTROWSKI J, et al. The vSLAM algorithm for robust localization and mapping[J]. Barcelona: IEEE Int. Conf. on Robotics and Automation(ICRA), 2005.

[81] GUIVANT J E, NEBOT E M. Optimization of the simultaneous localization and map-building algorithm for real-time implementation[J]. Robotics and Automation, 2001, 17(3): 242-257.